辐射安全手册精编

潘自强　主编

科学出版社
北京

内 容 简 介

本书是在《辐射安全手册》的基础上精选、整合和增补而成,内容涉及辐射安全的各个方面,共包括14章和3个附录,第1~3章为有关辐射安全的基础知识,其他章节为实用的辐射安全技术和要求,附录为基本物理常数、常用参数等。

本书采用表格和条目式的编写方式,内容精练实用,使用方便,可供在核电站及核燃料循环、核与辐射技术应用等工业、科研活动中从事辐射安全工作的技术人员和研究人员使用。

图书在版编目(CIP)数据

辐射安全手册精编 / 潘自强主编 .—北京:科学出版社, 2014.6

ISBN 978-7-03-040585-2

Ⅰ. 辐… Ⅱ. 潘… Ⅲ. 辐射防护–手册 Ⅳ. TL7-62

中国版本图书馆 CIP 数据核字(2014)第 094460 号

责任编辑:沈红芬 / 责任校对:张凤琴

责任印制:肖 兴 / 封面设计:范璧合

科学出版社 出版

北京东黄城根北街16号

邮政编码:100717

http://www.sciencep.com

北京凌奇印刷有限责任公司 印刷

科学出版社发行 各地新华书店经销

*

2014年6月第 一 版 开本:787×960 1/32

2014年6月第一次印刷 印张:11 7/8

字数:310 000

POD定价: 48.00元

(如有印装质量问题,我社负责调换)

《辐射安全手册精编》编写人员

主　　编　潘自强

副 主 编　刘新华　白　光

编　　委　(按姓氏笔画排序)

白　光　刘新华

刘福东　孙全富

杨茂春　杨俊武

张庆利　张建岗

赵兰才　侯长松

夏益华　徐勇军

康玉峰　廖运琁

潘自强

前　　言

2011年《辐射安全手册》出版以来，受到了读者的欢迎。同时，许多读者建议，希望有一本袖珍版的《辐射安全手册》，便于携带和查阅。编者接受了读者建议，编写了《辐射安全手册精编》。

《辐射安全手册精编》不是《辐射安全手册》的缩印本，而是在其基础上精选、整合和调整而成的，如章节的设计更便于按主题查找；考虑到辐射与物质相互作用偏基础，删除了有关内容。《辐射安全手册精编》也增加和更新了部分内容，如增加了辐射安全原则，增加了常用放射性核素辐射安全参数表，更新了日本福岛核事故的有关资料，并编写了索引。

《辐射安全手册精编》的出版得到了中国核工业集团公司、中国广东核电集团公司、环境保护部核与辐射安全中心、中国原子能科学研究院、中国辐射防护研究院和中国疾病预防控制中心辐射防护与核安全医学所的支持，在此表示衷心的感谢。

《辐射安全手册精编》内容涉及辐射安全的各个方面，由于编者的知识有限，书中不免存在一些问题和不足，敬望读者指正。

潘自强

2014年3月

目　录

1

物理量、辐射防护量和运行实用量

1.1 物理量

· **半衰期**(half-life, $T_{1/2}$)

半衰期为放射性原子核数目衰减到原来数目的一半所需的时间,用 $T_{1/2}$ 表示。与它关系密切的量是衰变常数 λ,它表示放射性原子核在单位时间内发生衰变的概率,其倒数就是放射性原子核的平均寿命。半衰期和衰变常数的关系是

$$T_{1/2}=\frac{\ln 2}{\lambda}$$

· **活度**(activity, A)

在给定时刻处于某给定能态的一定量的某种放射性核素的活度 A 定义为

$$A=\frac{\mathrm{d}N}{\mathrm{d}t}$$

式中:$\mathrm{d}N$ 为在时间间隔 $\mathrm{d}t$ 内该核素从该能态发生自发核跃迁数目的期望值。活度的 SI 单位是秒的倒数(1/s),称为贝可[勒尔](Bq)。

· **比释动能**(Kerma, K)

比释动能 K 定义为

$$K=\frac{\mathrm{d}E_{\mathrm{tr}}}{\mathrm{d}m}$$

式中:$\mathrm{d}E_{\mathrm{tr}}$ 为不带电电离粒子在质量为 $\mathrm{d}m$ 的某一物质内释出的全部带电粒子的初始动能的总和。比释动能的 SI 单位是焦耳每千克(J/kg),称为戈[瑞](Gy)。

· **注量**(fluence,φ)

注量 φ 定义为在给定时间间隔内进入以空间某点为中心的适当小球体的粒子数 dN 除以该球体的最大截面积 da 得到的商,即

$$\varphi=\frac{\mathrm{d}N}{\mathrm{d}a}$$

· **吸收剂量**(absorbed dose,D)

吸收剂量 D 是一个基本的剂量学量,定义为

$$D=\frac{\mathrm{d}\bar{\varepsilon}}{\mathrm{d}m}$$

式中:d$\bar{\varepsilon}$ 为电离辐射授予某一体积元中的物质的平均能量;dm 为在这个体积元中的物质的质量。

由于对辐射防护有意义的量应该指某一体积元吸收的平均能量,因此可以对任何确定体积内的授予能量加以平均,平均剂量等于授予该体积的总能量除以该体积的质量而得的商。吸收剂量的 SI 单位是焦耳每千克(J/kg),称为戈[瑞](Gy)。

1.2 防护量

当量剂量和有效剂量等防护量只适用于描述随机效应,不应当用来定量描述较高的辐射剂量,或者用于需要对有关组织反应(确定效应)进行任何治疗方面的决策。用于描述确定效应时,应当用吸收剂量(以戈瑞为单位,Gy)来评估剂量,而涉及高 LET 辐射(即中子或 α 粒子)时,则应当采用适当的 RBE 加权的吸收剂量。

各个剂量学量的相互关系见图 1.1。

· **当量剂量**(equivalent dose,GB18871-2002)

当量剂量 $H_{T,R}$定义为

$$H_{T,R}=\omega_R \cdot D_{T,R}$$

式中:$D_{T,R}$为辐射 R 在器官或组织 T 内产生的平均吸收剂量;ω_R为辐射 R 的辐射权重因数。

当辐射场是由具有不同 ω_R 值的不同类型的辐射所组成时,当量剂量为

$$H_T=\sum_R \omega_R \cdot D_{T,R}$$

当量剂量的单位是 J/kg,称为希[沃特](Sv)。

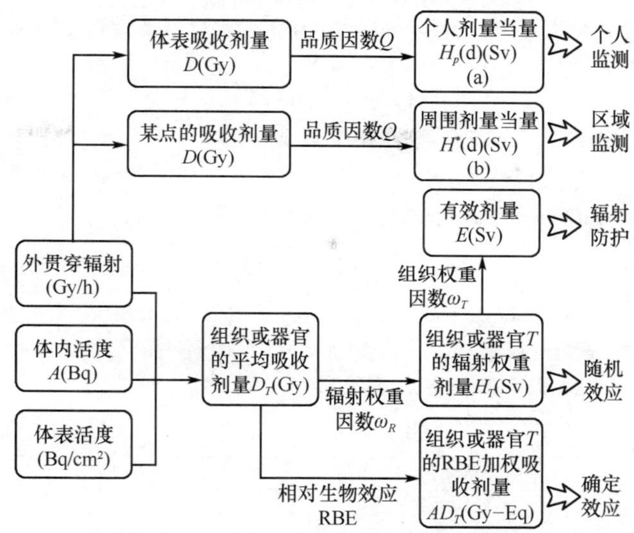

图 1.1 剂量学量和它们的应用示意图

(a)在体表下某一点;(b)在 ICRU 球模内某点

· **辐射权重因数**(radiation weighting factor, ω_R)

(1) 由国家标准(GB18871-2002)给出的辐射权重因数:为辐射防护目的,对吸收剂量乘以的因数(如表 1.1 所示),用以考虑不同类型辐射的相对危害效应(包括对健康的危害效应)。

表 1.1 辐射权重因数

辐射的类型及能量范围	辐射权重因数 ω_R
光子,所有能量	1
电子及介子,所有能量[a]	1
中子,能量<10keV	5
10~100keV	10
100keV~2MeV	20
2~20MeV	10
>20MeV	5
质子(不包括反冲质子),能量>2MeV	5
α 粒子、裂变碎片、重核	20

a. 不包括由原子核向 DNA 发射的俄歇电子,此种情况下需进行专门的微剂量测定考虑。

如果需要使用连续函数计算中子的辐射权重因数,则可使用下列近似公式:

$$\omega_R = 5+17\exp\{-[\ln(2E)]^2/6\}$$

式中:E 为中子的能量(以 MeV 为单位)。

对于未包括在表 1.1 中的辐射类型和能量,可以取 ω_R 等于 ICRU 球中 10mm 深处的 $\overline{Q}$ 值,并可由下式求得:

$$\overline{Q} = \frac{1}{D}\int_0^\infty Q(L) D_L \mathrm{d}L$$

式中:D 为吸收剂量;D_L 为 D 随 L 的分布;$Q(L)$ 为 ICRP-60 号出版物中规定的水中非定限传能线密度为 L 时的辐射品质因数。

Q-L 关系式如表 1.2 所示:

表 1.2　Q-L 关系式

水中的非定限传能线密度 L	$Q(L)$
≤10	1
10~100	$0.32L-2.2$
≥100	$300/\sqrt{L}$

注:L 的单位是 keV/μm。

(2) 由 ICRP 第 103 号报告书(ICRP 103,2008)给出的不同辐射类型的辐射权重因数 ω_R 如表 1.3 所示,中子的辐射权重因数 ω_R 与中子能量的关系见表 1.3 和图 1.2。

表 1.3　不同辐射类型的辐射权重因数

辐射类型	辐射权重因数
光子	1
电子和 μ 介子	1
质子和带电 π 介子	2
α 粒子,裂变碎片,重核	20
中子　公式: $\omega_R = \begin{cases} 2.5+18.2\exp\{-[\ln(E_n)]^2/6\}, & E_n<1\text{MeV} \\ 5.0+17.0\exp\{-[\ln(2E_n)]^2/6\}, & 1\text{MeV}\leqslant E_n\leqslant 50\text{MeV} \\ 2.5+3.25\exp\{-[\ln(0.04E_n)]^2/6\}, & E_n>50\text{MeV} \end{cases}$ 或图 1.2	

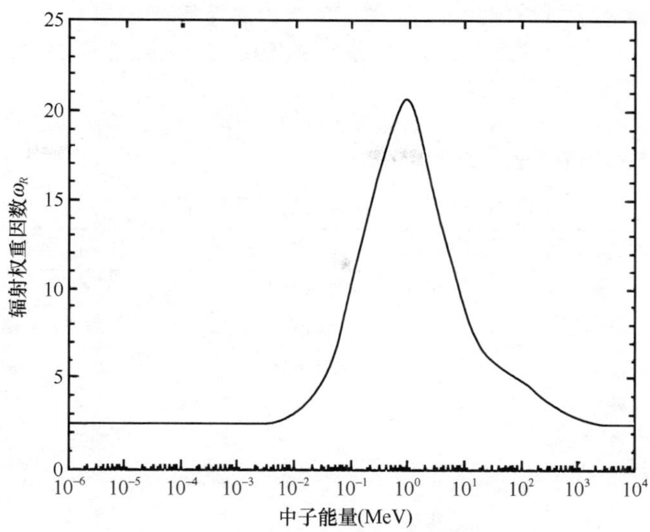

图 1.2　中子的辐射权重因数 ω_R 与中子能量的关系

· **有效剂量**(effective dose,GB18871-2002)

有效剂量 E 被定义为人体各组织或器官的当量剂量乘以相应的组织权重因数后的和,即

$$E = \sum_T \omega_T \cdot H_T$$

式中:H_T 为组织或器官 T 所受当量剂量;ω_T 为组织或器官 T 的组织权重因数。

由当量剂量的定义,可以得到

$$E = \sum_T \omega_T \cdot \sum_R \omega_R \cdot D_{T,R}$$

式中:ω_R 为辐射 R 的辐射权重因数;$D_{T,R}$ 为组织或器官 T 内的平均吸收剂量。有效剂量的单位是 J/kg,称为希[沃特](Sv)。

有效剂量用作防护量,主要用途是对辐射防护设计和运行管理中的预期剂量进行评价,衡量是否满足剂量限值和优化的监管要求。有效剂量不推荐用于流行病学评价,也不应用于辐射风险的回顾性调查。

· **组织权重因数**(tissue weighting factor)

(1) 由国家标准(GB18871-2002)给出的组织权重因数:为

辐射防护的目的，组织或器官的当量剂量所乘以的因数（表1.4），乘以该因数是为了考虑不同组织或器官对发生辐射随机性效应的不同敏感性。

（2）由ICRP第103号报告书（ICRP103，2008）给出的组织权重因数见表1.5。

表1.4　组织或器官的组织权重因数 ω_T

组织或器官	组织权重因数 ω_T	组织或器官	组织权重因数 ω_T
性腺	0.20	肝	0.05
（红）骨髓	0.12	食道	0.05
结肠[a]	0.12	甲状腺	0.05
肺	0.12	皮肤	0.01
胃	0.12	骨表面	0.01
膀胱	0.05	其余组织或器官[b]	0.05
乳腺	0.05		

a. 结肠的权重因数适用于在大肠上部和下部肠壁中当量剂量的质量平均。

b. 进行计算时用，表中其余组织或器官包括肾上腺、脑、外胸区域、小肠、肾、肌肉、胰、脾、胸腺和子宫。在上述其余组织或器官中有一单个组织或器官受到超过12个规定了权重因数的器官的最高当量剂量的例外情况下，该组织或器官应取权重因数0.025，而余下的上列其余组织或器官所受的平均当量剂量亦应取权重因数0.025。

表1.5　ICRP103给出的组织权重因数 ω_T

组织或器官	ω_T	$\Sigma\omega_T$
（红）骨髓、结肠、肺、胃、乳腺 其余组织[a]	0.12	0.72
性腺	0.08	0.08
膀胱、食管、肝、甲状腺	0.04	0.16
骨表面、脑、唾液腺、皮肤	0.01	0.04

a. 其余组织：肾上腺、外胸（ET）区、胆囊、心脏、肾、淋巴结、肌肉、口腔黏膜、胰腺、前列腺（♂）、小肠、脾、胸腺、子宫/子宫颈（♀）。对其余组织的 ω_T（0.12）是应用于上述14个组织和器官的算术平均剂量。

· **集体剂量**(collective dose,GB18871-2002)

集体剂量是群体所受总辐射剂量的一种表示,定义为在某一时段内受某一辐射源照射的群体的成员数与他们所受的平均辐射剂量的乘积。集体剂量用人·希[沃特](人·Sv)表示。集体剂量包括与组织或器官剂量相关的集体当量剂量 S_T,以及集体有效剂量 S。

由处在 E_1 和 E_2 之间的个人有效剂量所相应的集体有效剂量定义如下:

$$S(E_1,E_2,\Delta T)=\int_{E_1}^{E_2}E\frac{\mathrm{d}N}{\mathrm{d}E}\mathrm{d}E$$

式中:$\frac{\mathrm{d}N}{\mathrm{d}E}\mathrm{d}E$ 为所受有效剂量处在 E 和 $E+\mathrm{d}E$ 之间的人员数目;ΔT 为对其间的有效剂量求和的时间段。

集体剂量只能作为辐射防护优化、不同辐射防护方法之间进行比较的工具,不能用于流行病学危险评价中的危险评估,特别不能作为受到低剂量照射人群的癌症死亡率估计。

· **待积剂量**(committed dose,GB18871-2002)

待积剂量是待积吸收剂量、待积有效剂量和(或)待积当量剂量的简称。

· **待积吸收剂量**(committed absorbed dose,GB18871-2002)

待积吸收剂量 $D(\tau)$ 定义为

$$D(\tau)=\int_{t_0}^{t_0+\tau}\dot{D}(t)\,\mathrm{d}t$$

式中:t_0 为摄入放射性物质的时刻;$\dot{D}(t)$ 为 t 时刻的吸收剂量率;τ 为摄入放射性物质之后经过的时间。

未对 τ 加以规定时,对成年人 τ 取 50 年;对儿童的摄入要算至 70 岁。

· **待积当量剂量**(committed equivalent dose,GB18871-2002)

待积当量剂量 $H_T(\tau)$ 定义为

$$H_T(\tau)=\int_{t_0}^{t_0+\tau}\dot{H}_T(t)\,\mathrm{d}t$$

式中:t_0 为摄入放射性物质的时刻;$\dot{H}_T(t)$ 为 t 时刻器官或组织 T 的当量剂量率;τ 为摄入放射性物质之后经过的时间。

未对 τ 加以规定时，对成年人 τ 取 50 年；对儿童的摄入要算至 70 岁。

· **待积有效剂量**(committed effective dose，GB18871-2002)

待积有效剂量 $E(\tau)$ 定义为

$$E(\tau)=\sum_T \omega_T \cdot H_T(\tau)$$

式中：$H_T(\tau)$ 为积分至 τ 时间时组织 T 的待积当量剂量；ω_T 为组织 T 的组织权重因数。

未对 τ 加以规定时，对成年人 τ 取 50 年；对儿童的摄入则要算至 70 岁。

· **器官剂量**(organ dose，GB18871-2002)

人体某一特定组织或器官 T 内的平均剂量 D_T，由下式给出：

$$D_T=(1/m_T)\int_{m_T} D\mathrm{d}m$$

式中：m_T 为器官或组织 T 的质量；D 为质量元 dm 内的吸收剂量。

· **剂量当量**(dose equivalent，GB18871-2002)

国际辐射单位与测量委员会(ICRU)所使用的一个量，用以定义实用量：周围剂量当量、定向剂量当量和个人剂量当量。组织中某点处的剂量当量 H 是 D、Q 和 N 的乘积，即

$$H=DQN$$

式中：D 为该点处的吸收剂量；Q 为辐射的品质因数；N 为其他修正因数的乘积。

1.3 运行实用量

1.3.1 区域监测运行实用量(GB18871-2002)

· **周围剂量当量**(ambient dose equivalent)

辐射场中某点处的周围剂量当量 $H(d)$ 定义为相应的扩展齐向场在 ICRU 球内逆齐向场的半径上深度 d 处所产生的剂量当量。对于强贯穿辐射，推荐 d=10mm。

· **定向剂量当量**(directional dose equivalent)

辐射场中某点处的定向剂量当量 $H'(d,\Omega)$ 是相应的扩展

场在 *ICRU* 球体内、沿指定方向 Ω 的半径上深度 d 处产生的剂量当量。对弱贯穿辐射，推荐 $d=0.07\text{mm}$。

1.3.2 个人监测运行实用量（ICRP74，1997）

·个人剂量当量（personal dose equivalent）

人体某一指定点下面适当深度 d 处的软组织内的剂量当量 $H_p(d)$，这一剂量当量既适用于强贯穿辐射，也适用于弱贯穿辐射。对强贯穿辐射，推荐深度 $d=10\text{mm}$；对弱贯穿辐射，推荐深度 $d=0.07\text{mm}$。

1.3.3 有关氡或钍射气的量

·氡或钍射气的照射量（GB18871-2002）

氡或钍射气的照射量（E_{Rn}或 E_{Tn}）定义为氡或钍射气的活度浓度与照射时间的乘积，即

$$E_{\text{Rn}}(\text{或 } E_{\text{Tn}})=\bar{C}_{\text{Rn}}(\text{或 } \bar{C}_{\text{Tn}})\cdot T$$

式中：E_{Rn}（或 E_{Tn}）为氡（或钍射气）照射量，单位 Bq·h/m^3；$\bar{C}_{\text{Rn}}$（或 $\bar{C}_{\text{Tn}}$）为受照期间空气中氡（或钍射气）的平均活度浓度，单位 Bq/m^3；T 为受照时间，单位 h，按国家标准（GB18871-2002）的推荐，全年受照时间，对工作场所 $T=2000\text{h}$；居室 $T=7000\text{h}$。

·氡或钍射气子体的 α 潜能浓度 C_p 及其照射量 E_p（潘自强，2007）

（1）α 潜能浓度：用于描述氡（或钍射气）的危害大小，α 潜能浓度 C_p 等于单位体积空气中存在的短寿命氡（或钍射气）子体的全部子体原子在衰变到^{210}Pb（RaD）（对钍射气是^{208}Pb）的过程中所发射出的总 α 粒子能量，即单位体积空气中短寿命氡（或钍射气）子体的 α 潜能总和，因此有

$$C_p=\sum_i C_i\cdot\varepsilon_{p_i}/\lambda_i$$

式中：C_i 为第 i 种原子在空气中的放射性活度浓度，单位 Bq/m^3；i 为 $a,b,\cdots$；$\varepsilon_{p_i}/\lambda_i$ 为第 i 种原子每贝可勒尔放射性的 α 潜能，单位 J。

计算氡子体的 α 潜能浓度 C_p 时，由于^{214}Po 寿命太短，可忽略，只需考虑^{218}Po、^{214}Pb 和^{214}Bi 三项即可，即

$$C_p = 0.578C_a + 2.86C_b + 2.096C_c \qquad (\mu J/m^3)$$

式中：C_a、C_b 和 C_c 分别为空气中 ^{218}Po、^{214}Pb 和 ^{214}Bi 的放射性浓度，单位 Bq/m^3。α 潜能浓度 C_p 的 SI 单位为 J/m^3，专用单位有 MeV/L 和“工作水平”。

(2) 照射量：氡(或钍射气)子体的照射量是它们的 α 潜能浓度对照射时间的积分，即

$$E_p = \int_0^T C_p(t)\,dt \qquad (\text{或分时间段求和}: E_p = \sum_i C_{pi} \cdot T_i)$$

式中：$C_p(t)$ 为 α 潜能浓度随时间的分布，单位 J/m^3；T 为人员受照时间，单位 h。

子体照射量(α 潜能照射量)的 SI 单位为 $J \cdot h/m^3$。

·氡或钍射气的平衡当量浓度(EEC_{Rn} 或 EEC_{Tn})(equilibrium equivalent concentration)(国际原子能机构，2007)

与其子体处于放射性平衡中氡或钍射气的放射性浓度，它们的短寿命子体的 α 粒子潜能浓度与实际的(非平衡的)混合物的相同。

氡平衡当量浓度 EEC_{Rn} 由下式给出：

$$EEC_{Rn} = 0.104 \times C(^{218}Po) + 0.514 \times C(^{214}Pb) + 0.382 \times C(^{214}Bi)$$

式中：$C(\chi)$ 表示空气中核素 χ 的浓度。$1Bq/m^3$ 平衡当量氡浓度相当于 $556 \times 10^{-6} mJ/m^3$ 钍射气平衡当量浓度 EEC_{Tn} 由下式给出：

$$EEC_{Tn} = 0.913 \times C(^{212}Pb) + 0.087 \times C(^{212}Bi)$$

式中：$C(x)$ 表示空气中核素 x 的浓度、$1Bq/m^3$ 钍射气平衡当量浓度相当于 $7.57 \times 10^{-5} mJ/m^3$

·工作水平(working level，WL)(GB18871-2002)

工作水平是氡(或钍射气)子体引起的 α 潜能浓度的非 SI 单位(WL)，相当于每升空气中发射出的 α 粒子能量为 1.3×10^5 MeV。在 SI 单位中，1WL 对应于 $2.1 \times 10^{-5} J/m^3$。

·工作水平小时(working level hour，WLH)**和工作水平月**(working level month，WLM)(GB18871-2002)

工作水平小时或工作水平月是氡(或钍射气)子体照射量的非 SI 单位，定义为工作水平与受照射时间的乘积。

$$1WLM = 170WLH (\text{相当于 } 3.54 mJ \cdot h/m^3)$$

1.4 换算关系

辐射防护常用量换算关系见表 1.6。

表 1.6 辐射防护常用量换算关系

物理量	单位		换算关系
	名称	符号	
放射性活度	贝可[勒尔]	Bq	$1Bq=2.7\times10^{-11}Ci$
	居里	Ci	$1Ci=3.7\times10^{10}Bq$
	每分钟衰变数	dpm	1dpm=1/60Bq
照射量	伦琴	R	$1R=2.58\times10^{-4}C/kg$
吸收剂量	戈瑞	Gy	1Gy=1J/kg=100rad
	拉德	rad	1rad=0.01Gy
剂量当量和有效剂量	希沃特	Sv	1Sv=1J/kg=100rem
	雷姆	rem	1rem=0.01Sv

（夏益华 徐勇军 编写，刘新华 审阅）

参考文献

国际原子能机构．2007．国际原子能机构安全术语：核安全和辐射防护系列(2007 版)．维也纳

潘自强．2007．电离辐射环境监测与评价．北京:原子能出版社

GB18871-2002．中华人民共和国国家标准．电离辐射防护与辐射源安全基本标准

ICRP 103．2008．国际放射防护委员会 2007 年建议书．潘自强等译．北京:原子能出版社

ICRP 74．1997．Conversion Coeffecients for Use in Radiological Protection against External Radiation. ICRP Publication 74. Ann ICRP,26(3)

2

辐射安全原则和基础

2.1 基本安全原则

2007年,IAEA安全标准丛书第SF-1号《基本安全原则》制定了核安全与辐射安全基本安全目标和基本安全原则。该《基本安全原则》由欧洲原子能联营、联合国粮食及农业组织、国际原子能机构、国际劳工组织、国际海事组织、经济合作与发展组织核能机构、泛美卫生组织、联合国环境规划署和世界卫生组织联合倡议。

IAEA1993年6月出版了关于核设施安全的安全标准(安全丛书第110号《核设施安全》),1995年3月出版了关于放射性废物管理安全的安全标准(安全丛书第111-F号《放射性废物管理原则》),1995年6月出版了关于辐射防护和辐射源安全的安全标准(安全丛书第120号《辐射防护和辐射源安全》)。在编写《基本安全原则》的过程中,考虑了上述三个不同领域的“安全基本法则”出版物中确立的所有安全原则,并将它们综合成一套包括10项新原则的协调一致的安全原则。先前的安全原则中被认为更适合以要求的形式表述的一些原则已在IAEA“安全要求”出版物中确定。

基本安全目标适用于引起辐射危险的所有情况。安全原则在相关情况下适用于为和平目的利用的一切现有的和新的设施与活动的整个寿期,并适用于为减轻现有辐射危险而采取的防护行动。安全原则为提出要求和采取措施以保护人类和环境免于辐射危险并促进引起辐射危险设施和活动的安全奠定了基础,这些设施和活动特别包括核与辐射设施、放射性物质运输和放射性废物管理。

《基本安全原则》确定的基本安全目标是保护人类和环境免于电离辐射的有害影响。

《基本安全原则》确定的10条基本安全原则如下：

原则1：安全责任。对引起辐射危险的设施和活动负有责任的人员或组织必须对安全负主要责任。

原则2：政府职责。必须建立和保持有效的法律和政府安全框架，包括独立的监管机构。

原则3：对安全的领导和管理。在与辐射危险有关的组织内以及在引起辐射危险的设施和活动中，必须确立和保持对安全的有效领导和管理。

原则4：设施和活动的正当性。引起辐射危险的设施和活动必须能够产生总体效益。

原则5：防护的最优化。必须实现防护的最优化，以提供合理可行的最高安全水平。

原则6：限制对个人造成的危险。控制辐射危险的措施必须确保任何个人都不会承受无法接受的伤害危险。

原则7：保护当代和后代。必须保护当前和今后的人类和环境免于辐射危险。

原则8：防止事故。必须做出一切实际努力防止和减轻核事故或辐射事故。

原则9：应急准备和响应。必须为核事件或辐射事件的应急准备和响应做出安排。

原则10：采取防护行动减少现有的或未受监管控制的辐射危险。必须证明为减少现有的或未受监管控制的辐射危险而采取的防护行动的合理性并对这些行动实施优化。

2.2　辐射安全相关的国际组织

对电离辐射危害的认识和防护以及辐射安全体系的建设，基于三个国际组织的工作。联合国原子辐射影响科学委员会(UNSCEAR)收集和评价全球放射源项数据，评价电离辐射照射对人类和环境的影响。国际放射防护委员会(ICRP)提出电离辐射防护建议书，给出辐射防护基本原则和建议。国际原子能机构(IAEA)等负责制定国际辐射安全标准，将基本安全标准推荐给各国实施，并通过IAEA建立的机制提供国际支持。

2.2.1 联合国原子辐射影响科学委员会(United Nations Scientific Committee on the Effects of Atomic Radiation, UNSCEAR)

UNSCEAR 是联合国下属的一个委员会,由联合国大会在 1955 年决定成立。UNSCEAR 开始由阿根廷、苏联、英国和美国等 15 个国家组成。1973 年增加德意志联邦共和国等 5 个国家。1986 年联合国大会成员国增至 21 个国家,并邀请中国作为成员国。2011 年,UNSCEAR 成员国又增加 6 个,达 27 个。

UNSCEAR 早期主要是关心大气层核试验造成的环境中人工放射性核素增加引起的危险,后来逐步扩展到民用核设施和放射性核素应用产生的放射性核素释放到环境中的影响、职业照射、辐射在医学中的应用对患者产生的照射以及人为活动引起的天然辐射增加等方面。现在,UNSCEAR 已成为审议和评价电离辐射照射水平与健康危害的主要国际科学团体。自 1958 年发布第一份报告以来,以"电离辐射源与效应"为题先后发表报告书(含科学报告附件)近 20 份。自 1975 年起,我国翻译出版了 UNSCEAR 报告书的多份中文译本。

UNSCEAR 系统评价了辐射对人类致癌的研究,评述了前苏联切尔诺贝利事故的效应和后果。在最近的报告书中,还专门评论了辐射对非人类生物和环境的影响。2013 年,对福岛事故的辐射水平和影响进行了评价。

2.2.2 国际放射防护委员会(International Commission on Radiological Protection, ICRP)

ICRP 是促进辐射防护科学发展的公益性团体,在辐射防护的所有方面提出建议书。在建议书中,ICRP 主要考虑用于制定相应辐射防护措施的基本原则和定量基础。

ICRP 设主委员会和常设分委员会,现有 5 个常设分委员会。第 1 分委员会(辐射效应)考虑诱发癌症和遗传疾病的危害(随机效应)及辐射作用的基本机制,也考虑诱发组织/器官损伤危险、严重程度和机制(确定效应)。第 2 分委员会(辐射照射剂量)涉及内外辐射照射评价的剂量系数的发展,参考生物动力学和剂量学模型以及工作人员和公众成员参考数据的发展。第3委员会(在医学中的防护)是关于在电离辐射用于医学诊断、治疗或生物医学研究时,人和胎儿的防护。第4分委员会(委员会推荐的应用)提供对所推荐的防护系统在职业和公众照射所有方面应用的建议。ICRP也充任与其他有关电离辐射防护的国际组织和职业社团主要接触点的作用。2005年7月,ICRP设立了关于环境放射防护的第5委员会。体现了电离辐射防护不仅要保护人而且要保护非人类物种这一辐射防护概念的重大变化。

ICRP主委员会由13人组成,1986年始我国专家进入了ICRP主委员会。分委员会通常由16~18人组成。

ICRP成立于1928年,当时称为国际X射线和镭防护委员会。1950年改称为国际放射防护委员会。1928年推荐年耐受剂量为0.1皮肤红斑剂量。从50年代末,ICRP开始出版系列出版物,到2011年底已出版了第113号出版物。其中基本的建议书是1959年发表的第1号出版物《国际放射防护委员会建议书》(1958),随后发表的有第9号出版物(1965)、第26号出版物(1977)、第60号出版物《国际放射防护委员会1990年建议书》。2007年ICRP发表《国际放射防护委员会2007年建议书》(第103号出版物),集中反映了人们对辐射防护和放射医学认识的新进展。

1978年ICRP首次邀请中国专家参加其活动,但早在50年代末期,我国辐射防护工作中就采用了ICRP的基本概念和最大容许剂量限值。中国1974年发布的《放射防护规定》(GBJ8-74)采用了ICRP推荐的剂量限值和某些基本概念。其后,并行的两个辐射防护标准(GB4792-1984和GB8703-1988)全面体现了ICRP第26号建议书的体系。2002年发布的我国现行国家标准(GB 18871-2002)采用了ICRP1990年建议书提出的基本原则。

ICRP在总结国际放射防护科学研究和经验以及形成国际上统一的放射防护基本标准方面做了大量工作。ICRP的建议书已成为有关国际组织和各国制定标准的基础。

2.2.3 国际原子能机构(International Atomic Energy Agency,IAEA)

IAEA是联合国系统内的一个专门机构,是世界政府间关于核领域科学技术合作的中央论坛和关于民用核计划的核保障与核查措施应用的国际视察机构。IAEA 成立于 1957 年，总部设在奥地利维也纳。1984 年中国参加 IAEA 并成为理事国。截至 2009 年 12 月，IAEA 共有 151 个成员国。

IAEA 宗旨：加速和扩大原子能对全世界和平、健康和繁荣的贡献，并尽其所能确保由其本身、或经其请求、或在其监督或管制下提供的援助不用于推进任何军事目的。

IAEA 的主要活动是促进原子能在农业、能源、工业、医学和科学各领域中的应用研究；促进国际技术转让和技术合作；召开各种会议，执行培训计划，向成员国人员提供进修培训，出版书刊，以促进核科学技术情报和工艺的交流；向成员国特别是发展中国家提供技术援助；实施国际核保障方面的工作（即对民用核计划中的核材料进行监督和核查，以防止用于军事目的）。

IAEA 主导制定了《核事故或辐射紧急情况援助公约》（1986）、《核安全公约》（1994）、《核材料实物保护公约》（1980）、《及早通报核事故公约》（1986）、《乏燃料管理安全和放射性废物管理安全联合公约》（2001）、《放射源安全和保安行为准则》（2003）和《研究堆安全行为准则》（2006）。

IAEA 设核安全与安保司，主管核与辐射安全方面工作，包括出版核安全标准和其他安全方面的出版物，召开各种核安全会议，提供包括派遣安全检查组在内的各种安全方面的援助。

IAEA 联合其他国际组织根据 ICRP1990 年建议提出的基本原则和定量要求，于 1997 年发布了《国际电离辐射防护和辐射源安全的基本安全标准》（IAEA 安全丛书 No. 115）。2011 年 IAEA 根据辐射防护进展，修订出版了《基本安全标准》的暂行版，是当今反映辐射防护最前沿进展的辐射安全标准。

IAEA 的重要职能是出版各方面的科技书籍和刊物，主要涉及：生命科学，人类健康，核安全和保安，核安全标准和环境保护，放射性物质运输和废物处理，反应堆和核动力，工业应用，安全保障，核法律，核信息系统。

日本福岛核事故后，为巩固全球核安全框架，IAEA 制订了核安全工作计划，以提高世界范围的核安全和应急水平。IAEA 还与一些成员国和其他国际组织建立了联机检索数据库——国际核信息系统(INIS)。

2.3 辐射安全和辐射安全体系

辐射防护(radiation protection)是研究人类和环境免受电离辐射危害,保护工作人员安全和健康,保护公众和环境,促进核能和核技术发展的实用性学科。国际原子能机构称之为"辐射安全"(radiation safety)。20 世纪 50 年代,该学科刚从苏联引入我国时称为"放射卫生"(radiological hygiene)。美国、日本和欧洲等则称之为"保健物理"(health physics)。辐射防护的主要内容是:辐射防护基本原则、辐射防护法规及标准、辐射防护方法、辐射监测、辐射防护评价和核与辐射事故应急。

《电离辐射防护与辐射源安全基本标准》(GB18871-2002)给出了辐射防护体系的范围。图 2.1 给出了辐射防护体系的基本架构。

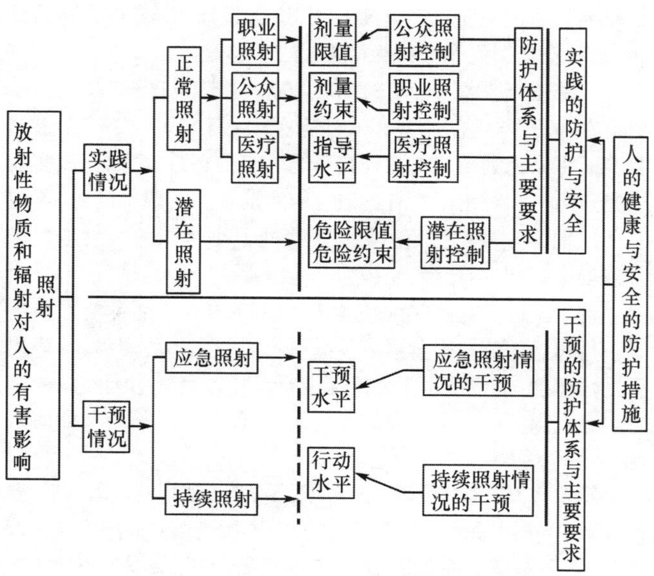

图 2.1 辐射防护体系的基本架构

资料来源:GB18871-2002《电离辐射防护与辐射源安全基本标准》宣贯材料

辐射防护体系对于任何辐射照射和辐射源都是适用的，但并不意味着所有照射和辐射源都必须纳入辐射防护体系进行管理。为了达到辐射防护的目的，确定辐射防护体系的范围需要考虑社会、经济、文化和法律多方面的因素，需要考虑控制的可能性和必要性。考虑的问题包括：①控制是难以实现的。有些照射是不可避免的和不可控制的，或者至少说不经过非同寻常的努力是不可实现的。②控制是不合理的。有些辐射源虽然不难控制但其产生的照射很小，从最优化分析看控制不合理。③控制可能需要考虑双重标准，公众对"人工"源的要求高于"天然"源。这就引入了豁免、解控和排除的概念，界定了辐射防护体系的下限和边界。此外，人们对于食品和医疗用品的卫生要求更高，因此在此领域，应该使用相应的卫生标准。

辐射防护的基本原则包括实践的正当性、防护最优化和剂量限值。正当性是前提，剂量限值是上限，最优化则是辐射防护的目标，也是辐射防护中需要研究的主要问题。辐射防护最优化需要通过定性和定量的方法，进行系统、连续和综合的分析，加强安全文化以及利益相关者的参与。

实践正当性原则。GB18871-2002 规定，"对于一项实践，只有在考虑了社会、经济和其他有关因素后，其对受照个人和社会所带来的利益足以弥补其可能引起的辐射危害时，该实践才是正当的。对于不具有正当性的实践及该实践中的源，不应当予以批准"。需要注意的是，正当性原则考虑的因素不限于辐射安全，还包括社会、经济和其他因素。

剂量限值。受控实践使个人所受到的有效剂量或当量剂量不得超过的值。剂量限值仅适用于实践引起的照射，不适用于医疗照射，也不适用于无任何主要责任方负责的天然源的照射。剂量限值与潜在照射的控制无关，也与决定是否和如何实施干预无关。

辐射防护最优化原则。在考虑了经济和社会利益因素后，要使受到照射的可能性、受照人数以及个人所受剂量大小均应保持在可合理达到的尽可能低的水平。这意味着在主要情况下防护水平应当是最佳的，取利弊之差的最大值。为了避免这种优化对个人产生严重不公平的结果，应当对个人受到特定源的剂量或危险，采用剂量约束或危险约束,以及参考水平来加以限制。

防护最优化原则是一种源相关的过程,其在辐射防护体系中的重要性,是因为随机效应的概率特性和线性无阈(LNT)假定的特性使得不可能把防护标准简单地建立在并不存在的“安全”与“危险”之间的分界线上。任何一种防护决策都针对着某种危害,防护的任务就是要保证所相应的危害是小的,是可以接受的,因此单单依靠剂量限值和约束是不充分的,还必须实现防护最优化。

防护的最优化是一个前瞻性的反复过程,旨在防止或降低未来的照射。它考虑到技术和社会经济的发展,既要定性地判断,也需要定量地判断,应当系统、谨慎地构建此过程,以保证所有的相关方面得到考虑。但防护最优化不等于剂量最小化,最优化的防护是仔细地对辐射危害和保护个人可利用的资源进行权衡评估的结果。社会影响的评估经常影响放射防护水平的最终决定,决策过程还包括社会关注和道德方面,以及公开透明的考虑,经常需要利益相关方的参与。

剂量约束和参考水平与防护最优化一起用于对个人的剂量限制。个人剂量限制的初步目标是保证个人剂量不超过或保持在剂量约束和参考水平;接下来的目标是要在考虑到经济和社会因素以后,把所有的剂量降低到可合理达到的尽量低的水平。剂量约束用于计划照射情况(患者医疗照射除外),而参考水平用于其他照射情况(即应急照射和现存照射情况)。对后者,最优化过程可使用于高出参考水平的初始个人剂量水平。

剂量约束或参考水平的选定依赖于所考虑照射的环境。必须明白,无论是剂量或危险约束,或参考水平都不代表“危险”与“安全”的分界线,也不表示改变个人相关健康危害的梯级。

2.4 辐射安全法规和标准

为了保证辐射防护体系的实施,要求建立确保辐射安全的国家基础结构和适宜的辐射防护法规与标准。

法律框架规定监管机构和运行机构的责任。监管机构负责监管控制和规章制度的执法,必须与运行机构相分离,保持相对独立性。运行机构对照射的控制负主要责任。运行机构可以利用顾问和专家咨询,但不能以任何方式减轻运行机构自身的责任。

《中华人民共和国放射性污染防治法》、国务院条例,以及国务院相关政府部门制定的规章、导则和技术文件,构成了我国核与辐射安全领域比较完善的法规体系。《电离辐射防护与辐射源安全基本标准》(GB18871-2002)等国家强制性标准、国家推荐性标准,以及相关的行业标准、地方标准和企业标准,构成了我国辐射安全领域比较完善的标准体系。

在我国核工业发展初期,国家就重视对电离辐射的防护。国务院1960年颁布了《中华人民共和国卫生防护暂行规定》,在此同时国家科委和卫生部等单位联合颁布了《电离辐射的最大容许量标准》和《放射性同位素工作的卫生防护细则》。1974年由全国环境保护会议筹备小组办公室主编,经国家计委、建委、科工委、卫生部批准发布了《放射防护规定》(GBJ8-74)。其后,卫生部(1984)和国家环保局(1988)先后发布的两个国家标准《放射卫生防护基本标准》(GB4792-84)和《辐射防护规定》(GB8703-88)并行。

1991年国际放射防护委员会出版了国际放射防护委员会第60号出版物《国际放射防护委员会一九九〇年建议书》。根据这一建议书,国际原子能机构等国际机构在1997年发布了国际原子能机构安全丛书NO. 115《国际电离辐射防护和辐射源安全的基本安全标准》。1995年初,国家环保局、卫生部、国家核安全局和中国核工业总公司决定,成立辐射防护标准联合起草小组,制定统一的标准。原则达成下述共识:①等效采用IAEA等国际机构发布的《国际电离辐射防护与辐射源安全的基本安全标准》;②保留现行标准中行之有效的规定,反映和总结近年来中国辐射防护工作的新经验,从原则上尽可能解决实际工作中迫切需要解决的一些问题;③尽可能吸取各国的辐射防护的新成果。根据这些原则,制定了新的国家标准GB18871-2002《电离辐射防护与辐射源安全基本标准》。图2.2显示了GB18871-2002的基本架构,清晰地反映了标准主要内容之间的内在联系。

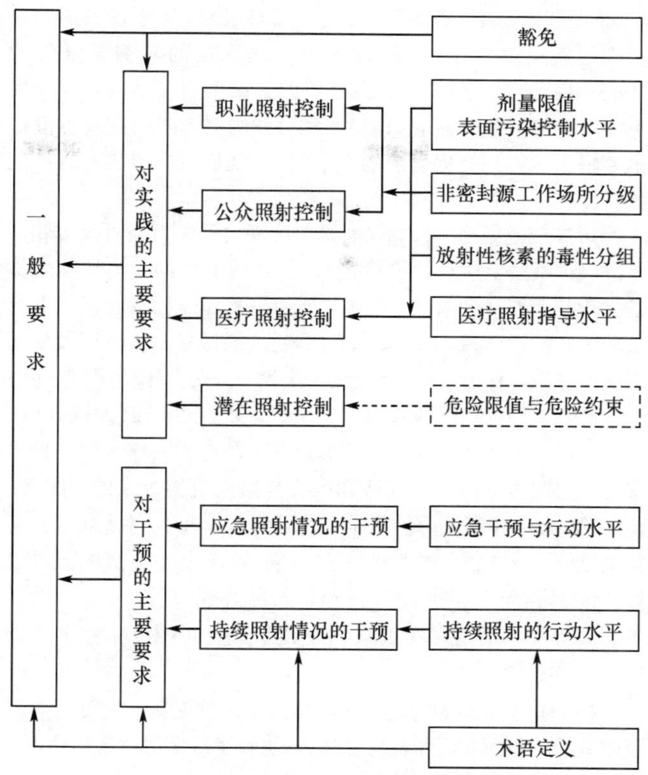

图 2.2 GB18871-2002 的基本架构

资料来源:GB18871-2002《电离辐射防护与辐射源安全基本标准》宣贯材料

2.5 辐射安全体系的变迁

从辐射防护本身的发展来看,辐射防护体系的形成也是经历了一个历史演变的过程。国际放射防护委员会(ICRP)1950年发布了其第一个建议书,只是要求对在医用源上的工作时间加以限制,旨在避免职业人员发生“有阈效应”。到1954年以后,由于发现在美国的放射学家出现了超额恶性疾病,以及日本原子弹爆炸幸存者最初超额白血病数据显示的流行病学资料,降低了对“阈值概念”的支持。ICRP 1956 年建议书中制定了周围累积剂量限值,相应地对工作人员的年剂量限值为 50mSv,对公众为 5mSv。特别重要的是认识到了某些辐射效应可能无阈值。随即建议“应做各种可能的努力减小所有类型的电离辐射照射到最低可能的水平”。这就是最早形成的防护最优化概念。

1977 年的第 26 号出版物,第一次提出了辐射随机效应和剂量限制体系及辐射防护三项基本原则(即实践的正当性和防护最优化及个人剂量限值)。1990 年的第 60 号出版物,建议书有了较大的修改,对基本体系作了扩展,从剂量限制体系扩展到辐射防护体系。保留了正当性、最优化和个人剂量限值原则,同时考虑到各种照射情况的差别引入了“实践”和“干预”的区分(可以说是两个子体系)。此外,更加强调了具有约束作用的防护最优化来限制由于固有的经济和社会判断所可能带来的不平等。ICRP 第 60 号出版物降低了年剂量限值(20mSv),对公众成员的年剂量限值从 5mSv 减小到每年 1mSv,并规定特殊情况下可以取连续 5 年的年有效剂量平均值不超过 1mSv。

2007 年底发表了 ICRP103 号出版物。ICRP103 号出版物的主要特点为:

(1) 根据生物和物理最新可用科学信息更新了当量剂量和有效剂量的辐射和组织权重因数,并更新了对辐射危害的认识。

(2) 保持了委员会的辐射防护三项基本原则,即正当性、最优化和剂量限值的应用,阐明委员会的建议如何应用于核与辐射的辐射源和接受照射的个人。

(3) 从以前以过程为基础的实践和干预防护方法,演变为对所有可控照射的基于照射情况的方法。照射情况分为计划照射、应急照射和现存照射情况。

(4) 计划照射情况下所有被监管的源沿用委员会现行的有效剂量和当量剂量的个人剂量限值,这些限值代表在任何计划照射情况下监管机构可接受的最大剂量。

(5) 再次强调了防护最优化的原则,这一原则适用于所有照射情况,但受到个人剂量和危险限制的制约,对计划照射情况称作剂量和危险约束,对应急照射和现存照射情况称作参考水平。

（6）开发了一种描述环境辐射防护框架的方法。

表2.1和表2.3列出了ICRP60号出版物和103号出版物在辐射防护体系组成和个人剂量限制方面的比较。表2.2列出了ICRP103号出版物中剂量限值、剂量约束和参考水平在计划照射、应急照射和现存照射中的适用范围。

表2.1　ICRP60号出版物和103号出版物比较——辐射防护体系组成

辐射防护体系主要组成	ICRP 60号出版物	ICRP 103号出版物
防护的基本原则	正当性、最优化和个人剂量限值	保留
辐射效应	确定性效应、随机性效应	确定性效应（组织反应）、随机性效应
照射过程与情景	实践和干预	计划照射、应急照射和现存照射
照射类型	职业照射、公众照射、医疗照射	保留
受照个人识别	笼统描述	工作人员、公众、患者
防护评价类型	源相关和个人相关	保留
个人剂量限制	剂量限值、剂量约束、参考水平、干预水平、行动水平	剂量限值、剂量约束、参考水平

资料来源：廖京辉，尉可道.2008. ICRP2007年与1990年建议书的比较。

表2.2　ICRP103号出版物中剂量限值、剂量约束和参考水平的适用范围

照射情况类型	职业照射	公众照射	医疗照射
计划照射	剂量限值 剂量约束	剂量限值 剂量约束	诊断参考水平（患者） 剂量约束（护理者、亲友慰问、志愿者）
应急照射	参考水平	参考水平	不适用
现存照射	不适用	参考水平	不适用

资料来源：廖京辉，尉可道.2008. ICRP2007年与1990年建议书的比较。

表 2.3 ICRP60 号出版物和 103 号出版物比较——个人剂量限制

照射的类别	ICRP 第 60 号出版物	ICRP 第 103 号出版物
计划照射情况		
	个人剂量限值	
职业照射(有效剂量)	5 年内平均 20mSv	5 年内平均 20mSv
眼晶状体(当量剂量)	150mSv/a	150mSv/a
皮肤(当量剂量)	500mSv/a	500mSv/a
手和脚(当量剂量)	500mSv/a	500mSv/a
孕妇	腹部表面<2mSv 或摄入放射性核素<1mSv	胚胎和胎儿<1mSv
公众照射(有效剂量)	1 年内 1mSv	1 年内 1mSv
眼晶状体(当量剂量)	15mSv/a	15mSv/a
皮肤(当量剂量)	50mSv/a	50mSv/a
	剂量约束	
职业照射(有效剂量)	≤20mSv/a	≤20mSv/a
公众照射(有效剂量)	—	≤1mSv/a
放射性废物处置	≤0.3mSv/a	≤0.3mSv/a
长寿命放射性废物处置	≤0.3mSv/a	≤0.3mSv/a
持续照射	<1mSv/a,>0.3mSv/a	<1mSv/a,>0.3mSv/a
长寿命核素的持续照射	<0.1mSv mSv/a	<0.1mSv mSv/a
医疗照射(生物医学研究的志愿者)		
对社会的利益较小	<0.1mSv	<0.1mSv

续表

照射的类别	ICRP 第 60 号出版物	ICRP 第 103 号出版物
对社会的利益稍大	0.1~1mSv	0.1~1mSv
对社会的利益居中	1~10mSv	1~10mSv
对社会的利益很大	>10mSv	>10mSv
抚育者和照顾者	单次<5mSv	单次<5mSv
应急照射情况	干预水平	参考水平
职业照射		
知情志愿者的抢救生命行动	无剂量约束	无剂量约束
其他紧急的抢救作业	≈500mSv(有效剂量)	
	≈5 Sv(当量剂量)	<1000mSv(防止严重确定效应),<500mSv(防止其他确定效应)
其他抢救作业	—	<100mSv
公众照射		
总体防护策略中的所有措施	—	在 20 ~ 100mSv/a 选择
现存照射情况	行动水平	参考水平
氡,居室	3~10mSv/a	<10mSv/a
	(200~600 Bq/m^3)	(<600Bq/m^3)
氡,工作场所	3~10mSv/a	<10mSv/a
	(500~1500 Bq/m^3)	(<1500Bq/m^3)
天然放射性物质,天然本底照射,人类栖息地放射性残留物	—	视情况,1 ~ 20mSv/a

资料来源:国际辐射防护委员会第 103 出版物 . 2008. 潘自强等译校 . 国际辐射防护委员会 2007 年建议书 . 北京:原子能出版社。

2.6 辐射生物效应

2.6.1 辐射生物效应分类和剂量-效应关系

辐射生物效应泛指电离辐射对受到照射的人和其他所有生物的组织和器官出现功能或结构的改变，从轻到重，可称为变化、损伤和损害。

电离辐射外照射和放射性核素的内照射所致辐射效应可以按照不同的辐射照射方式和效应表现情况进行多种分类，表2.4为人类辐射效应分类简表。

表 2.4 人类辐射效应分类简表

效应表现	效应类型	照射情况或人类经历	效应举例
躯体效应 表现在受照者个体	组织反应（确定效应） 有剂量阈值	全身、大剂量、急性照射	急性放射病
		身体局部、急性或慢性、大剂量照射	放射性皮肤疾病 放射性组织/器官损伤
		胎儿在母体子宫中受照	畸形、智力障碍等
	随机效应 线性无阈假说	日本原子弹爆炸幸存者	白血病和实体癌症发病率增加
		事故受照人群	白血病和实体癌症发病率增加
		氡及其子体照射	肺癌发病率增加
		表盘涂镭女工	骨肉瘤发病率增加
		钍造影剂受试者	肝胆肿瘤发病率增加
		接受外照射的患者	乳腺癌和甲状腺癌发病率增加
遗传效应 表现在受照者后代		尚没有人类双亲受照导致后代遗传疾病增加的直接观察证据	

辐射效应与辐射照射剂量紧密相关，不同的照射剂量所致可能的人类健康效应见表2.5。

表 2.5　辐射照射水平和可能的人类健康效应

受照剂量（mSv/mGy）	目前的认识
3000~5000	50%的受照者未经治疗时，在 30~60 天死亡
1000	10%~25%的人发生急性放射病
500	约 5%的人出现症状
200	ICRP（1990）和 UNSCEAR（1990）定义其为小剂量照射上限值
100	大于 100 mSv，已经观察到辐射致癌危险的增加
50	2003 年以前职业照射年剂量限值。现行职业照射剂量限值要求 5 年内的任何一年不得超过 50mSv
20	职业照射剂量限值：在规定的 5 年内年平均有效剂量不得超过 20mSv（5 年内 100mSv）
2~3	天然辐射的年剂量水平

资料来源：IAEA Safety Report Series No. 2，1998；ICRP 103 号出版物，2007。

2.6.2　组织反应（确定效应）

组织或器官受到超过一定剂量的照射会导致细胞因子的释放和细胞丢失，关键细胞群的辐射损伤超过一定量并持续一定时间，就会有临床表现。这样的效应以前称为确定性效应（deterministic effect），2011 年 ICRP 发表声明，改称组织反应（tissue reaction）。

组织反应的特点是具有剂量阈值（对应的是 1%的发病率或死亡率），超过剂量阈值时，发病率或死亡率迅速增加，效应的严重程度随剂量的增加而加重。小于 100mGy 的照射，无论是单次急性照射还是持续小剂量照射均不可能导致组织反应。

主要组织反应的剂量阈值见表 2.6 和表 2.7。

表 2.6 成人各种照射后致组织或器官损伤(约 1% 发病率)的阈剂量

效应	器官/组织	效应发生时间	急性照射(Gy)	多次分割(每次 2Gy)或等剂量迁延照射(Gy)	慢性照射年剂量率(Gy/a)
暂时性不育	睾丸	3~9 周	~0.1	—	0.4
永久不育	睾丸	3 周	~6	<6	2.0
永久不育	卵巢	<1 周	~3	6.0	>0.2
造血抑制	骨髓	3~7 天	~0.5	~10~14	>0.4
暂时性脱发	皮肤	2~3 周	~4	—	—
迟发皮肤萎缩	皮肤(大面积)	>1 年	10	40	—
白内障	眼睛	>20 年	~0.5	~0.5	~0.5
急性肺炎	肺	1~3个月	6~7	18	—
坏死	脑	> 1 年	—	55~60	—
认知障碍	脑	几年	1~2	<20	—
婴儿(< 18 个月)认知障碍	脑	几年	0.1~0.2	—	—

资料来源:ICRP118,2012。

表 2.7 X 线透视下单次照射人体皮肤反应的剂量阈值

(近似于 1% 发病率的估计剂量)

效应	大致剂量阈值(Gy)	发病时间
早期短暂性红斑	2	2~24h
主要红斑反应	6	~1.5 周
临时性脱毛	3	~3 周
永久性脱毛	7	~3 周
干性脱皮	14	~4~6 周
湿性脱皮	18	~4 周
二次溃疡	24	>6 周

续表

效应	大致剂量阈值(Gy)	发病时间
晚期红斑	15	8~10 周
缺血性皮肤坏死	18	>10 周
皮肤萎缩(第一阶段)	10	>52 周
毛细血管扩张	10	>52 周
皮肤坏死(晚期)	>15?	>52 周

资料来源:ICRP Pub. 118,2012。

妇女妊娠期受照,胚胎/胎儿宫内照射产生的辐射效应是特殊的躯体效应,包括畸形、生长和发育异常、出生智力障碍、胚胎死亡等。胚胎发育植入前期的胎体对辐射致死效应敏感,根据 ICRP 第 103 号出版物判断,在 100 mGy 以下剂量低 LET 辐射照射产生这样的致死效应非常少见。宫内照射诱发的胎儿畸形主要发生在器官形成期(对人类而言受孕后 3~7 周)。

大多数的放射学诊断和核医学检查程序都低于产生畸形的剂量阈值。3 次骨盆 CT 扫描,或者 20 次一般的腹部或骨盆 X 线诊断,胎儿受照剂量不大可能达到 100mGy。

尽管如此,在临床实践中,医疗机构应严格按照卫生行政部门的有关规定,尽到对育龄妇女的医疗照射风险告知义务,检查前询问是否怀孕,尽量避免胎儿照射,给受检患者穿用必要的个人防护用品,保护非受照部位的敏感组织,如性腺、甲状腺、眼晶状体等。

2.6.3　随机效应

起源于单个细胞损伤的效应称为随机效应(stochastic effect),其特点是不存在剂量阈值,其严重程度与剂量大小无关,但效应发生的概率与剂量相关。随机性效应主要指辐射致癌效应。

电离辐射照射是一种弱的癌症启动因素。辐射照射导致的癌症诱发需要一定的时间(潜伏期),潜伏期的长短与具体癌症和受照剂量有一定关系,白血病的潜伏期较短,一般为 2~5 年,实体癌的潜伏期较长,一般在 10 年以上。受照剂量大,潜伏期可能会短一些。

辐射致癌的人类证据主要来自对中高剂量受照人群的长期流行病学观察,如自1950年开始的日本广岛和长崎原子弹爆炸幸存者的寿命研究,自20世纪30年代开始的多个国家的外照射和内照射放射治疗的患者队列随访研究,铀矿等矿工氡致肺癌的辐射流行病学调查,近年来前苏联切尔诺贝利核电站事故受照人群、各国核工业群体的辐射流行病学研究,以及居民室内氡与肺癌的流行病学研究。

2.6.3.1 日本广岛和长崎原子弹爆炸幸存者的追踪研究

日本原子弹爆炸幸存者的寿命研究给出了最完整的人类随机效应数据,受照群体的癌症率随着受照剂量的增加而成比例地增加,其系数一般用单位剂量的超额相对危险(ERR/Gy)表示(表2.8)。

表2.8 原子弹爆炸幸存者研究超额相对危险(ERR)

癌症	ERR/(Gy)
实体癌(发病率,1958~1998)[a]	0.47,90% CI:0.40~0.54
白血病(死亡率,1950~1990)[b]	
线性模型	3.15, 95% CI:1.58~5.67
线性-平方模型	1.54, 95% CI:-1.14~5.33

a. 引自Preston et al, 2007(Ron E, 2007 PPT NCI training course)。
b. 转引自Cardis et al, 2005。

联合国原子辐射影响科学委员会(UNSCEAR)对辐射诱发致命性癌症超额死亡风险的估计值见表2.9。

表2.9 辐射诱发致命性癌症超额死亡风险(两性平均值)

急性照射剂量(Gy)	死亡风险(%),两性平均值	
	实体癌	白血病
0.1	0.36~0.77	0.03~0.05
1.0	4.3~7.2	0.6~1.0

资料来源:UNSCEAR 2010。

2.6.3.2 氡致肺癌

20 世纪 30 年代人们就认识到矿工高氡暴露可以导致肺癌。1999 年美国出版了 BEIR VI 报告,提供了矿工高氡暴露导致肺癌的系统的科学证据。2009 年,WHO 对欧洲 13 个(7148 个病例)、北美 7 个(3662 个病例)和中国 2 个(沈阳市和陇东地区,1050 个病例)共计 11860 例肺癌的病例对照研究进行了综合分析,提供了室内氡致肺癌的最重要流行病学证据。WHO 2009 年估计,世界上 3%~14% 的肺癌是由于氡照射引发的,吸烟更加重了氡致肺癌的危险,氡是人类肺癌除吸烟以外的第二杀手。

2.6.3.3 辐射的遗传效应

尽管有大量证据表明,辐射照射在动物身上可以引起遗传效应,但是目前尚没有人类双亲受照导致后代遗传疾病增加的直接观察证据,与 ICRP 第 60 号报告不同,ICRP103 号出版物采用了新方法估计遗传危险,且只估计到第 2 代。

目前全体人群的遗传危险标称系数只有原先 ICRP 第 60 号报告估计的 15%(0.2%/Gy 比 1.3%/Gy)。

2.6.3.4 儿童辐射效应

“儿童”或“儿童期”指完成发育阶段,无严格的科学和法律界定。这里泛指 20 岁以下的婴幼儿和少年,不包括胎儿。

就比较儿童和成人诱发肿瘤的辐射敏感性而言,儿童诱发癌症的风险比全年龄组高 2~3 倍。大体上说,25% 的肿瘤类型儿童期受照更敏感些,包括白血病、甲状腺癌、乳腺癌和脑肿瘤。15% 的恶性肿瘤(如结肠癌),儿童的敏感性与成年人相同。外照射时,约 10% 的恶性肿瘤(如肺癌)儿童期的敏感性低于成年人。20% 的恶性肿瘤(如食管癌)数据太少,难以定论。还有 30% 的恶性肿瘤(如霍奇金病、前列腺癌、直肠癌和宫颈癌)在任何年龄段都未观察到与辐射照射有关系(UNSCEAR, 2013)。

为预防儿童的辐射效应,首要任务是减少儿童的医疗照射，特别是避免实施不必要的放射学检查，对实施较高剂量受照的（如 CT 和介入放射学）检查程序的正当性判断更应慎重。

2.6.4 对辐射生物效应认识的主要结论

◆应该从人类、生物和生态等全方位考虑生态系统的辐射效应，即辐射防护的目标是要保护人类，也要保护非人类物种免受辐射危害，要注意保持生物多样性和生态系统的平衡（ICRP 91 号出版物，2005）。

◆电离辐射照射导致细胞 DNA 双链断裂的错误修复会表现为双着丝粒体等染色体非稳定性畸变。外周血淋巴细胞染色体畸变的剂量-效应关系作为当今首选的生物剂量计，可用于急性受照剂量的估计。对个体而言，双着丝粒体明显增加的剂量是 0.1～0.2Gy。在群体研究中，0.05Gy 照射后可检测到双着丝粒体的增加（IAEA，ILO，WHO，2013）。

◆低水平（小于 0.2Gy 或 0.5Gy）电离辐射照射可能会引起适应性反应、免疫增强作用，但目前尚缺乏较一致的看法，也不能作为辐射防护的理论依据。

◆最近，人们认识到辐射致人眼晶状体混浊导致放射性白内障的阈剂量<0.5Gy（ICRP，2011）。IAEA 修订的"辐射安全标准"（IAEA，2011）将眼晶状体职业性照射的年剂量限值降为 20mSv。辐射流行病学研究揭示，1～2Gy 剂量以上的辐射照射人群非癌症疾病（如心脑血管疾病）发病率也有可能增加（UNSCEAR，2010）。

◆电离辐射导致的组织反应在职业群体中主要见于事故和应急照射。小于 100mGy 的照射，无论是单次急性照射还是慢性小剂量照射均不可能导致组织反应。成人或儿童接受低于每年 100mGy 连续多年的照射，也不会出现严重的组织反应。

◆放射防护体系建立在线性无阈（LNT）假定之上，即给定的剂量增量与归因于辐射的癌症或遗传效应概率的增量成正比。目前尚未观察到低于 100mSv 的照射导致人群癌症增加的明确证据。LNT 模型是以有关自发的和辐射诱发的 DNA 损伤相对丰富的资料为依据的。ICRP（2007）认为，联合采用 LNT 模型及剂量和剂量率效能因数（DDREF）的判断值，能为放射防护的实际目的,即小剂量辐射危险的管理提供谨慎的基础。

◆关于辐射致癌,人类观察证据表明,外照射致白血病、女性乳腺癌、肺癌、皮肤癌,氡吸入致肺癌,镭摄入致骨肉瘤,钍和钚摄入致肝癌,放射性碘摄入致儿童甲状腺癌等的发病率显著增加。没有证据证明辐射会导致慢性淋巴细胞性白血病增加,睾丸癌及黑色素瘤也似乎如此。还有研究发现,受照人群中膀胱癌、食管癌和结肠癌等癌症发病率有升高。对<100mSv 的照射,辐射致癌的流行病学证据不充分,其危险估计有很大的不确定性。

◆辐射防护中常用终身归因危险来描述辐射致癌危险估计,其含义是受照射人员终身经历的超过未受照对照人群癌症基线发病或死亡率的超额发病或死亡数。放射防护中用代表性人群(上海、大阪、广岛、长崎、瑞典、美国和英国等 6 个亚洲和欧美人群)的男女平均和不同受照时年龄平均的终身危险估计来表征辐射致癌危险,称之为标称危险系数(nominal risk coefficient)。标称危险系数只用于全部人群,而不能用于个人的危险估算。

(白 光 刘新华 孙全富 编写,潘自强 审阅)

参考文献

《电离辐射防护与辐射源安全基本标准》编制组.2005.GB18871-2002 电离辐射防护与辐射源安全基本标准宣贯材料.北京:原子能出版社

国际放射防护委员会第 60 号出版物——国际放射防护委员会 1990 年建议书.1993.李德平等译.北京:原子能出版社

国际辐射防护委员会第 103 号出版物.2008.潘自强等译.北京:原子能出版社

国际原子能机构.2007.《安全标准丛书》第 SF-1 号 基本安全原则.维也纳

廖京辉,尉可道.2008.ICRP2007 与 1990 年建议书的比较.中华放射医学与防护杂志.28(3):209

潘自强.2013.UNSCEAR 2013 介绍.辐射防护,4:25

中华人民共和国国家质量监督检验检疫总局.2002.电离辐射防护与辐

射源安全基本标准. GB18871-2002. 北京: 中国标准出版社

IAEA, ILO, WHO. 2013. 职业电离辐射照射有害健康效应的归因方法及其在癌症赔偿计划中的应用实用指南. 牛胜利等编, 李小娟等译, 孙全富等校. 北京: 中国原子能出版社

Cardis E, Vrijheid M, Blettner M, et al. 2005. Risk of cancer after low doses of ionizing radiation: retrospective cohort study in 15 countries. BMJ, 331(7508): 77

3 辐射安全常用数据

3.1 常用核素比活度和衰变子体(表 3.1 和表 3.2)

表 3.1 常用核素的比活度

核素	半衰期	比活度(TBq/g)
^{3}H	12.32a	3.58E+02
^{11}C	20.39min	3.10E+07
^{14}C	5700a	1.66E−01
^{7}Be	53.22d	1.30E+04
^{13}N	9.965min	5.37E+07
^{16}N	7.13s	3.66E+09
^{18}F	109.77min	3.52E+06
^{22}Na	2.6019a	2.31E+02
^{24}Na	14.959h	3.23E+05
^{32}P	14.263d	1.06E+04
^{35}S	87.51d	1.58E+03
^{36}Cl	3.01E+05a	1.22E−03
^{41}Ar	1.827h	1.55E+06
^{40}K	1.251E+09a	2.65E−07
天然钾	—	3.09E−11
^{42}K	12.36h	2.23E+05
^{45}Ca	162.67d	6.60E+02
^{46}Sc	83.79d	1.25E+03
^{51}Cr	27.7025d	3.42E+03
^{54}Mn	312.12d	2.87E+02

续表

核素	半衰期	比活度(TBq/g)
^{56}Mn	2.5789h	8.03E+05
^{55}Fe	2.737a	8.79E+01
^{59}Fe	44.495d	1.84E+03
^{57}Co	271.74d	3.12E+02
^{59}Ni	1.01E+05a	2.22E-03
^{60}Co	5.2713a	4.18E+01
^{63}Ni	100.1a	2.10E+00
^{65}Ni	2.51719h	7.09E+05
^{64}Cu	12.7h	1.43E+05
^{65}Zn	244.06d	3.05E+02
^{72}Ga	14.1h	1.14E+05
^{76}As	25.8672h	5.90E+04
^{82}Br	35.3h	4.01E+04
^{86}Rb	18.642d	3.01E+03
^{89}Sr	50.53d	1.07E+03
^{90}Sr	28.79a	5.11E+00
^{90}Y	64.1h	2.01E+04
^{92}Sr	2.66h	4.74E+05
^{92}Y	3.54h	3.56E+05
^{95}Zr	64.032d	7.94E+02
^{95}Nb	34.991d	1.45E+03
^{99}Mo	65.94h	1.78E+04
^{99m}Tc	6.015h	1.95E+05
^{103}Ru	39.26d	1.19E+03
^{106}Ru	373.59d	1.22E+02
^{110m}Ag	249.76d	1.76E+02
^{110}Ag	24.6s	1.54E+08
^{132}Te	76.896h	1.14E+04
^{133}Te	12.5min	4.18E+06

续表

核素	半衰期	比活度(TBq/g)
^{123}I	13.27h	7.10E+04
^{125}I	59.4d	6.51E+02
^{129}I	1.57E+07a	6.54E−06
^{131}I	8.0207d	4.60E+03
^{132}I	2.295h	3.83E+05
^{133}I	20.8h	4.19E+04
^{135}I	6.57h	1.31E+05
^{133}Xe	5.243d	6.93E+03
^{133}Ba	10.52a	9.46E+00
^{134}Cs	2.0648a	4.78E+01
^{136}Cs	13.16d	2.70E+03
^{137}Cs	30.1671a	3.20E+00
^{137m}Ba	2.552min	1.99E+07
^{140}Ba	12.752d	2.71E+03
^{140}La	40.2744h	2.06E+04
^{141}Ce	32.508d	1.05E+03
^{143}Ce	33.039h	2.45E+04
^{143}Pr	13.57d	2.49E+03
^{144}Ce	284.91d	1.18E+02
^{144}Pr	17.28min	2.80E+06
^{147}Pm	2.6234a	3.43E+01
^{181}W	121.2d	2.20E+02
^{182}Ta	114.43d	2.32E+02
^{185}W	75.1d	3.48E+02
^{192}Ir	73.827d	3.41E+02
^{198}Au	2.69517d	9.05E+03
^{199}Au	3.139d	7.73E+03

续表

核素	半衰期	比活度(TBq/g)
^{203}Hg	46.612d	5.11E+02
^{204}Tl	3.78a	1.72E+01
^{207}Tl	4.77min	7.05E+06
^{210}Pb	22.2a	2.84E+00
^{210}Bi	5.013d	4.59E+03
^{210}Po	138.376d	1.66E+02
^{212}Po	2.99E−07s	6.59E+15
^{224}Ra	3.66d	5.89E+03
^{226}Ra	1600a	3.66E−02
^{228}Ra	5.75a	1.01E+01
^{228}Ac	6.15h	8.27E+04
^{228}Th	1.9116a	3.04E+01
^{227}Th	18.68d	1.14E+03
^{229}Th	7340a	7.87E−03
^{230}Th	75380a	7.63E−04
^{231}Th	25.52h	1.97E+04
^{232}Th	1.41E+10a	4.05E−09
^{234}Th	24.1d	8.57E+02
天然钍	—	4.05E−09
^{232}U	68.9a	8.28E−01
^{233}U	1.59E+05a	3.57E−04
^{234}U	2.46E+05a	2.30E−04
^{235}U	7.04E+08a	8.00E−08
^{236}U	2.34E+07a	2.40E−06
^{237}U	6.75d	3.02E+03
^{238}U	4.47E+09a	1.25E−08
天然铀	—	2.53E−08
^{238}Pu	8.77E+01a	6.34E−01

续表

核素	半衰期	比活度(TBq/g)
^{239}Np	2.3565d	8.58E+03
^{239}Pu	24110a	2.30E-03
^{240}Pu	6564a	8.40E-03
^{241}Pu	14.35a	3.83E+00
^{241}Am	432.2a	1.27E-01
^{252}Cf	2.645a	1.99E+01

注：钾有三种天然同位素^{39}K、^{40}K和^{41}K，相对丰度分别为93.2581%、0.01167%和6.73021%，其中^{40}K是放射性同位素。天然钍中的主要同位素是^{232}Th，天然铀有三种同位素^{234}U、^{235}U和^{238}U，相对丰度分别为0.0054%、0.72%和99.27%，本表中的天然钾、天然钍和天然铀比活度按以上丰度计算。核素半衰期摘自ICRP107。

表3.2 常用核素的半衰期、衰变类型和衰变子体

核素	物理半衰期	衰变类型	衰变子体	分支比
^{3}H	12.32 a	B-	^{3}He	1.00
^{7}Be	53.22 d	EC	^{7}Li	1.00
^{11}C	20.39min	ECB+	^{11}B	1.00
^{14}C	5.70E+03a	B-	^{14}N	1.00
^{13}N	9.965min	ECB+	^{13}C	1.00
^{15}O	122.24 s	ECB+	^{15}N	1.00
^{18}F	109.77min	ECB+	^{18}O	1.00
^{22}Na	2.6019 a	ECB+	^{22}Ne	1.00
^{32}P	14.263 d	B-	^{32}S	1.00
^{41}Ar	109.61min	B-	^{41}K	1.00
^{40}K	1.251E+09a	B-ECB+	^{40}Ca	8.9140E-01
			^{40}Ar	1.0860E-01
^{51}Cr	27.7025d	EC	^{51}V	1.00
^{54}Mn	312.12 d	ECB+B-	^{54}Cr	1.00
			^{54}Fe	2.9000E-06

续表

核素	物理半衰期	衰变类型	衰变子体	分支比
^{55}Fe	2.737 a	EC	^{55}Mn	1.00
^{59}Fe	44.495d	B-	^{59}Co	1.00
^{57}Co	271.74 d	EC	^{57}Fe	1.00
^{58}Co	70.86 d	ECB+	^{58}Fe	1.00
^{60}Co	5.2713 a	B-	^{60}Ni	1.00
^{63}Ni	100.1 a	B-	^{63}Cu	1.00
^{67}Ge	18.9min	ECB+	^{67}Ga	1.00
^{68}Ge	270.95 d	EC	^{68}Ga	1.00
^{75}Se	119.779d	EC	^{75}As	1.00
^{81m}Kr	13.10s	ITEC	^{81}Kr	9.9998E-01
			^{81}Ar	2.5000E-05
^{85}Kr	10.756 a	B-	^{85}Rb	1.00
^{85m}Kr	4.480h	B-IT	^{85}Kr	2.1400E-01
^{87}Kr	76.3min	B-	^{87}Rb	1.00
^{88}Kr	2.84h	B-	^{88}Rb	1.00
^{89}Sr	50.53d	B-	^{89}Y	1.00
^{90}Sr	28.79a	B-	^{90}Y	1.00
^{90}Y	64.10h	B-	^{90}Zr	1.00
^{95}Zr	64.032d	B-	^{95}Nb	9.8920E-01
			^{95m}Nb	1.0802E-02
^{95}Nb	34.991d	B-	^{95}Mo	1.00
^{99}Mo	65.94 h	B-	^{99m}Tc	8.7730E-01
^{99m}Tc	6.015 h	ITB-	^{99}Tc	9.9996E-01
			^{99}Ru	3.7000E-05
^{103}Ru	39.26 d	B-	^{103m}Rh	9.8755E-01
			^{103}Rh	1.2453E-02
^{106}Ru	373.59 d	B-	^{106}Rh	1.00
^{103}Pd	16.991 d	EC	^{103m}Rh	9.9875E-01

续表

核素	物理半衰期	衰变类型	衰变子体	分支比
			^{103}Rh	1. 2512E-03
^{109}Pd	13. 7102 h	B-	^{109}Ag	1. 00
^{110m}Ag	249. 76 d	B-IT	^{110}Ag	1. 3600E-02
			^{110}Cd	9. 8640E-01
^{111}In	2. 8047 d	EC	^{111m}Cd	4. 9998E-05
			^{111}Cd	9. 9995E-01
^{113m}In	1. 6579 h	IT	^{113}In	1. 00
^{124}Sb	60. 20 d	B-	^{124}Te	1. 00
^{125}Sb	2. 75856 a	B-	^{125m}Te	2. 3136E-01
			^{125}Te	7. 6864E-01
^{132}Te	3. 204 d	B-	^{132}I	1. 00
^{123}I	13. 27 h	EC	^{123}Te	9. 9996E-01
			^{123m}Te	4. 4420E-05
^{125}I	59. 400 d	EC	^{125}Te	1. 00
^{129}I	1. 57E+07a	B-	^{129}Xe	1. 00
^{131}I	8. 02070 d	B-	^{131m}Xe	1. 1759E-02
			^{131}Xe	9. 8824E-01
^{132}I	2. 295 h	B-	^{132}Xe	1. 00
^{133}I	20. 8 h	B-	^{133}Xe	9. 7115E-01
			^{133m}Xe	2. 8846E-02
^{134}I	52. 5min	B-	^{134}Xe	1. 00
^{135}I	6. 57 h	B-	^{135}Xe	8. 3432E-01
			^{135m}Xe	1. 6568E-01
^{127}Xe	36. 4 d	EC	^{127}I	1. 00
^{133m}Xe	2. 19 d	IT	^{133}Xe	1. 00
^{133}Xe	5. 243 d	B-	^{133}Cs	1. 00
^{135}Xe	9. 14 h	B-	^{135}Cs	1. 00
^{138}Xe	14. 08min	B-	^{138}Cs	1. 00

续表

核素	物理半衰期	衰变类型	衰变子体	分支比
^{134}Cs	2. 0648a	B-EC	^{134}Ba	1. 00
			^{134}Xe	3. 0000E-06
^{137}Cs	30. 1671 a	B-	^{137m}Ba	9. 4399E-01
			^{137}Ba	5. 6005E-02
^{140}Ba	12. 752 d	B-	^{140}La	1. 00
^{140}La	1. 6781 d	B-	^{140}Ce	1. 00
^{141}Ce	32. 508 d	B-	^{141}Pr	1. 00
^{143}Ce	33. 039 h	B-	^{143}Pr	1. 00
^{144}Ce	284. 91 d	B-	^{144}Pr	9. 9023E-01
			^{144m}Pr	9. 7699E-03
^{143}Pr	13. 57 d	B-	^{143}Nd	1. 00
^{144}Pr	17. 28min	B-	^{144}Nd	1. 00
^{147}Pm	2. 6234 a	B-	^{147}Sm	1. 00
^{152}Eu	13. 537 a	ECB+B-	^{152}Gd	2. 7900E-01
			^{152}Sm	7. 2100E-01
^{154}Eu	8. 593 a	B-EC	^{154}Gd	9. 9980E-01
			^{154}Sm	2. 0000E-04
^{170}Tm	128. 6 d	B-EC	^{170}Yb	9. 9869E-01
			^{170}Er	1. 3100E-03
^{169}Yb	32. 026 d	EC	^{169}Tm	1. 00
^{192}Ir	73. 827 d	B-EC	^{192}Pt	9. 5130E-01
			^{192}Os	4. 8700E-02
^{201}Tl	72. 912 h	EC	^{201}Hg	1. 00
^{210}Pb	22. 20 a	B-A	^{210}Bi	1. 00
			^{206}Hg	1. 9000E-08
^{210}Po	138. 376d	A	^{206}Pb	1. 00
^{220}Rn	55. 6s	A	^{216}Po	1. 00
^{222}Rn	3. 8235d	A	^{218}Po	1. 00

续表

核素	物理半衰期	衰变类型	衰变子体	分支比
^{226}Ra	1600a	A	^{222}Rn	1.00
^{228}Ra	5.75a	B-	^{228}Ac	1.00
^{228}Th	1.9116a	A	^{224}Ra	1.00
^{230}Th	7.538E+4a	A	^{226}Ra	1.00
^{232}Th	1.405E+10a	A	^{228}Ra	1.00
^{234}U	2.455E+5a	A	^{230}Th	1.00
^{235}U	7.04E+8a	A	^{231}Th	1.00
^{238}U	4.468E+9a	ASF	^{234}Th	1.00
			SF	5.4500E-07
^{237}Np	2.144E+6a	A	^{233}Pa	1.00
^{239}Np	2.3565d	B-	^{239}Pu	1.00
^{238}Pu	87.7a	ASF	^{234}U	1.00
			SF	1.8500E-09
^{239}Pu	2.411E+4a	A	^{235m}U	9.9940E-01
			^{235}U	6.0000E-04
^{240}Pu	6564a	ASF	^{236}U	1.00
			SF	5.7500E-08
^{241}Pu	14.35a	B-A	^{241}Am	9.9998E-01
			^{237}U	2.4500E-05
^{242}Pu	3.75E+5a	ASF	^{238}U	1.00
			SF	5.5400E-06
^{241}Am	432.2a	A	^{237}Np	1.00
^{242}Am	16.02h	B-EC	^{242}Cm	8.2700E-01
			^{242}Pu	1.7300E-01
^{244}Cm	18.10a	ASF	^{240}Pu	1.00
			SF	1.3710E-06
^{252}Cf	2.645a	ASF	^{248}Cm	9.6908E-01
			SF	3.0920E-02

资料来源:ICRP 107,2009。

3.2 中子和中子活化(表3.3~表3.7,图3.1和图3.2)

表3.3 按能量划分的中子类别

类别	划分依据	能量范围
冷中子	远低于20℃的热环境中产生的中子	中子波长典型值>4Å,即能量小于0.005eV
热中子	与周围环境达到热平衡的中子	20℃时,中子数密度分布的最可几能量为0.025eV。20℃时的麦克斯韦分布扩展到大约0.1eV
超热中子	能量高于热中子的中子	能量大于0.2eV
镉下中子	可以被镉强烈吸收的中子	能量小于0.4eV
镉上中子	不能被镉强烈吸收的中子	能量大于0.6eV
慢中子	能量稍高于热中子的中子	通常指能量1~10eV或以下的中子,某些情形指中子能量低于1keV
共振中子	在反应堆中子物理中,通常指的是被^{238}U以及少数常用中子探测器如In、Au强烈捕获的中子	1~300eV较宽范围内的中子
中能中子	介于快慢中子之间的中子	从几百电子伏特到约0.5MeV
快中子		能量大于0.5MeV
超快中子(相对论中子)	发生非弹性散射和核反应的概率可以与发生弹性散射的概率相比较的中子	能量大于20MeV

资料来源:Bernard Shleien et al,1998。

表 3.4 一些同位素中子源的特性

中子源	反应	半衰期	中子平均能量(MeV)	每 MBq 的产额(中子/s)	每 Ci 的产额(中子/s)
^{210}Po-Be	α,n	138.4d	4.2	68	2.5E+06
^{226}Ra-Be	α,n	1600a	4.0	351	13 E+06
^{238}Pu-Be	α,n	87.7a	4.5	62	2.3 E+06
^{241}Am-Be	α,n	432.2a	4.5	59	2.2 E+06
^{210}Po-B	α,n	138.4d	^{10}B:6.3;^{11}B:4.5	16*	0.60 E+06*
^{252}Cf	自发裂变	2.645a	2.35(裂变谱)	1.2E+05**	4.3E+09**

* 相对单能的中子。

** ^{252}Cf 的比活度为 1.97E+13Bq/g(532Ci/g)。^{252}Cf 的中子产额为 2.3E+12 中子/(s · g),表中数据由此推算。

资料来源:IAEA TRS 188,1979;半衰期数据引自 ICRP 107,2009。

表 3.5 一些核素的自发裂变中子数据

核素*	半衰期(a)	比活度(GBq/g)	自发裂变份额(%)	一次裂变释放中子数	计算的中子发射率[中子/(s · g)]
^{238}U	4.468E+09	1.24E-05	5.45E-05	1.98	0.013
^{238}Pu	87.7	634	1.85E-07	2.24	2.6E+03
^{239}Pu	24110	2.30	3.1E-10	2.877	0.0204
^{240}Pu	6564	8.40	5.75E-06	2.21	1.07E+03
^{242}Pu	3.75E+05	0.146	5.54E-05	2.153	173
^{244}Pu	8.00E+07	6.78E-04	0.123	2.3	1900
^{241}Am	432.2	127	4.3E-10		0.6
^{244}Cm	18.10	3.00E+03	1.347E-04	2.696	1.09E+07
^{246}Cm	4760	11.3	0.0263	2.95	8.8E+06
^{248}Cm	3.48E+05	0.153	8.39	3.157	4.2E+07
^{250}Cm	8300	6.37	86	3.17	1.6E+10
^{250}Cf	13.08	4.05E+03	0.077	3.51	1.1E+10
^{252}Cf	2.645	1.99E+04	3.09	3.767	2.3E+12
^{254}Cf	0.166	3.14E+05	99.7	3.83	1.2E+15
^{249}Bk	0.904	5.88E+04	4.76E-08	3.395	9.8E+04
^{257}Fm	0.275	1.87E+05	0.2	3.796	1.4E+12

* 除^{249}Bk 为 β 放射性核素外,其他为 α 放射性核素。

资料来源:半衰期数据取自 ICRP 107,2009;Bernard Shleien et al,1998。

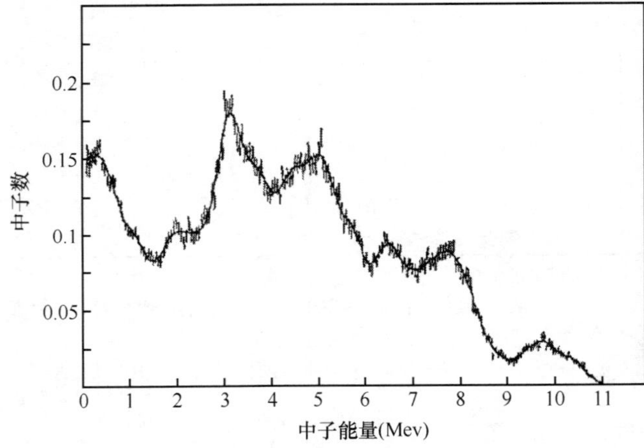

图 3.1 ^{241}Am-Be 中子源中子能谱

中子总数归一化为 1

资料来源:Kluge H and Weise K, 1982

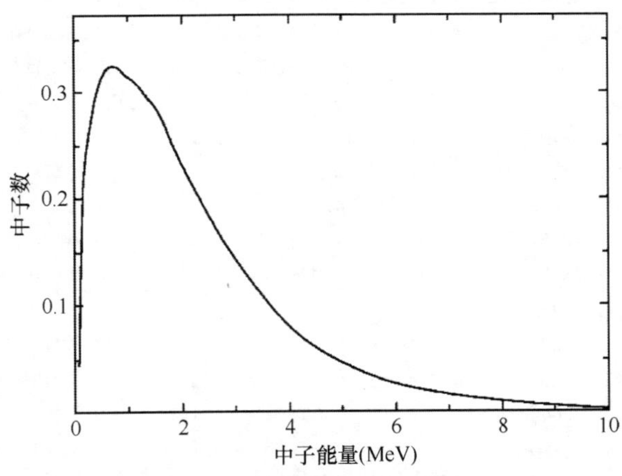

图 3.2 ^{252}Cf 自发裂变中子源中子能谱

裂变中子总数归一化为 1

资料来源:Bernard Shleien et al, 1998

表 3.6　一些核素的中子活化数据表

靶核	丰度(%)	生成核	半衰期	截面(b)	反应	快/热中子谱	照射一定时间后活度(kBq)			饱和活度(kBq)
							1h	1d	1a	
^{2}H	0.015	^{3}H	12.32a	5.00E−04	n,γ	热	1.50E−09	3.61E−08	1.28E−05	2.35E−04
^{3}He	0.000 13	^{3}H	12.32a	5333	n,p	热	8.94E−05	2.14E−03	7.60E−01	1.39E+01
^{6}Li	7.5	^{3}H	12.32a	940	n,α	热	4.56E−01	1.09E+01	3.86E+03	7.08E+04
^{12}C	98.9	^{11}C	20.3min	4.00E−10	n,2n	快	1.82E−07	2.08E−07	2.08E−07	2.08E−07
^{13}C	1.11	^{14}C	5700a	0.001	n,γ	热	7.73E−11	1.86E−09	6.77E−07	5.22E−03
^{14}N	99.64	^{14}C	5700a	0.002	n,p	热	1.09E−08	2.62E−07	9.53E−05	7.89E−01
^{16}O	99.75	^{15}O	122.24s	5.00E−10	n,2n	快	1.99E−07	1.99E−07	1.99E−07	1.99E−07
^{17}O	0.039	^{14}C	5700a	0.235	n,α	热	4.51E−10	1.08E−08	3.94E−06	3.27E−02
^{19}F	100	^{18}F	109.8min	7.00E−06	n,2n	快	7.29E−04	2.31E−03	2.31E−03	2.31E−03
^{31}P	100	^{32}P	14.3d	0.172	n,γ	热	6.73E−02	1.58E+00	3.34E+01	3.34E+01
^{32}S	95.02	^{32}P	14.3d	0.069	n,p	快	2.41E−02	5.66E−01	1.20E+01	1.20E+01

续表

靶核	丰度(%)	生成核	半衰期	截面(b)	反应	快/热中子谱	照射一定时间后活度(kBq)			饱和活度(kBq)
							1h	1d	1a	
^{35}Cl	75.77	^{32}P	14.3d	0.009	n,α	快	2.32E-03	5.44E-02	1.15E+00	1.15E+00
^{41}K	6.7	^{41}Ar	1.827h	0.002	n,p	快	6.52E-03	2.07E-02	2.07E-02	2.07E-02
^{50}Cr	4.35	^{51}Cr	27.7d	15.9	n,γ	热	8.70E-02	2.06E+00	8.33E+01	8.33E+01
^{55}Mn	100	^{54}Mn	312.1d	3.00E-04	n,2n	快	2.62E-06	6.26E-05	1.57E-02	2.84E-02
^{54}Fe	5.8	^{55}Fe	2.737a	2.25	n,γ	热	4.19E-04	1.01E-02	3.26E+00	1.43E+01
^{54}Fe	5.8	^{54}Mn	312.1d	0.082	n,p	快	4.89E-05	1.17E-03	2.94E-01	5.30E-01
^{54}Fe	5.8	^{51}Cr	27.7d	6.00E-04	n,α	快	4.03E-06	9.58E-05	3.89E-03	3.89E-03
^{58}Fe	0.31	^{59}Fe	44.5d	1.28	n,γ	热	2.68E-04	6.37E-03	4.12E-01	4.12E-01
^{59}Co	100	^{60}Co	5.271a	37.45	n,γ	热	5.74E-02	1.38E+00	4.70E+02	3.81E+03
^{59}Co	100	^{59}Fe	44.5d	0.001	n,p	快	9.42E-05	2.24E-03	1.44E-01	1.45E-01
^{59}Co	100	^{58}Co	70.86d	4.00E-04	n,2n	快	1.66E-05	3.96E-04	3.96E-02	4.07E-02

续表

靶核	丰度(%)	生成核	半衰期	截面(b)	反应	快/热中子谱	照射一定时间后活度(kBq)			饱和活度(kBq)
							1h	1d	1a	
^{58}Ni	67.76	^{55}Fe	2.737a	0.003	n,α	快	6.10E-06	1.46E-04	4.71E-02	2.08E-01
^{58}Ni	67.76	^{58}Co	70.86d	0.111	n,p	快	3.19E-03	7.61E-02	7.58E+00	7.80E+00
^{60}Ni	26.1	^{60}Co	5.271a	0.002	n,p	快	9.03E-07	2.17E-05	7.44E-03	6.03E-02
^{62}Ni	3.71	^{63}Ni	100.1a	14.5	n,γ	热	4.14E-05	9.91E-04	3.61E-01	5.21E+01
^{63}Cu	69.1	^{60}Co	5.271a	6.00E-04	n,α	快	5.96E-07	1.43E-05	4.88E-03	3.96E-02
^{88}Sr	82.6	^{89}Sr	50.53d	0.006	n,γ	热	1.88E-04	4.48E-03	3.26E-01	3.28E-01
^{89}Y	100	^{90}Y	64.1h	1.28	n,γ	热	9.32E-01	1.98E+01	8.66E+01	8.66E+01
^{89}Y	100	^{89}Sr	50.53d	3.00E-04	n,p	快	1.16E-05	2.86E-04	2.08E-02	2.10E-02
^{90}Zr	51.45	^{90}Y	64.1h	2.00E-04	n,p	快	6.66E-05	1.42E-03	6.22E-03	6.22E-03
^{94}Zr	17.5	^{95s}Zr	64.03d	0.05	n,γ	热	2.52E-04	6.03E-03	5.48E-01	5.59E-01
^{95}Mo	15.92	^{95}Nb	34.99d	1.00E-04	n,p	快	1.17E-06	2.77E-05	1.41E-03	1.41E-03

续表

靶核	丰度(%)	生成核	半衰期	截面(b)	反应	快/热中子谱	照射一定时间后活度(kBq)			饱和活度(kBq)
							1h	1d	1a	
^{102}Ru	31.6	^{103}Ru	39.26d	1.21	n,γ	热	1.67E-02	3.97E-01	2.26E+01	2.27E+01
^{103}Rh	100	^{103}Ru	39.26d	1.00E-04	n,p	快	4.61E-06	1.09E-04	6.27E-03	6.27E-03
^{102}Pd	1	^{103}Pd	16.99d	3.4	n,γ	热	3.41E-03	8.03E-02	2.01E+00	2.01E+00
^{108}Cd	0.9	^{109}Cd	461.4d	1.1	n,γ	热	3.46E-05	8.29E-04	2.32E-01	5.41E-01
^{109}Ag	48.17	^{110m}Ag	249.76d	4.7	n,γ	热	1.44E-02	3.46E-01	7.96E+01	1.25E+02
^{123}Sb	42.7	^{124}Sb	60.2d	4.145	n,γ	热	4.15E-02	9.94E-01	8.56E+01	8.67E+01
^{132}Xe	26.89	$^{133m+}Xe$	2.19d	0.05	n,γ	热	8.02E-03	1.67E-01	6.34E-01	6.34E-01
^{132}Xe	26.89	^{133}Xe	5.243d	0.45	n,γ	热	3.03E-02	6.86E-01	6.01E+00	6.01E+00
^{134}Xe	10.4	^{135}Xe	9.14h	0.265	n,γ	热	9.03E-02	1.04E+00	1.24E+00	1.24E+00
^{133}Cs	100	^{134}Cs	2.065a	29	n,γ	热	5.03E-02	1.21E+00	3.74E+02	1.30E+03
^{140}Ce	88.48	^{141}Ce	32.51d	0.57	n,γ	热	1.93E-02	4.59E-01	2.17E+01	2.17E+01

续表

靶核	丰度(%)	生成核	半衰期	截面(b)	反应	快/热中子谱	照射一定时间后活度(kBq)			饱和活度(kBq)
							1h	1d	1a	
^{140}Ce	88.48	^{140}La	40.27h	0.004	n,p	快	2.80E−03	5.54E−02	1.64E−01	1.64E−01
^{153}Eu	52.23	^{154}Eu	8.593a	603	n,γ	热	1.14E−01	2.74E+00	9.59E+02	1.23E+04
^{169}Tm	100	^{170}Tm	128.6d	103	n,γ	热	8.23E−01	1.97E+01	3.18E+03	3.71E+03
^{191}Ir	38.5	^{192}Ir	73.83d	924	n,γ	热	4.39E+00	1.05E+02	1.09E+04	1.13E+04

注:(1) 关于核素名:m 表示处于亚稳态,可能衰变至基态或其他核素。+表示在子核表中已经包含了放射性子核产物,需要几倍于母核半衰期的时间来计算其活度。在多数场合子核的活度较小。s 表示经过几倍于子核半衰期的时间后达到长期平衡时该核素的放射性子核。

(2) 计算条件:1g 样品(假定 100%的天然元素);等效热中子注量率 1×10^{7}n/(cm^{2} · s);未考虑中子照射过程中靶核数目减少引起的修正。

(3) 其他:通常情况下,对于一个衰变系列,如果通过中子反应同时也生成子核(同质异能素),当子核半衰期很长(大多数情形均如此)并且母核半衰期相对较短如小于 1 天时,母核的活度被加到子核中,因此所有子核的生成将相对较快。

(4) 少数情形下母核的半衰期很短,所有产物均作为子体,不再单独给出母核数据。

(5) 表中未列出快中子引起的所有(n,2n)反应。

资料来源:Bernard Shleien et al,1998;半衰期数据取自 ICRP 107, 2009。

表 3.7 一些与中子探测和反应堆有关的热中子反应截面

核素	同位素丰度（原子数比）	半衰期	(n,γ)截面	裂变或其他反应截面[c]
^{1}H	99.985		332.6(7)mb	
^{2}H	0.015		0.519(7)mb	
^{3}He	0.000 137		0.031(9)mb	(n,p) 5333b
^{6}Li	7.59		38.5(30)mb	(n,α) 940b
^{7}Li	92.41		45.4(3)mb	
^{10}B	19.8		0.5(2)b	(n,α) 3837b
^{11}B	80.2		6(3)mb	
^{12}C	98.89		3.53(7)mb	
^{13}C	1.11		1.37(4)mb	
^{14}N	99.634		75(8)mb	
^{15}N	0.366		0.024(8)mb	
^{16}O	99.762		0.190(19)mb	
^{17}O	0.038		0.54(6)mb	
^{18}O	0.200		0.16(1)mb	
^{149}Sm	13.82		4.01(6)E+04 b	
^{232}Th	100	1.405E+10a	7370(60)mb	
^{233}U		1.592E+05a	45.5(7)b	(n,f)529.1b
^{234}U	0.0054	2.455E+05a	99.8(13)b	
^{235}U	0.7204	7.038E+08a	98.3(8)b	(n,f)582.6b
^{236}U		2.342E+07a	5.11(21)b	
^{238}U	99.2742	4.468E+09a	2.68(19)b	
^{239}U		23.45min	22(5)b	(n,f)14b
^{239}Pu		2.411E+04a	269(3)b	(n,f)748.1b
^{240}Pu		6561a	289(14)b	(n,f)0.056b
^{241}Pu		14.29a	358(5)b	(n,f)1011.1b
^{242}Pu		3.73E+05a	18.5(5)b	(n,f)<0.2b

资料来源：同位素丰度和(n,γ)截面数据引自格拉希维里等，2004；半衰期数据引自 ICRP 107，2009；裂变或其他反应截面数据引自 Kaye & Laby Online. Version 2.0(2010). www.kayelaby.npl.co.uk。

3.3 辐射与物质相互作用和屏蔽(表3.8~表3.12,图3.3~图3.11)

表 3.8 光子与物质相互作用的分类(Hubbell, 1969)

作用对象	作用类型		
	吸收	弹性(相干)	非弹性(非相干)
Ⅰ. 原子电子	光电效应[a] $\tau_{pe}\begin{cases}\sim Z^4(\text{低能})\\ \sim Z^5(\text{高能})\end{cases}$	瑞利散射 $\sigma_R \sim Z^2$ (低能限)	康普顿散射[a] $\sigma \sim Z$
Ⅱ. 核子	光核反应 (γ,n), (γ,p), (γ,f)等 $\sigma_{pn} \sim Z$ ($h\nu$ >或≈10MeV)	弹性核散射	核共振散射
Ⅲ. 带电粒子周围电场	电子对产生[a] (1) 核场[a] $\kappa_n \sim Z^2$ ($h\nu \geqslant 1.02$MeV) (2)电子场 $\kappa_e \sim Z$ ($h\nu \geqslant 2.04$MeV)	德布吕克(Delbrück)散射	
Ⅳ. 介子	光介子产生 $h\nu$ >≈140MeV		

a. 光子在物质中减弱的主要效应,其他表示在特定能量范围内其贡献大于1%的附加效应。

表 3.9 低 Z 物质中 β 射线剂量的相对减弱(与在空气中比较)

介质	相对阻止本领	$\overline{Z}$	相对减弱($\eta_{空气}$)
铍	0.927	4.0	0.83
乙烷	1.288	4.33	1.18

续表

介质	相对阻止本领	$\overline{Z}$	相对减弱($\eta_{空气}$)
聚乙烯	1.205	4.75	1.12
聚苯乙烯	1.118	5.29	1.04
碳	1.007	6.00	0.96
水	1.150	6.60	1.12
空气	1.00	7.36	1.00
骨[a]	1.063	8.74	1.09
铝	0.890	13.0	1.00
氩	0.808	18.0	1.00
甲烷	1.352	4.0	1.22
蒽	1.088	5.47	1.03
异丁烯酸甲酯(硬有机玻璃)	1.114	5.85	1.06
聚脂薄膜	1.066	6.24	1.03
ICRP 肌肉	1.136	6.65	1.11
ICRP 脂肪组织	1.169	5.35	1.10
CO_2	1.002	7.45	0.99
聚四氟乙烯	1.032	8.25	1.05

a. 指平均原子序数为 8.74 的体模中组织等效骨骼。

注:原数据表的含义为,常用 β 点源(能量为 0.2~2MeV)在均匀低 Z 介质中距离 r(以 g/cm^2 表示)处的剂量 $D_{介质}(r)$ 正比于空气中距离为($\eta_{空气}\cdot r$)处的剂量 $D_{空气}(\eta_{空气}\cdot r)$,其相互关系为:$D_{介质}(r)=\eta_{空气}^3\cdot(\rho_{介质}/\rho_{空气})^2\cdot D_{空气}(\eta_{空气}\cdot r)$,其中 $\rho_{介质}$ 和 $\rho_{空气}$ 分别为低 Z 介质和空气的密度。

资料来源:表中左半部分相对减弱值引自文献 Spencer LV. 1959. Energy Dissipiation by Fast Electrons. National Bureau of Standards, Monograph 1; 其余引自 Cross WG, 1982。

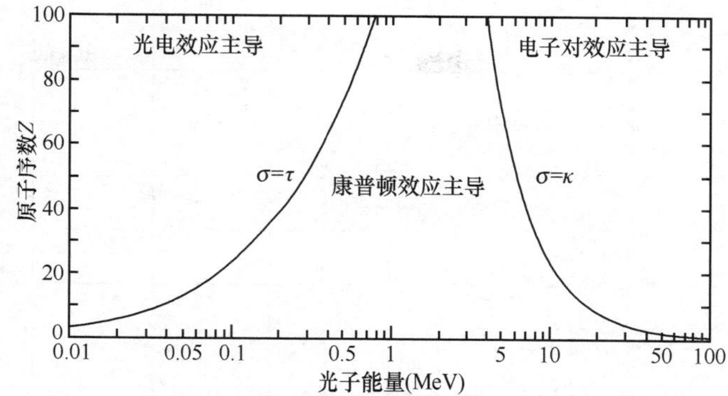

图 3.3 光子与物质相互作用的等截面线

横坐标是入射光子能量 $h\nu$。纵坐标 Z 是吸收物质原子的原子序数。在“康普顿效应占主导”的整个中能光子区,康普顿效应比任何其他效应具有更大的截面(NCRP 108,1991)

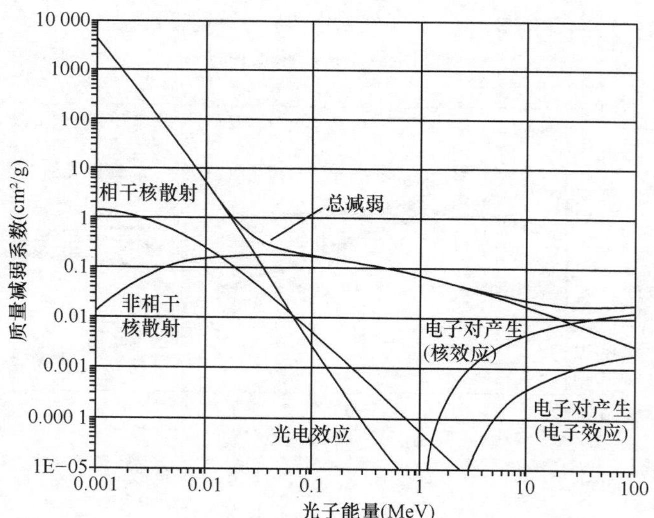

图 3.4 光子在水中的质量减弱系数

资料来源:Berger et al,1987

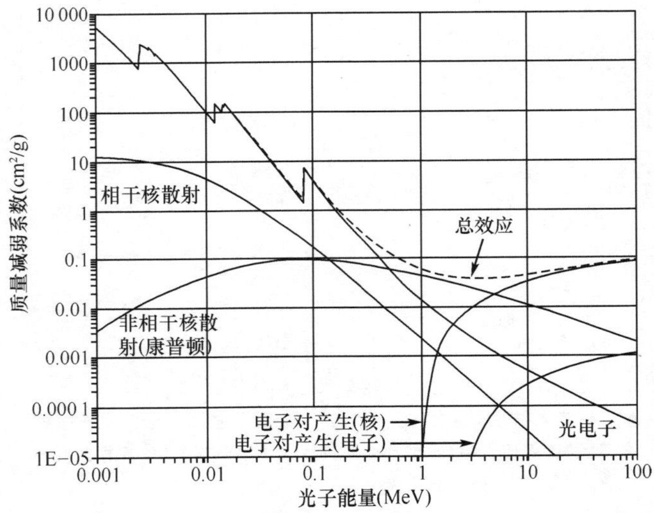

图 3.5 光子在铅中的质量减弱系数

资料来源:Berger et al,1987

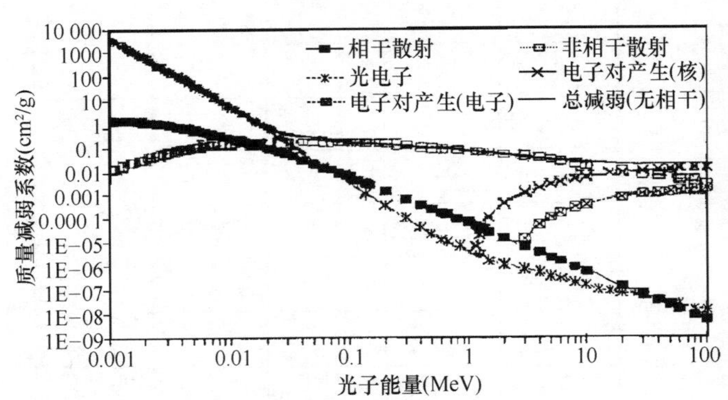

图 3.6 光子在空气中的质量减弱系数

资料来源:Berger et al,1987

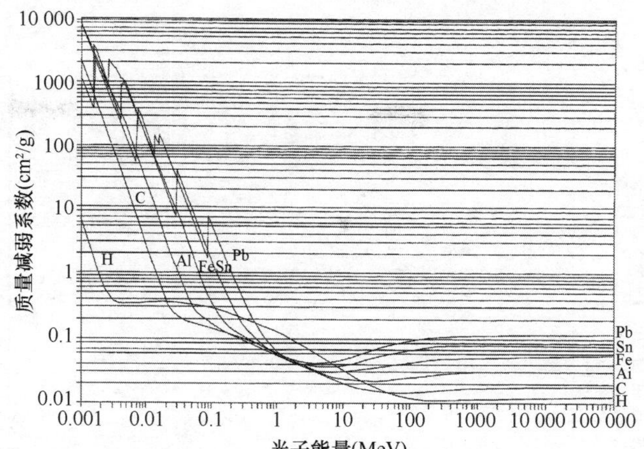

图 3.7 某些元素的质量减弱系数(不包括相干散射)

资料来源:Bernard Shleien et al,1998

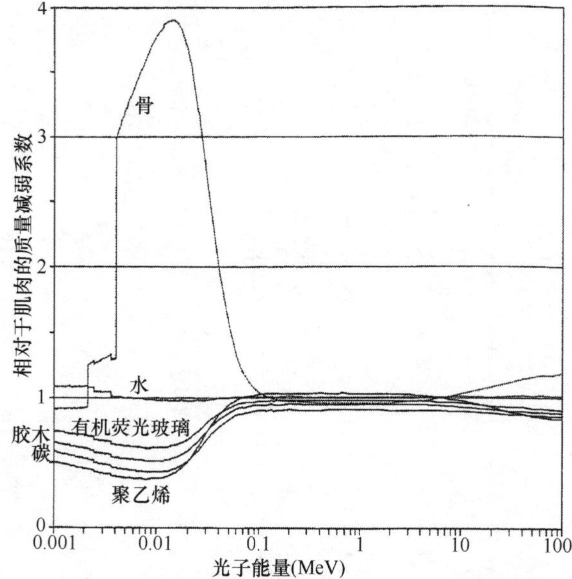

图 3.8 几种物质相对于肌肉的光子质量减弱系数

(不包括相干散射)

资料来源:Bernard Shleien et al,1998

表 3.10　某些混合物和化合物中的元素质量份额(Hubbel et al, 1995)

原子序数	元素符号	海平面空气(干)	混凝土			
			普通	重晶石	磁铁矿	磷铁矿
1	H		0.0056	0.0069	0.0062	0.0050
3	Li					
5	B					
6	C	0.000 124				0.0005
7	N	0.755 268				
8	O	0.231 781	0.4981	0.3381	0.3345	0.0846
9	F					
11	Na		0.0171			
12	Mg		0.0026	0.0011	0.0066	0.0010
13	Al		0.0457	0.0039	0.0273	0.0040
14	Si		0.3151	0.0100	0.0347	0.0280
15	P				0.0002	0.2066

续表

原子序数	元素符号	海平面空气(干)	混凝土			
			普通	重晶石	磁铁矿	磷铁矿
16	S		0.0013	0.1039	0.0010	
17	Cl					
18	Ar	0.012 827				
19	K		0.0192			
20	Ca		0.0829	0.0477	0.0677	0.0421
22	Ti				0.0270	
23	V				0.0017	
24	Cr				0.0008	0.0005
25	Mn				0.0007	0.0250
26	Fe		0.0124	0.0457	0.4916	0.6028
28	Ni					
53	I					
56	Ba			0.4426		

续表

原子序数	元素符号	骨皮质（ICRU-44）	骨骼肌（ICRU-44）	聚苯乙烯	有机玻璃（人造荧光玻璃）	聚乙烯	胶木	硼硅酸盐耐热玻璃（派热克斯玻璃）	A-150 组织等效塑料	脂肪组织（ICRU-44）
1	H	0.034	0.102	0.077 421	0.0805	0.143 716	0.057 444		0.1013	0.114
3	Li									
5	B							0.0401		
6	C	0.155	0.143	0.922 579	0.5999	0.856 284	0.774 589		0.7755	0.598
7	N	0.042	0.034						0.0351	0.007
8	O	0.435	0.71		0.3196		0.167 968	0.5396	0.0523	0.278
9	F								0.0174	
11	Na	0.001	0.001					0.0282		0.001
12	Mg	0.002								
13	Al							0.0116		
14	Si							0.3772		
15	P	0.103	0.002							
16	S	0.003	0.003							0.001

续表

原子序数	元素符号	骨皮质（ICRU-44）	骨骼肌（ICRU-44）	聚苯乙烯	有机玻璃（人造荧光玻璃）	聚乙烯	胶木	硼硅酸盐耐热玻璃（派热克斯玻璃）	A-150 组织等效塑料	脂肪组织（ICRU-44）
17	Cl		0.001							0.001
18	Ar									
19	K		0.004					0.0033		
20	Ca	0.225							0.0184	
22	Ti									
23	V									
24	Cr									
25	Mn									
26	Fe									
28	Ni									
53	I									
56	Ba									

表 3.11　某些物质的密度(Bernard Shleien et al,1998)

(单位:g/cm³)

物质	密度范围	标称密度
A-150 组织等效塑料	—	1. 127
脂肪组织(ICRU-44)	—	0. 95
全身血液 (ICRU-44)	—	1. 06
骨皮质(ICRU-44)	—	1. 92
乳房组织(ICRU-44)	—	1. 02
眼晶状体(ICRU-44)	—	1. 07
肺组织(ICRU-44)	—	1. 05
骨骼肌 (ICRU-44)	—	1. 05
卵巢(ICRU-44)	—	1. 05
睾丸(ICRU-44)	—	1. 04
软组织 (ICRU-44)	—	1. 06
空气	—	0. 001 292 9
空气(干燥,海平面)	—	0. 00 120 5
土壤	1. 5~1. 9	1. 7
水	—	1
水(重)	—	1. 105
黏土	1. 8~2. 6	—
混凝土		
普通(含硅酸盐)	2. 2~2. 4	2. 35
重晶石	3. 0~3. 8	—
磷铁	—	4. 68
钛铁矿	2. 9~3. 9	—
铁(弹丸、冲屑等)	4. 0~6. 0	—
褐铁矿石	2. 6~3. 7	—
磁铁矿石	2. 9~4. 0	—
水泥	2. 7~3. 0	—
砖(软)	1. 4~1. 9	1. 65
砖(硬)	1. 8~2. 3	2. 05
花岗岩	2. 60~2. 76	2. 65
大理石	2. 47~2. 86	2. 7
石板	2. 6~3. 3	—

续表

物质	密度范围	标称密度
石墨	2.30~2.72	—
沥青	1.1~1.5	—
氟化钙	—	3.18
硫酸钙	—	2.96
氟化锂	—	2.635
碘化铯	—	4.51
石膏	2.31~2.33	—
石灰石	1.87~2.76	2.46
灰泥砂	—	1.54
砂石	—	1.90
瓦片	1.6~2.5	—
铝	—	2.7
铜	—	8.96
铅	—	11.35
钢	—	7.8
石棉	2.0~2.8	—
硬橡胶	—	1.15
凝胶	—	1.27
胶木	1.2~1.7	—
压制木板;木浆板	—	0.19
木材		
橡木	0.60~0.90	—
白松	0.35~0.50	—
黄松	0.37~0.60	—
油粘	—	1.18
石蜡	0.87~0.91	—
玻璃(普通)	2.4~2.8	—
玻璃(电石)	2.9~5.9	—
有机玻璃(人造荧光树脂)	—	1.19
硼硅酸盐耐热玻璃(派热克斯玻璃)	—	2.23
聚苯乙烯	—	0.92
聚乙烯	1.05~1.07	—

表 3.12　几种常用屏蔽材料的屏蔽特性

材料	主要屏蔽用途	优点	缺点
铁	γ	便宜,容易形成不同的形状和厚度,合理的密度(7.8),好的结构特性,容易成型	中子场内会被活化,单位厚度或单位重量的减弱不如铅(铅的密度较高,减弱系数较高)。泄漏中能中子
铅	γ	便宜,容易成型,密度较高(11.5)。如果杂质少,针对特定的反应堆类型,不会被活化	有毒金属,重,作为放射性废物处置时受限制。一些杂质易被中子活化
钨	γ	在常用金属中密度最高(19.3)	价格昂贵,难以成型
水	中子[a],γ	便宜,透明,对于中子屏蔽而言氢密度好,密度为1,γ屏蔽需要非常厚	能流动(泄露到容器外)和蒸发
石蜡	中子[a],γ	便宜,容易成型,氢密度好;用户可以加入不同的添加剂,没有中子活化问题	易燃,最终成型硬度差(可能流动或变形)。对γ的屏蔽与水相同。H俘获中子时产生很难屏蔽的2MeV的γ
聚乙烯	中子[a],γ	容易成型和机械加工;氢密度好;可以加入选定的添加物进行制造,不会活化	不便宜,只是半刚性的(面积大时需要支撑),可燃

续表

材料	主要屏蔽用途	优点	缺点
混凝土	γ,中子[a]	便宜,结构特性好,密度=2.4[通过添加磁铁矿(铁矿石)可以增加到4以上],在不考虑空间时是最好的选择,其氢密度对屏蔽中子是适宜的,温升稳定性好	活化问题,大尺度屏蔽需要考虑空间问题和加固,以避免裂缝
H-0.33b	中子[a]	很多材料中都有,慢化中子好	热中子捕获截面低,产生高能γ
硼 天然B-765b,^{10}B-3838b	热中子	截面高,容易添加到很多材料中。产生的γ(0.48MeV)比H俘获的γ(2MeV)容易屏蔽。不会产生放射性产物	很难以很高的浓度加入到材料中,浓缩^{10}B价格昂贵
硼铝合金	热中子	硼铝合金(^{10}BAl)可以加工成不同形状	价格昂贵
锂(^{6}Li) 天然Li-71b ^{6}Li-941b	热中子	中子吸收过程不产生任何γ。可与其他材料混合,可以得到浓缩^{6}Li	没有硼的截面高。每个吸收的中子会产生一个氚原子(但这是次要问题)。高吸收截面的同位素(^{6}Li)价高
镉-2450b	热中子	金属,易于针对射线束做成尖锐的边角,中子截面很高(一个薄片可以挡住几乎所有的热中子)	金属有毒,产生长寿命核素,中子俘获产生很难屏蔽的高能γ

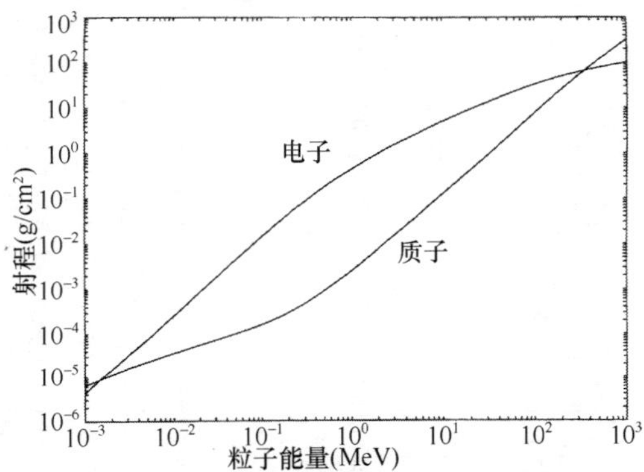

图 3.9　电子和质子在水中的射程与能量的关系

资料来源：ICRU 46，1992

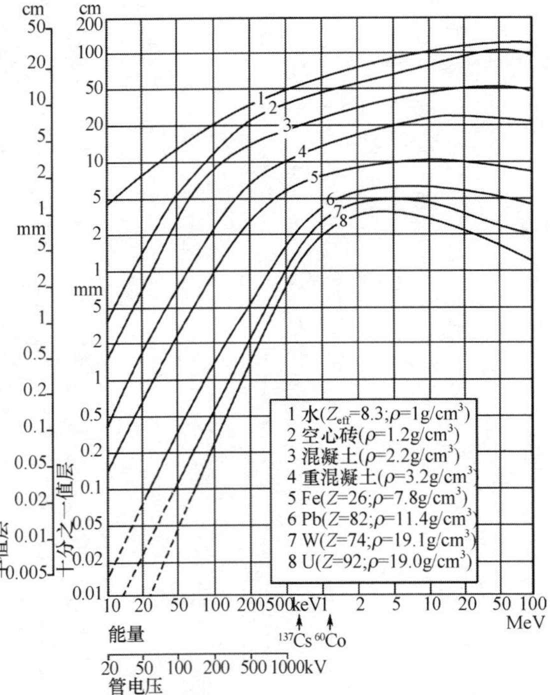

图 3.10　光子在不同屏蔽材料中的平均半值层和十分之一值层

资料来源：Bernard Shleien et al. 1992

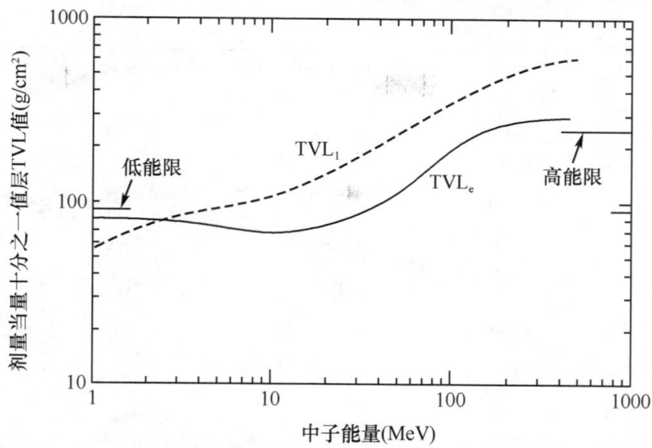

图 3.11 不同能量单能单向中子入射普通混凝土剂量当量十分之一值层

虚线代表第一个 TVL 值(TVL_1),实线对应于随后的 TVL 值(TVL_e)。考虑了中子俘获产生的 γ 射线对剂量当量的贡献。曲线基于 Roussin 等(1971)、Roussin 等(1973)和 Alsmiller 等(1969)对普通混凝土的计算,部分使用 Wyckoff 等(1973)平滑后的数据。低能限表示中子能量低于约 1MeV 时的 TVL_e 值,此时 TVL_e 不会有大的变化。高能限基于半经验公式的考虑。资料来源:IAEA,IAEA TRS 188,1979

3.4 外照射相关转换因子(表 3.13~表 3.16)

表 3.13 常用核素点源空气比释动能系数和空气比释动能率常数* [单位:Gy · m^2/(Bq · s)]

核素	半衰期	空气比释动能系数	空气比释动能率常数
^{7}Be	53.22 d	1.89E−18	1.89E−18
^{22}Na	2.6019 a	7.80E−17	4.32E−17
^{41}Ar	109.61 min	4.34E−17	4.34E−17
^{40}K	1.251E+09 a	5.15E−18	5.11E−18
^{51}Cr	27.7025 d	1.17E−18	1.17E−18
^{54}Mn	312.12 d	3.06E−17	3.06E−17

续表

核素	半衰期	空气比释动能系数	空气比释动能率常数
^{59}Fe	44.495d	4.10E−17	4.10E−17
^{57}Co	271.74 d	6.21E−18	6.21E−18
^{58}Co	70.86 d	3.59E−17	3.02E−17
^{60}Co	5.2713 a	8.53E−17	8.53E−17
^{68}Ge	270.95 d	2.80E−18	2.80E−18
^{75}Se	119.779 d	4.25E−17	4.25E−17
^{81}Kr	2.29E+05 a	2.12E−17	2.12E−17
^{85}Kr	10.756 a	8.51E−20	8.51E−20
^{85m}Kr	4.480h	7.29E−18	7.29E−18
^{87}Kr	76.3 min	2.52E−17	2.52E−17
^{88}Kr	2.84h	6.18E−17	6.18E−17
^{89}Sr	50.53d	3.16E−21	3.16E−21
^{95}Zr	64.032d	2.72E−17	2.72E−17
^{95}Nb	34.991d	2.83E−17	2.83E−17
^{99}Mo	65.94 h	6.01E−18	6.01E−18
^{95m}Tc	61 d	3.65E−17	3.63E−17
^{103}Ru	39.26 d	1.89E−17	1.89E−17
^{103}Pd	16.991 d	9.04E−18	9.04E−18
^{110m}Ag	249.76 d	9.94E−17	9.94E−17
^{109}Cd	461.4 d	1.09E−17	1.09E−17
^{111}In	2.8047 d	2.14E−17	2.14E−17
^{113m}In	1.6579 h	1.18E−17	1.18E−17
^{124}Sb	60.20 d	6.32E−17	6.32E−17
^{125}Sb	2.75856 a	1.94E−17	1.94E−17

续表

核素	半衰期	空气比释动能系数	空气比释动能率常数
^{132}Te	3. 204 d	1. 22E−17	1. 22E−17
^{123}I	13. 27 h	1. 08E−17	1. 08E−17
^{125}I	59. 400 d	9. 86E−18	9. 86E−18
^{129}I	1. 57E+07 a	4. 38E−18	4. 38E−18
^{131}I	8. 02070 d	1. 45E−17	1. 45E−17
^{132}I	2. 295 h	8. 26E−17	8. 26E−17
^{133}I	20. 8 h	2. 29E−17	2. 29E−17
^{134}I	52. 5 min	9. 30E−17	9. 30E−17
^{135}I	6. 57 h	5. 32E−17	5. 32E−17
^{127}Xe	36. 4 d	1. 44E−17	1. 44E−17
^{133}Xe	5. 243 d	3. 63E−18	3. 63E−18
^{133m}Xe	2. 19 d	4. 07E−18	4. 07E−18
^{135}Xe	9. 14 h	9. 10E−18	9. 10E−18
^{138}Xe	14. 08 min	3. 65E−17	3. 65E−17
^{134}Cs	2. 0648 a	5. 78E−17	5. 78E−17
^{136}Cs	13. 16 d	7. 67E−17	7. 67E−17
^{137}Cs	30. 1671 a	6. 11E−23	6. 11E−23
^{140}Ba	12. 752 d	7. 90E−18	7. 90E−18
^{141}Ce	32. 508 d	2. 92E−18	2. 92E−18
^{143}Ce	33. 039 h	1. 20E−17	1. 20E−17
^{144}Ce	284. 91 d	8. 53E−19	8. 53E−19
^{143}Pr	13. 57 d	3. 31E−25	3. 31E−25
^{144}Pr	17. 28 min	9. 36E−19	9. 36E−19
^{147}Pm	2. 6234 a	1. 79E−22	1. 79E−22
^{152}Eu	13. 537 a	4. 26E−17	4. 25E−17
^{154}Eu	8. 593 a	4. 42E−17	4. 42E−17

续表

核素	半衰期	空气比释动能系数	空气比释动能率常数
^{170}Tm	128. 6 d	1. 50E−19	1. 50E−19
^{169}Yb	32. 026 d	1. 28E−17	1. 28E−17
^{192}Ir	73. 827 d	3. 18E−17	3. 18E−17
^{201}Tl	72. 912 h	1. 15E−17	1. 15E−17
^{210}Pb	22. 20 a	9. 72E−18	9. 72E−18
^{210}Po	138. 376d	3. 60E−22	3. 60E−22
^{220}Rn	55. 6s	2. 41E−20	2. 41E−20
^{222}Rn	3. 8235d	1. 50E−20	1. 50E−20
^{226}Ra	1600a	5. 23E−19	5. 23E−19
^{228}Th	1. 9116a	2. 82E−18	2. 82E−18
^{230}Th	7. 538E+04a	2. 45E−18	2. 45E−18
^{232}Th	1. 405E+10a	2. 26E−18	2. 26E−18
^{234}U	2. 455E+05a	2. 78E−18	2. 78E−18
^{235}U	7. 04E+08a	1. 32E−17	1. 32E−17
^{238}U	4. 468E+09a	2. 04E−18	2. 04E−18
^{237}Np	2. 144E+06a	1. 55E−17	1. 55E−17
^{239}Np	2. 3565d	1. 83E−17	1. 83E−17
^{238}Pu	87. 7a	2. 64E−18	2. 64E−18
^{239}Pu	2. 411E+04a	1. 11E−18	1. 11E−18
^{240}Pu	6564a	2. 48E−18	2. 48E−18
^{242}Pu	3. 75E+05a	2. 13E−18	2. 12E−18
^{241}Am	432. 2a	9. 80E−18	9. 80E−18
^{242}Am	16. 02h	6. 37E−18	6. 37E−18
^{244}Cm	18. 10a	1. 87E−18	1. 86E−18
^{252}Cf	2. 645a	7. 54E−17	1. 19E−18

* 空气比释动能率常数 Γ_δ 在 ICRP 107 中定义为

$$\Gamma_\delta = \frac{1}{4\pi}\sum_i (\mu_k/\rho)_i Y_i E_i$$

式中：$(\mu_k/\rho)_i$ 指核素产额为 Y_i、能量为 E_i 的光子在空气中的质量能量转移系数，δ 取 10keV。

空气比释动能系数 $K_{air,\delta}$ 在 ICRP 107 中定义为

$$K_{\mathrm{air},\delta} = \frac{1}{4\pi}\left[\sum_i (\mu_k/\rho)_i Y_i E_i + \sum_i Y(E_i, E_{i+1})\ \bar{k}(E_i, E_{i+1}) \right]$$

式中第一项扩展到能量大于 δ(10keV)的所有光子,包括由正电子发射的湮灭光子,以及伴随自发裂变的缓发和瞬发 γ 辐射。式中第二项为每次核变化产额为 $Y(E_i, E_{i+1})$ 的伴随自发裂变中子对比释动能的贡献, $\bar{k}(E_i, E_{i+1})$ 表示能量在 E_i 和 E_{i+1} 范围内中子的空气比释动能系数平均值。只考虑能量大于 δ(10keV)的中子。若不计正电子发射和自发裂变,常数和系数在数值上是相等的。

资料来源:ICRP 107,2009。

表 3.14　不同几何条件下入射到一个成人解剖学计算模型上的单能光子在自由空气中单位空气比释动能的有效剂量(E/K_a)

光子能量 (MeV)	E/K_a(Sv/Gy)					
	AP	PA	RLAT	LLAT	ROT	ISO
0.010	0.00653	0.00248	0.00172	0.00172	0.00326	0.00271
0.015	0.0402	0.00586	0.00549	0.00549	0.0153	0.0123
0.020	0.122	0.0181	0.0151	0.0155	0.0462	0.0362
0.030	0.416	0.128	0.0782	0.0904	0.191	0.143
0.040	0.788	0.370	0.205	0.241	0.426	0.326
0.050	1.106	0.640	0.345	0.405	0.661	0.511
0.060	1.308	0.846	0.455	0.528	0.828	0.642
0.070	1.407	0.966	0.522	0.598	0.924	0.720
0.080	1.433	1.019	0.554	0.628	0.961	0.749
0.100	1.394	1.030	0.571	0.641	0.960	0.748
0.150	1.256	0.959	0.551	0.620	0.892	0.700
0.200	1.173	0.915	0.549	0.615	0.854	0.679
0.300	1.093	0.880	0.557	0.615	0.824	0.664
0.400	1.056	0.871	0.570	0.623	0.814	0.667
0.500	1.036	0.869	0.585	0.635	0.812	0.675
0.600	1.024	0.870	0.600	0.647	0.814	0.684
0.800	1.010	0.875	0.628	0.670	0.821	0.703
1.000	1.003	0.880	0.651	0.691	0.831	0.719
2.000	0.992	0.901	0.728	0.757	0.871	0.774
4.000	0.993	0.918	0.796	0.813	0.909	0.824

续表

光子能量(MeV)	E/K_a(Sv/Gy)					
	AP	PA	RLAT	LLAT	ROT	ISO
6.000	0.993	0.924	0.827	0.836	0.925	0.846
8.000	0.991	0.927	0.846	0.850	0.934	0.859
10.000	0.990	0.929	0.860	0.859	0.941	0.868

注:AP. 以和人体的长轴垂直的方向由人体前面入射向后方。PA. 以和人体的长轴垂直的方向由人体背面入射向前方。LAT. 以和人体的长轴垂直的方向由人体的某个侧面入射(RLAT 表示由右侧入射向左边,LLAT 表示由左侧入射向右边)。ROT. 平行束以与人体的长轴垂直的方向入射到人体上,而人体则围绕长轴匀速转动。另一种是人体匀速转动,而受到处在与人体长轴垂直的轴向上某个静止源的宽束照射。ISO. 辐射场中单位立体角中的粒子注量是与方向无关的(均匀的)。

资料来源:ICRP 74,1995。

表 3.15　由光子注量和自由空气中空气比释动能到周围剂量当量 $H^*(10)$ 和定向剂量当量 $H'(0.07,0°)$ 的转换系数

光子能量(MeV)	$H^*(10)/K_a$ (Sv/Gy)	$H'(0.07,0°)/K_a$ (Sv/Gy)	K_a/Φ (pGy · cm^2)	$H^*(10)/\Phi$ (pSv · cm^2)	$H'(0.07,0°)/\Phi$ (pSv · cm^2)
0.010	0.008	0.95	7.60	0.061	7.20
0.015	0.26	0.99	3.21	0.83	3.19
0.20	0.61	1.05	1.73	1.05	1.81
0.030	1.10	1.22	0.739	0.81	0.90
0.040	1.47	1.41	0.438	0.64	0.62
0.050	1.67	1.53	0.328	0.55	0.50
0.060	1.74	1.59	0.292	0.51	0.47
0.080	1.72	1.61	0.308	0.53	0.49
0.100	1.65	1.55	0.372	0.61	0.58
0.150	1.49	1.42	0.600	0.89	0.85
0.200	1.40	1.34	0.856	1.20	1.15
0.300	1.31	1.31	1.38	1.80	1.80
0.400	1.26	1.26	1.89	2.38	2.38
0.500	1.23	1.23	2.38	2.93	2.93
0.600	1.21	1.21	2.84	3.44	3.44

续表

光子能量(MeV)	$H^*(10)/K_a$ (Sv/Gy)	$H'(0.07,0°)/K_a$ (Sv/Gy)	K_a/Φ (pGy·cm²)	$H^*(10)/\Phi$ (pSv·cm²)	$H'(0.07,0°)/\Phi$ (pSv·cm²)
0.800	1.19	1.19	3.69	4.38	4.38
1	1.17	1.17	4.47	5.20	5.20
1.5	1.15	1.15	6.12	6.90	6.90
2	1.14	1.14	7.51	8.60	8.60
3	1.13	1.13	9.89	11.1	11.1
4	1.12	1.12	12.0	13.4	13.4
5	1.11	1.11	13.9	15.5	15.5
6	1.11	1.11	15.8	17.6	17.6
8	1.11	1.11	19.5	21.6	21.6
10	1.10	1.10	23.2	25.6	25.6

资料来源:ICRP 74,1995。

表 3.16 单位注量电子产生的器官吸收剂量或有效剂量[a]
(电子以 AP 几何条件入射到一个成人解剖计算模型上)

能量(MeV)	0.1	0.4	0.6	1.0	1.5	2.0	4.0	10.0
器官								
皮肤	8	98	171	164	158	153	150	165
睾丸			0	1	14	37	214	345
骨髓			0	1	5	11	28	52
胃						0	3	184
乳腺			0	14	43	75	200	325
肝							0	97
甲状腺						0	121	297
有效剂量	0.1	1	1.5	2.7	5.9	11	44	131

a. 电子以 AP 几何条件入射到一个成人解剖计算模型上,表中所给数值是指单位注量电子所产生的器官吸收剂量 D_T/Φ(pGy·cm²)或者单位注量电子产生的有效剂量 E/Φ(pSv·cm²)。对于电子照射情况,两个量在数值上相等。

资料来源:ICRP 74,1995。

3.5 内照射相关转换因子(表 3.17~表 3.20)

表 3.17 工作人员吸入和食入单位摄入量所致的待积有效剂量 （单位：Sv/Bq）

核素	物理半衰期	吸入				食入	
		类别	f_1	$e(g)_{1\mu m}$	$e(g)_{5\mu m}$	f_1	$e(g)$
氚化水	12.32 a					1.000	1.8 E−11
OBT	12.32 a					1.000	4.2 E−11
^{14}C	5.70E+3a					1.000	5.8 E-10
^{40}K	1.251E+09a	F	1.000	2.1 E−09	3.0 E−09	1.000	6.2 E−09
^{51}Cr	27.7025d	F	0.100	2.1 E−11	3.0 E−11	0.100	3.8 E−11
		M	0.100	3.1 E−11	3.4 E−11	0.010	3.7 E−11
		S	0.100	3.6 E−11	3.6 E−11		
^{54}Mn	312.12d	F	0.100	8.7 E−10	1.1 E−09	0.100	7.1 E−10
		M	0.100	1.5 E−09	1.2 E−09		
^{55}Fe	2.737a	F	0.100	7.7 E−10	9.2 E−10	0.100	3.3 E−10
		M	0.100	3.7 E−10	3.3 E−10		

续表

核素	物理半衰期	吸入				食入	
		类别	f_1	$e(g)_{1\mu m}$	$e(g)_{5\mu m}$	f_1	$e(g)$
^{59}Fe	44.495d	F	0.100	2.2 E-09	3.0 E-09	0.100	1.8 E-09
		M	0.100	3.5 E-09	3.2 E-09		
^{57}Co	271.74d	M	0.100	5.2 E-10	3.9 E-10	0.100	2.1 E-10
		S	0.050	9.4 E-10	6.0 E-10	0.050	1.9 E-10
^{58}Co	70.86d	M	0.100	1.5 E-09	1.4 E-09	0.100	7.4 E-10
		S	0.050	2.0 E-09	1.7 E-09	0.050	7.0 E-10
^{60}Co	5.2713a	M	0.100	9.6 E-09	7.1 E-09	0.100	3.4 E-09
		S	0.050	2.9 E-08	1.7 E-08	0.050	2.5 E-09
^{63}Ni	100.1a	F	0.050	4.4 E-10	5.2 E-10	0.050	1.5 E-10
		M	0.050	4.4 E-10	3.1 E-10		
^{89}Sr	50.53d	F	0.300	1.0 E-09	1.4 E-09	0.300	2.6 E-09
		S	0.010	7.5 E-09	5.6 E-09	0.010	2.3 E-09
^{90}Sr	28.79a	F	0.300	2.4 E-08	3.0 E-08	0.300	2.8 E-08
		S	0.010	1.5 E-07	7.7 E-08	0.010	2.7 E-09

续表

核素	物理半衰期	吸入				食入	
		类别	f_1	$e(g)_{1\mu m}$	$e(g)_{5\mu m}$	f_1	$e(g)$
^{90}Y	64. 10h	M	1. 0 E−04	1. 4 E−09	1. 6 E−09	1. 0 E−04	2. 7 E−09
		S	1. 0 E−04	1. 5 E−09	1. 7 E−09		
^{95}Zr	64. 032d	F	0. 002	2. 5 E−09	3. 0 E−09	0. 002	8. 8 E−10
		M	0. 002	4. 5 E−09	3. 6 E−09		
		S	0. 002	5. 5 E−09	4. 2 E−09		
^{95}Nb	34. 991d	M	0. 010	1. 4 E−09	1. 3 E−09	0. 010	5. 8 E−10
		S	0. 010	1. 6 E−09	1. 3 E−09		
^{99}Mo	65. 94h	F	0. 800	2. 3 E−10	3. 6 E−10	0. 800	7. 4 E−10
		S	0. 050	9. 7 E−10	1. 1 E−09	0. 050	1. 2 E−09
^{99m}Tc	6. 015h	F	0. 800	1. 2 E−11	2. 0 E−11	0. 800	2. 2 E−11
		M	0. 800	1. 9 E−11	2. 9 E−11		

续表

核素	物理半衰期	吸入				食入	
		类别	f_1	$e(g)_{1\mu m}$	$e(g)_{5\mu m}$	f_1	$e(g)$
^{103}Ru	39.26 d	F	0.050	4.9 E-10	6.8 E-10	0.050	7.3 E-10
		M	0.050	2.3 E-09	1.9 E-09		
		S	0.050	2.8 E-09	2.2 E-09		
^{106}Ru	373.59d	F	0.050	8.0 E-09	9.8 E-09	0.050	7.0 E-09
		M	0.050	2.6 E-08	1.7 E-08		
		S	0.050	6.2 E-08	3.5 E-08		
^{110m}Ag	249.76d	F	0.050	5.5 E-09	6.7 E-09	0.050	2.8 E-09
		M	0.050	7.2 E-09	5.9 E-09		
		S	0.050	1.2 E-08	7.3 E-09		
^{124}Sb	60.20d	F	0.100	1.3 E-09	1.9 E-09	0.100	2.5 E-09
		M	0.010	6.1 E-09	4.7 E-09		
^{125}Sb	2.75856a	F	0.100	1.4 E-09	1.7 E-09	0.100	1.1 E-09
		M	0.010	4.5 E-09	3.3 E-09		

续表

核素	物理半衰期	吸入				食入	
		类别	f_1	$e(g)_{1\mu m}$	$e(g)_{5\mu m}$	f_1	$e(g)$
^{132}Te	3. 204d	F	0. 300	1. 8 E−09	2. 4 E−09	0. 300	3. 7 E−09
		M	0. 300	2. 2 E−09	3. 0 E−09		
^{125}I	59. 400d	F	1. 000	5. 3 E−09	7. 3 E−09	1. 000	1. 5 E−08
^{129}I	1. 57E+07 a	F	1. 000	3. 7 E−08	5. 1 E−08	1. 000	1. 1 E−07
^{131}I	8. 02070d	F	1. 000	7. 6 E−09	1. 1 E−08	1. 000	2. 2 E−08
^{133}I	20. 8 h	F	1. 000	1. 5 E−09	2. 1 E−09	1. 000	4. 3 E−09
^{135}I	6. 57h	F	1. 000	3. 3 E−10	4. 6 E−10	1. 000	9. 3 E−10
^{131}Cs	9. 689d	F	1. 000	2. 8 E−11	4. 5 E−11	1. 000	5. 8 E−11
^{134}Cs	2. 0648a	F	1. 000	6. 8 E−09	9. 6 E−09	1. 000	1. 9 E−08
^{136}Cs	13. 16d	F	1. 000	1. 3 E−09	1. 9 E−09	1. 000	3. 0 E−09
^{137}Cs	30. 1671a	F	1. 000	4. 8 E−09	6. 7 E−09	1. 000	1. 3 E−08
^{133}Ba	10. 52a	F	0. 100	1. 5 E−09	1. 8 E−09	0. 100	1. 0 E−09
^{140}Ba	12. 752d	F	0. 100	1. 0 E−09	1. 6 E−09	0. 100	2. 5 E−09

续表

核素	物理半衰期	吸入				食入	
		类别	f_1	$e(g)_{1\mu m}$	$e(g)_{5\mu m}$	f_1	$e(g)$
^{140}La	1. 6781d	F	5. 0 E−04	6. 0 E−10	1. 0 E−09	5. 0 E−04	2. 0 E−09
		M	5. 0 E−04	1. 1 E−09	1. 5 E−09		
^{141}Ce	32. 508d	M	5. 0 E−04	3. 1 E−09	2. 7 E−09	5. 0 E−04	7. 1 E−10
		S	5. 0 E−04	3. 6 E−09	3. 1 E−09		
^{143}Ce	33. 039h	M	5. 0 E−04	7. 4 E−10	9. 5 E−10	5. 0 E−04	1. 1 E−09
		S	5. 0 E−04	8. 1 E−10	1. 0 E−09		
^{144}Ce	284. 91d	M	5. 0 E−04	3. 4 E−08	2. 3 E−08	5. 0 E−04	5. 2 E−09
		S	5. 0 E−04	4. 9 E−08	2. 9 E−08		
^{210}Pb	22. 20a	F	0. 200	8. 9 E−07	1. 1 E−06	0. 200	6. 8 E−07
^{210}Po	138. 376d	F	0. 100	6. 0 E−07	7. 1 E−07	0. 100	2. 4 E−07
		M	0. 100	3. 0 E−06	2. 2 E−06		
^{226}Ra	1. 60E+03 a	M	0. 200	3. 2 E−06	2. 2 E−06	0. 200	2. 8 E−07

续表

核素	物理半衰期	吸入				食入	
		类别	f_1	$e(g)_{1\mu m}$	$e(g)_{5\mu m}$	f_1	$e(g)$
^{228}Ra	5. 75 a	M	0. 200	2. 6 E-06	1. 7 E-06	0. 200	6. 7 E-07
^{228}Th	1. 9116a	M	5. 0 E-04	3. 1 E-05	2. 3 E-05	5. 0 E-04	7. 0 E-08
		S	2. 0 E-04	3. 9 E-05	3. 2 E-05	2. 0 E-04	3. 5 E-08
^{230}Th	7. 538E+04 a	M	5. 0 E-04	4. 0 E-05	2. 8 E-05	5. 0 E-04	2. 1 E-07
		S	2. 0 E-04	1. 3 E-05	7. 2 E-06	2. 0 E-04	8. 7 E-08
^{232}Th	1. 405E+10 a	M	5. 0 E-04	4. 2 E-05	2. 9 E-05	5. 0 E-04	2. 2 E-07
		S	2. 0 E-04	2. 3 E-05	1. 2 E-05	2. 0 E-04	9. 2 E-08
^{234}U	2. 455E+05 a	F	0. 020	5. 5 E-07	6. 4 E-07	0. 020	4. 9 E-08
		M	0. 020	3. 1 E-06	2. 1 E-06	0. 002	8. 3 E-09
		S	0. 002	8. 5 E-06	6. 8 E-06		
^{235}U	7. 04E+08 a	F	0. 020	5. 1 E-07	6. 0 E-07	0. 020	4. 6 E-08
		M	0. 020	2. 8 E-06	1. 8 E-06	0. 002	8. 3 E-09
		S	0. 002	7. 7 E-06	6. 1 E-06		
^{238}U	4. 468E+09 a	F	0. 020	4. 9 E-07	5. 8 E-07	0. 020	4. 4 E-08

续表

核素	物理半衰期	吸入				食入	
		类别	f_1	$e(g)_{1\mu m}$	$e(g)_{5\mu m}$	f_1	$e(g)$
		M	0.020	2.6 E−06	1.6 E−06	0.002	7.6 E−09
		S	0.002	7.3 E−06	5.7 E−06		
^{238}Pu	87.7 a	M	5.0 E−04	4.3 E−05	3.0 E−05	5.0 E−04	2.3 E−07
		S	1.0 E−05	1.5 E−05	1.1 E−05	1.0 E−05	8.8 E−09
						1.0 E−04	4.9 E−08
^{239}Pu	2.411E+04 a	M	5.0 E−04	4.7 E−05	3.2 E−05	5.0 E−04	2.5 E−07
		S	1.0 E−05	1.5 E−05	8.3 E−06	1.0 E−05	9.0 E−09
						1.0 E−04	5.3 E−08
^{241}Am	432.2a	M	5.0 E−04	3.9 E−05	2.7 E−05	5.0 E−04	2.0 E−07
^{242}Cm	162.8d	M	5.0 E−04	4.8 E−06	3.7 E−06	5.0 E−04	1.2 E−08
^{244}Cm	18.10a	M	5.0 E−04	2.5 E−05	1.7 E−05	5.0 E−04	1.2 E−07
^{252}Cf	2.645a	M	5.0 E−04	1.8 E−05	1.3 E−05	5.0 E−04	9.0 E−08

注:类别 F、M 和 S 分别表示肺快速、中速和慢速吸收。OBT. 有机束缚氚。

资料来源:GB18871-2002。根据 ICRP107 号报告中核素半衰期的数据,对表中的半衰期进行了修正。

表 3.18 食入:公众成员食入单位摄入量所致的待积有效剂量 $e(g)$ （单位:Sv/Bq）

核素	物理半衰期	年龄 $g \leq 1$ 岁		f_1	1~2 岁	2~7 岁	7~12 岁	12~17 岁	>17 岁
		f_1	$e(g)$	($g>1$ 岁)	$e(g)$	$e(g)$	$e(g)$	$e(g)$	$e(g)$
氚化水	12.32 a	1.000	6.4 E-11	1.000	4.8 E-11	3.1 E-11	2.3 E-11	1.8 E-11	1.8 E-11
OBT	12.32 a	1.000	1.2 E-10	1.000	1.2 E-10	7.3 E-11	5.7 E-11	4.2 E-11	4.2 E-11
^{14}C	5.70 E+03 a	1.000	1.4 E-09	1.000	1.6 E-09	9.9 E-10	8.0 E-10	5.7 E-10	5.8 E-10
^{40}K	1.251E+09 a	1.000	6.2 E-08	1.000	4.2 E-08	2.1 E-08	1.3 E-08	7.6 E-09	6.2 E-09
^{51}Cr	27.7025 d	0.200	3.5 E-10	0.100	2.3 E-10	1.2 E-10	7.8 E-11	4.8 E-11	3.8 E-11
		0.020	3.3 E-10	0.010	2.2 E-10	1.2 E-10	7.5 E-11	4.6 E-11	3.7 E-11
^{54}Mn	312.12 d	0.200	5.4 E-09	0.100	3.1 E-09	1.9 E-09	1.3 E-09	8.7 E-10	7.1 E-10
^{55}Fe	2.737 a	0.600	7.6 E-09	0.100	2.4 E-09	1.7 E-09	1.1 E-09	7.7 E-10	3.3 E-10
^{59}Fe	44.495d	0.600	3.9 E-08	0.100	1.3 E-08	7.5 E-09	4.7 E-09	3.1 E-09	1.8 E-09
^{57}Co	271.74d	0.600	2.9 E-09	0.100	1.6 E-09	8.9 E-10	5.8 E-10	3.7 E-10	2.1 E-10
^{58}Co	70.86d	0.600	7.3 E-09	0.100	4.4 E-09	2.6 E-09	1.7 E-09	1.1 E-09	7.4 E-10
^{60}Co	5.2713a	0.600	5.4 E-08	0.100	2.7 E-08	1.7 E-08	1.1 E-08	7.9 E-09	3.4 E-09
^{89}Sr	50.53 d	0.600	3.6 E-08	0.300	1.8 E-08	8.9 E-09	5.8 E-09	4.0 E-09	2.6 E-09
^{90}Sr	28.79 a	0.600	2.3 E-07	0.300	7.3 E-08	4.7 E-08	6.0 E-08	8.0 E-08	2.8 E-08

续表

核素	物理半衰期	年龄 $g\leq1$ 岁		f_1	1~2 岁	2~7 岁	7~12 岁	12~17 岁	>17 岁
		f_1	$e(g)$	($g>1$ 岁)	$e(g)$	$e(g)$	$e(g)$	$e(g)$	$e(g)$
^{90}Y	64. 10 h	0. 001	3. 1 E-08	1. 0 E-04	2. 0 E-08	1. 0 E-08	5. 9 E-09	3. 3 E-09	2. 7 E-09
^{95}Zr	64. 032 d	0. 020	8. 5 E-09	0. 010	5. 6 E-09	3. 0 E-09	1. 9 E-09	1. 2 E-09	9. 5 E-10
^{95}Nb	34. 991 d	0. 020	4. 6 E-09	0. 010	3. 2 E-09	1. 8 E-09	1. 1 E-09	7. 4 E-10	5. 8 E-10
^{99}Mo	65. 94 h	1. 000	5. 5 E-09	1. 000	3. 5 E-09	1. 8 E-09	1. 1 E-09	7. 6 E-10	6. 0 E-10
^{99m}Tc	6. 015 h	1. 000	2. 0 E-10	0. 500	1. 3 E-10	7. 2 E-11	4. 3 E-11	2. 8 E-11	2. 2 E-11
^{103}Ru	39. 26 d	0. 100	7. 1 E-09	0. 050	4. 6 E-09	2. 4 E-09	1. 5 E-09	9. 2 E-10	7. 3 E-10
^{106}Ru	373. 59 d	0. 100	8. 4 E-08	0. 050	4. 9 E-08	2. 5 E-08	1. 5 E-08	8. 6 E-09	7. 0 E-09
^{110m}Ag	249. 76 d	0. 100	2. 4 E-08	0. 050	1. 4 E-08	7. 8 E-09	5. 2 E-09	3. 4 E-09	2. 8 E-09
^{124}Sb	60. 20 d	0. 200	2. 5 E-08	0. 100	1. 6 E-08	8. 4 E-09	5. 2 E-09	3. 2 E-09	2. 5 E-09
^{125}Sb	2. 75856 a	0. 200	1. 1 E-08	0. 100	6. 1 E-09	3. 4 E-09	2. 1 E-09	1. 4 E-09	1. 1 E-09
^{132}Te	3. 204 d	0. 600	4. 8 E-08	0. 300	3. 0 E-08	1. 6 E-08	8. 3 E-09	5. 3 E-09	3. 8 E-09
^{125}I	59. 400 d	1. 000	5. 2 E-08	1. 000	5. 7 E-08	4. 1 E-08	3. 1 E-08	2. 2 E-08	1. 5 E-08

续表

核素	物理半衰期	年龄 $g \leq 1$ 岁		f_1	1~2 岁	2~7 岁	7~12 岁	12~17 岁	>17 岁
		f_1	$e(g)$	($g>1$ 岁)	$e(g)$	$e(g)$	$e(g)$	$e(g)$	$e(g)$
^{129}I	1.57 E+07 a	1.000	1.8 E-07	1.000	2.2 E-07	1.7 E-07	1.9 E-07	1.4 E-07	1.1 E-07
^{131}I	8.02070 d	1.000	1.8 E-07	1.000	1.8 E-07	1.0 E-07	5.2 E-08	3.4 E-08	2.2 E-08
^{133}I	20.8 h	1.000	4.9 E-08	1.000	4.4 E-08	2.3 E-08	1.0 E-08	6.8 E-09	4.3 E-09
^{135}I	6.57 h	1.000	1.0 E-08	1.000	8.9 E-09	4.7 E-09	2.2 E-09	1.4 E-09	9.3 E-10
^{134}Cs	2.0648 a	1.000	2.6 E-08	1.000	1.6 E-08	1.3 E-08	1.4 E-08	1.9 E-08	1.9 E-08
^{136}Cs	13.16 d	1.000	1.5 E-08	1.000	9.5 E-09	6.1 E-09	4.4 E-09	3.4 E-09	3.0 E-09
^{137}Cs	30.1671 a	1.000	2.1 E-08	1.000	1.2 E-08	9.6 E-09	1.0 E-08	1.3 E-08	1.3 E-08
^{140}Ba	12.752 d	0.600	3.2 E-08	0.200	1.8 E-08	9.2 E-09	5.8 E-09	3.7 E-09	2.6 E-09
^{140}La	1.6781 d	0.005	2.0 E-08	5.0 E-04	1.3 E-08	6.8 E-09	4.2 E-09	2.5 E-09	2.0 E-09
^{141}Ce	32.508 d	0.005	8.1 E-09	5.0 E-04	5.1 E-09	2.6 E-09	1.5 E-09	8.8 E-10	7.1 E-10
^{143}Ce	33.039 h	0.005	1.2 E-08	5.0 E-04	8.0 E-09	4.1 E-09	2.4 E-09	1.4 E-09	1.1 E-09
^{144}Ce	284.91 d	0.005	6.6 E-08	5.0 E-04	3.9 E-08	1.9 E-08	1.1 E-08	6.5 E-09	5.2 E-09

续表

核素	物理半衰期	年龄 $g \leq 1$ 岁		f_1	1~2 岁	2~7 岁	7~12 岁	12~17 岁	>17 岁
		f_1	$e(g)$	($g>1$ 岁)	$e(g)$	$e(g)$	$e(g)$	$e(g)$	$e(g)$
^{210}Pb	22. 20 a	0. 600	8. 4 E−06	0. 200	3. 6 E−06	2. 2 E−06	1. 9 E−06	1. 9 E−06	6. 9 E−07
^{210}Po	138. 376 d	1. 000	2. 6 E−05	0. 500	8. 8 E−06	4. 4 E−06	2. 6 E−06	1. 6 E−06	1. 2 E−06
^{226}Ra	1. 60 E+03 a	0. 600	4. 7 E−06	0. 200	9. 6 E−07	6. 2 E−07	8. 0 E−07	1. 5 E−06	2. 8 E−07
^{228}Ra	5. 75 a	0. 600	3. 0 E−05	0. 200	5. 7 E−06	3. 4 E−06	3. 9 E−06	5. 3 E−06	6. 9 E−07
^{228}Th	1. 9116 a	0. 005	3. 7 E−06	5. 0 E−04	3. 7 E−07	2. 2 E−07	1. 5 E−07	9. 4 E−08	7. 2 E−08
^{230}Th	7. 538 E+04 a	0. 005	4. 1 E−06	5. 0 E−04	4. 1 E−07	3. 1 E−07	2. 4 E−07	2. 2 E−07	2. 1 E−07
^{232}Th	1. 405 E+10a	0. 005	4. 6 E−06	5. 0 E−04	4. 5 E−07	3. 5 E−07	2. 9 E−07	2. 5 E−07	2. 3 E−07
^{234}U	2. 455 E+05 a	0. 040	3. 7 E−07	0. 020	1. 3 E−07	8. 8 E−08	7. 4 E−08	7. 4 E−08	4. 9 E−08
^{235}U	7. 04 E+08 a	0. 040	3. 5 E−07	0. 020	1. 3 E−07	8. 5 E−08	7. 1 E−08	7. 0 E−08	4. 7 E−08
^{238}U	4. 438 E+09 a	0. 040	3. 4 E−07	0. 020	1. 2 E−07	8. 0 E−08	6. 8 E−08	6. 7 E−08	4. 5 E−08
^{238}Pu	87. 7 a	0. 005	4. 0 E−06	5. 0 E−04	4. 0 E−07	3. 1 E−07	2. 4 E−07	2. 2 E−07	2. 3 E−07
^{239}Pu	2. 411 E+04 a	0. 005	4. 2 E−06	5. 0 E−04	4. 2 E−07	3. 3 E−07	2. 7 E−07	2. 4 E−07	2. 5 E−07

续表

核素	物理半衰期	年龄 $g \leq 1$ 岁		f_1	1~2 岁	2~7 岁	7~12 岁	12~17 岁	>17 岁
		f_1	$e(g)$	($g>1$ 岁)	$e(g)$	$e(g)$	$e(g)$	$e(g)$	$e(g)$
^{241}Am	432.2 a	0.005	3.7 E-06	5.0 E-04	3.7 E-07	2.7 E-07	2.2 E-07	2.0 E-07	2.0 E-07
^{244}Cm	18.10 a	0.005	2.9 E-06	5.0 E-04	2.9 E-07	1.9 E-07	1.4 E-07	1.2 E-07	1.2 E-07
^{252}Cf	2.645 a	0.005	5.0 E-06	5.0 E-04	5.1 E-07	3.2 E-07	1.9 E-07	1.0 E-07	9.0 E-08

注：OBT. 有机束缚氚。

对于铁，1~15 岁的 f_1 值为 0.2；对于钴，1~15 岁的 f_1 值为 0.3；对于锶，1~15 岁的 f_1 值为 0.4；对于钡，1~15 岁的 f_1 值为 0.3；对于铅，1 ~15 岁的 f_1 值为 0.4；对于镭，1~15 岁的 f_1 值为 0.3。

资料来源：GB18871-2002。根据 ICRP107 号报告中的最新数据，对半衰期进行了修正。

表 3.19　吸入：公众成员吸入单位摄入量所致的待积有效剂量 $e(g)$　（单位：Sv/Bq）

核素	物理半衰期	类别	年龄 f_1	$g \leq 1$ 岁 $e(g)$	f_1 ($g>1$ 岁)	1~2 岁 $e(g)$	2~7 岁 $e(g)$	7~12 岁 $e(g)$	12~17 岁 $e(g)$	>17 岁 $e(g)$
氚化水	12.32 a	F	1.000	2.6 E-11	1.000	2.0 E-11	1.1 E-11	8.2 E-12	5.9 E-12	6.2 E-12
		M	0.200	3.4 E-10	0.100	2.7 E-10	1.4 E-10	8.2 E-11	5.3 E-11	4.5 E-11
		S	0.020	1.2 E-09	0.010	1.0 E-09	6.3 E-10	3.8 E-10	2.8 E-10	2.6 E-10

续表

核素	物理半衰期	类别	年龄 f_1	$g \leq 1$ 岁 $e(g)$	f_1 ($g>1$ 岁)	1~2 岁 $e(g)$	2~7 岁 $e(g)$	7~12 岁 $e(g)$	12~17 岁 $e(g)$	>17 岁 $e(g)$
^{14}C	5.70 E+03 a	F	1.000	6.1 E−10	1.000	6.7 E−10	3.6 E−10	2.9 E−10	1.9 E−10	2.0 E−10
		M	0.200	8.3 E−09	0.100	6.6 E−09	4.0 E−09	2.8 E−09	2.5 E−09	2.0 E−09
		S	0.020	1.9 E−08	0.010	1.7 E−08	1.1 E−08	7.4 E−09	6.4 E−09	5.8 E−09
^{40}K	1.251 E+09 a	F	1.000	2.4 E−08	1.000	1.7 E−08	7.5 E−09	4.5 E−09	2.5 E−09	2.1 E−09
^{51}Cr	27.7025 d	F	0.200	1.7 E−10	0.100	1.3 E−10	6.3 E−11	4.0 E−11	2.4 E−11	2.0 E−11
		M	0.200	2.6 E−10	0.100	1.9 E−10	1.0 E−10	6.4 E−11	3.9 E−11	3.2 E−11
		S	0.200	2.6 E−10	0.100	2.1 E−10	1.0 E−10	6.6 E−11	4.5 E−11	3.7 E−11
^{54}Mn	312.12 d	F	0.200	5.2 E−09	0.100	4.1 E−09	2.2 E−09	1.5 E−09	9.9 E−10	8.5 E−10
		M	0.200	7.5 E−09	0.100	6.2 E−09	3.8 E−09	2.4 E−09	1.9 E−09	1.5 E−09
^{55}Fe	2.737 a	F	0.600	4.2 E−09	0.100	3.2 E−09	2.2 E−09	1.4 E−09	9.4 E−10	7.7 E−10
		M	0.200	1.9 E−09	0.100	1.4 E−09	9.9 E−10	6.2 E−10	4.4 E−10	3.8 E−10
		S	0.020	1.0 E−09	0.010	8.5 E−10	5.0 E−10	2.9 E−10	2.0 E−10	1.8 E−10

续表

核素	物理半衰期	类别	年龄 f_1	$g\leq1$ 岁 $e(g)$	f_1 ($g>1$ 岁)	1~2 岁 $e(g)$	2~7 岁 $e(g)$	7~12 岁 $e(g)$	12~17 岁 $e(g)$	>17 岁 $e(g)$
^{59}Fe	44.495 d	F	0.600	2.1 E-08	0.100	1.3 E-08	7.1 E-09	4.2 E-09	2.6 E-09	2.2 E-09
		M	0.200	1.8 E-08	0.100	1.3 E-08	7.9 E-09	5.5 E-09	4.6 E-09	3.7 E-09
		S	0.020	1.7 E-08	0.010	1.3 E-08	8.1 E-09	5.8 E-09	5.1 E-09	4.0 E-09
^{57}Co	271.74 d	F	0.600	1.5 E-09	0.100	1.1 E-09	5.6 E-10	3.7 E-10	2.3 E-10	1.9 E-10
		M	0.200	2.8 E-09	0.100	2.2 E-09	1.3 E-09	8.5 E-10	6.7 E-10	5.5 E-10
		S	0.020	4.4 E-09	0.010	3.7 E-09	2.3 E-09	1.5 E-09	1.2 E-09	1.0 E-09
^{58}Co	70.86 d	F	0.600	4.0 E-09	0.100	3.0 E-09	1.6 E-09	1.0 E-09	6.4 E-10	5.3 E-10
		M	0.200	7.3 E-09	0.100	6.5 E-09	3.5 E-09	2.4 E-09	2.0 E-09	1.6 E-09
		S	0.020	9.0 E-09	0.010	7.5 E-09	4.5 E-09	3.1 E-09	2.6 E-09	2.1 E-09
^{60}Co	5.2713 a	F	0.600	3.0 E-08	0.100	2.3 E-08	1.4 E-08	8.9 E-09	6.1 E-09	5.2 E-09
		M	0.200	4.2 E-08	0.100	3.4 E-08	2.1 E-08	1.5 E-08	1.2 E-08	1.0 E-08
		S	0.020	9.2 E-08	0.010	8.6 E-08	5.9 E-08	4.0 E-08	3.4 E-08	3.1 E-08

续表

核素	物理半衰期	类别	年龄 f_1	$g\leqslant1$ 岁 $e(g)$	f_1 ($g>1$ 岁)	1~2 岁 $e(g)$	2~7 岁 $e(g)$	7~12 岁 $e(g)$	12~17 岁 $e(g)$	>17 岁 $e(g)$
^{89}Sr	50.53 d	F	0.600	1.5 E-08	0.300	7.3 E-09	3.2 E-09	2.3 E-09	1.7 E-09	1.0 E-09
		M	0.200	3.3 E-08	0.100	2.4 E-08	1.3 E-08	9.1 E-09	7.3 E-09	6.1 E-09
		S	0.020	3.9 E-08	0.010	3.0 E-08	1.7 E-08	1.2 E-08	9.3 E-09	7.9 E-09
^{90}Sr	28.79 a	F	0.600	1.3 E-07	0.300	5.2 E-08	3.1 E-08	4.1 E-08	5.3 E-08	2.4 E-08
		M	0.200	1.5 E-07	0.100	1.1 E-07	6.5 E-08	5.1 E-08	5.0 E-08	3.6 E-08
		S	0.020	4.2 E-07	0.010	4.0 E-07	2.7 E-07	1.8 E-07	1.6 E-07	1.6 E-07
^{90}Y	64.10 h	M	0.001	1.3 E-08	1.0 E-04	8.4 E-09	4.0 E-09	2.6 E-09	1.7 E-09	1.4 E-09
		S	0.001	1.3 E-08	1.0 E-04	8.8 E-09	4.2 E-09	2.7 E-09	1.8 E-09	1.5 E-09
^{95}Zr	64.032 d	F	0.020	1.2 E-08	0.002	1.1 E-08	6.4 E-09	4.2 E-09	2.8 E-09	2.5 E-09
		M	0.020	2.0 E-08	0.002	1.6 E-08	9.7 E-09	6.8 E-09	5.9 E-09	4.8 E-09
		S	0.020	2.4 E-08	0.002	1.9 E-08	1.2 E-08	8.3 E-09	7.3 E-09	5.9 E-09
^{95}Nb	34.991 d	F	0.020	4.1 E-09	0.010	3.1 E-09	1.6 E-09	1.2 E-09	7.5 E-10	5.7 E-10

续表

核素	物理半衰期	类别	年龄 f_1	$g≤1$ 岁 $e(g)$	f_1 ($g>1$ 岁)	1~2 岁 $e(g)$	2~7 岁 $e(g)$	7~12 岁 $e(g)$	12~17 岁 $e(g)$	>17 岁 $e(g)$
		M	0.020	6.8 E-09	0.010	5.2 E-09	3.1 E-09	2.2 E-09	1.9 E-09	1.5 E-09
		S	0.020	7.7 E-09	0.010	5.9 E-09	3.6 E-09	2.5 E-09	2.2 E-09	1.8 E-09
^{99}Mo	65.94 h	F	1.000	2.3 E-09	0.800	1.7 E-09	7.7 E-10	4.7 E-10	2.6 E-10	2.2 E-10
		M	0.200	6.0 E-09	0.100	4.4 E-09	2.2 E-09	1.5 E-09	1.1 E-09	8.9 E-10
		S	0.020	6.9 E-09	0.010	4.8 E-09	2.4 E-09	1.7 E-09	1.2 E-09	9.9 E-10
^{99m}Tc	6.015 h	F	1.000	1.2 E-10	0.800	8.7 E-11	4.1 E-11	2.4 E-11	1.5 E-11	1.2 E-11
		M	0.200	1.3 E-10	0.100	9.9 E-11	5.1 E-11	3.4 E-11	2.4 E-11	1.9 E-11
		S	0.020	1.3 E-10	0.010	1.0 E-10	5.2 E-11	3.5 E-11	2.5 E-11	2.0 E-11
^{103}Ru	39.26 d	F	0.100	4.2 E-09	0.050	3.0 E-09	1.5 E-09	9.3 E-10	5.6 E-10	4.8 E-10
		M	0.100	1.1 E-08	0.050	8.4 E-09	5.0 E-09	3.5 E-09	3.0 E-09	2.4 E-09
		S	0.020	1.3 E-08	0.010	1.0 E-08	6.0 E-09	4.2 E-09	3.7 E-09	3.0 E-09
^{106}Ru	373.59 d	F	0.100	7.2 E-08	0.050	5.4 E-08	2.6 E-08	1.6 E-08	9.2 E-09	7.9 E-09

续表

核素	物理半衰期	类别	年龄 f_1	$g \leq 1$ 岁 $e(g)$	f_1 ($g>1$ 岁)	1~2 岁 $e(g)$	2~7 岁 $e(g)$	7~12 岁 $e(g)$	12~17 岁 $e(g)$	>17 岁 $e(g)$
		M	0. 100	1. 4 E-07	0. 050	1. 1 E-07	6. 4 E-08	4. 1 E-08	3. 1 E-08	2. 8 E-08
		S	0. 020	2. 6 E-07	0. 010	2. 3 E-07	1. 4 E-07	9. 1 E-08	7. 1 E-08	6. 6 E-08
^{110m}Ag	249. 76 d	F	0. 100	3. 5 E-08	0. 050	2. 8 E-08	1. 5 E-08	9. 7 E-09	6. 3 E-09	5. 5 E-09
		M	0. 100	3. 5 E-08	0. 050	2. 8 E-08	1. 7 E-08	1. 2 E-08	9. 2 E-09	7. 6 E-09
		S	0. 020	4. 6 E-08	0. 010	4. 1 E-08	2. 6 E-08	1. 8 E-08	1. 5 E-08	1. 2 E-08
^{124}Sb	60. 20 d	F	0. 200	1. 2 E-08	0. 100	8. 8 E-09	4. 3 E-09	2. 6 E-09	1. 6 E-09	1. 3 E-09
		M	0. 020	3. 1 E-08	0. 010	2. 4 E-08	1. 4 E-08	9. 6 E-09	7. 7 E-09	6. 4 E-09
		S	0. 020	3. 9 E-08	0. 010	3. 1 E-08	1. 8 E-08	1. 3 E-08	1. 0 E-08	8. 6 E-09
^{125}Sb	2. 75856 a	F	0. 200	8. 7 E-09	0. 100	6. 8 E-09	3. 7 E-09	2. 3 E-09	1. 5 E-09	1. 4 E-09
		M	0. 020	2. 0 E-08	0. 010	1. 6 E-08	1. 0 E-08	6. 8 E-09	5. 8 E-09	4. 8 E-09
		S	0. 020	4. 2 E-08	0. 010	3. 8 E-08	2. 4 E-08	1. 6 E-08	1. 4 E-08	1. 2 E-08
^{132}Te	3. 204 d	F	0. 600	2. 2 E-08	0. 300	1. 8 E-08	8. 5 E-09	4. 2 E-09	2. 6 E-09	1. 8 E-09

续表

核素	物理半衰期	类别	年龄 f_1	$g \leq 1$ 岁 $e(g)$	f_1 ($g>1$ 岁)	1~2 岁 $e(g)$	2~7 岁 $e(g)$	7~12 岁 $e(g)$	12~17 岁 $e(g)$	>17 岁 $e(g)$
		M	0. 200	1. 6 E−08	0. 100	1. 3 E−08	6. 4 E−09	4. 0 E−09	2. 6 E−09	2. 0 E−09
		S	0. 020	1. 5 E−08	0. 010	1. 1 E−08	5. 8 E−09	3. 8 E−09	2. 5 E−09	2. 0 E−09
^{125}I	59. 400 d	F	1. 000	2. 0 E−08	1. 000	2. 3 E−08	1. 5 E−08	1. 1 E−08	7. 2 E−09	5. 1 E−09
		M	0. 200	6. 9 E−09	0. 100	5. 6 E−09	3. 6 E−09	2. 6 E−09	1. 8 E−09	1. 4 E−09
		S	0. 020	2. 4 E−09	0. 010	1. 8 E−09	1. 0 E−09	6. 7 E−10	4. 8 E−10	3. 8 E−10
^{129}I	1. 57 E+07 a	F	1. 000	7. 2 E−08	1. 000	8. 6 E−08	6. 1 E−08	6. 7 E−08	4. 6 E−08	3. 6 E−08
		M	0. 200	3. 6 E−08	0. 100	3. 3 E−08	2. 4 E−08	2. 4 E−08	1. 9 E−08	1. 5 E−08
		S	0. 020	2. 9 E−08	0. 010	2. 6 E−08	1. 8 E−08	1. 3 E−08	1. 1 E−08	9. 8 E−09
^{131}I	8. 02070 d	F	1. 000	7. 2 E−08	1. 000	7. 2 E−08	3. 7 E−08	1. 9 E−08	1. 1 E−08	7. 4 E−09
		M	0. 200	2. 2 E−08	0. 100	1. 5 E−08	8. 2 E−09	4. 7 E−09	3. 4 E−09	2. 4 E−09
		S	0. 020	8. 8 E−09	0. 010	6. 2 E−09	3. 5 E−09	2. 4 E−09	2. 0 E−09	1. 6 E−09
^{133}I	20. 8 h	F	1. 000	1. 9 E−08	1. 000	1. 8 E−08	8. 3 E−09	3. 8 E−09	2. 2 E−09	1. 5 E−09

续表

核素	物理半衰期	类别	年龄 f_1	$g≤1$ 岁 $e(g)$	f_1 ($g>1$ 岁)	1~2 岁 $e(g)$	2~7 岁 $e(g)$	7~12 岁 $e(g)$	12~17 岁 $e(g)$	>17 岁 $e(g)$
		M	0. 200	6. 6 E-09	0. 100	4. 4 E-09	2. 1 E-09	1. 2 E-09	7. 4 E-10	5. 5 E-10
		S	0. 020	3. 8 E-09	0. 010	2. 9 E-09	1. 4 E-09	9. 0 E-10	5. 3 E-10	4. 3 E-10
^{135}I	6. 57 h	F	1. 000	4. 1 E-09	1. 000	3. 7 E-09	1. 7 E-09	7. 9 E-10	4. 8 E-10	3. 2 E-10
		M	0. 200	2. 2 E-09	0. 100	1. 6 E-09	7. 8 E-10	4. 7 E-10	3. 0 E-10	2. 4 E-10
		S	0. 020	1. 8 E-09	0. 010	1. 3 E-09	6. 5 E-10	4. 2 E-10	2. 7 E-10	2. 2 E-10
^{134}Cs	2. 0648 a	F	1. 000	1. 1 E-08	1. 000	7. 3 E-09	5. 2 E-09	5. 3 E-09	6. 3 E-09	6. 6 E-09
		M	0. 200	3. 2 E-08	0. 100	2. 6 E-08	1. 6 E-08	1. 2 E-08	1. 1 E-08	9. 1 E-09
		S	0. 020	7. 0 E-08	0. 010	6. 3 E-08	4. 1 E-08	2. 8 E-08	2. 3 E-08	2. 0 E-08
^{136}Cs	13. 16 d	F	1. 000	7. 3 E-09	1. 000	5. 2 E-09	2. 9 E-09	2. 0 E-09	1. 4 E-09	1. 2 E-09
		M	0. 200	1. 3 E-08	0. 100	1. 0 E-08	6. 0 E-09	3. 7 E-09	3. 1 E-09	2. 5 E-09
		S	0. 020	1. 5 E-08	0. 010	1. 1 E-08	5. 7 E-09	4. 1 E-09	3. 5 E-09	2. 8 E-09
^{137}Cs	30. 1671 a	F	1. 000	8. 8 E-09	1. 000	5. 4 E-09	3. 6 E-09	3. 7 E-09	4. 4 E-09	4. 6 E-09

续表

核素	物理半衰期	类别	年龄 f_1	$g \leqslant 1$ 岁 $e(g)$	f_1 ($g>1$ 岁)	1~2 岁 $e(g)$	2~7 岁 $e(g)$	7~12 岁 $e(g)$	12~17 岁 $e(g)$	>17 岁 $e(g)$
		M	0.200	3.6 E-08	0.100	2.9 E-08	1.8 E-08	1.3 E-08	1.1 E-08	9.7 E-09
		S	0.020	1.1 E-07	0.010	1.0 E-07	7.0 E-08	4.8 E-08	4.2 E-08	3.9 E-08
^{140}Ba	12.752 d	F	0.600	1.4 E-08	0.200	7.8 E-09	3.6 E-09	2.4 E-09	1.6 E-09	1.0 E-09
		M	0.200	2.7 E-08	0.100	2.0 E-08	1.1 E-08	7.6 E-09	6.2 E-09	5.1 E-09
		S	0.020	2.9 E-08	0.010	2.2 E-08	1.2 E-08	8.6 E-09	7.1 E-09	5.8 E-09
^{140}La	1.6781 d	F	0.005	5.8 E-09	5.0 E-04	4.2 E-09	2.0 E-09	1.2 E-09	6.9 E-10	5.7 E-10
		M	0.005	8.8 E-09	5.0 E-04	6.3 E-09	3.1 E-09	2.0 E-09	1.3 E-09	1.1 E-09
^{141}Ce	32.508 d	F	0.005	1.1 E-08	5.0 E-04	7.3 E-09	3.5 E-09	2.0 E-09	1.2 E-09	9.3 E-10
		M	0.005	1.4 E-08	5.0 E-04	1.1 E-08	6.3 E-09	4.6 E-09	4.1 E-09	3.2 E-09
		S	0.005	1.6 E-08	5.0 E-04	1.2 E-08	7.1 E-09	5.3 E-09	4.8 E-09	3.8 E-09
^{143}Ce	33.039 h	F	0.005	3.6 E-09	5.0 E-04	2.3 E-09	1.0 E-09	6.2 E-10	3.3 E-10	2.7 E-10
		M	0.005	5.6 E-09	5.0 E-04	3.9 E-09	1.9 E-09	1.3 E-09	9.3 E-10	7.5 E-10

续表

核素	物理半衰期	类别	年龄 f_1	$g\leq1$ 岁 $e(g)$	f_1 ($g>1$ 岁)	1~2 岁 $e(g)$	2~7 岁 $e(g)$	7~12 岁 $e(g)$	12~17 岁 $e(g)$	>17 岁 $e(g)$
		S	0. 005	5. 9 E-09	5. 0 E-04	4. 1 E-09	2. 1 E-09	1. 4 E-09	1. 0 E-09	8. 3 E-10
^{144}Ce	284. 91 d	F	0. 005	3. 6 E-07	5. 0 E-04	2. 7 E-07	1. 4 E-07	7. 8 E-08	4. 8 E-08	4. 0 E-08
		M	0. 005	1. 9 E-07	5. 0 E-04	1. 6 E-07	8. 8 E-08	5. 5 E-08	4. 1 E-08	3. 6 E-08
		S	0. 005	2. 1 E-07	5. 0 E-04	1. 8 E-07	1. 1 E-07	7. 3 E-08	5. 8 E-08	5. 3 E-08
^{210}Pb	22. 20 a	F	0. 600	4. 7 E-06	0. 200	2. 9 E-06	1. 5 E-06	1. 4 E-06	1. 3 E-06	9. 0 E-07
		M	0. 200	5. 0 E-06	0. 100	3. 7 E-06	2. 2 E-06	1. 5 E-06	1. 3 E-06	1. 1 E-06
		S	0. 020	1. 8 E-05	0. 010	1. 8 E-05	1. 1 E-05	7. 2 E-06	5. 9 E-06	5. 6 E-06
^{210}Po	138. 376 d	F	0. 200	7. 4 E-06	0. 100	4. 8 E-06	2. 2 E-06	1. 3 E-06	7. 7 E-07	6. 1 E-07
		M	0. 200	1. 5 E-05	0. 100	1. 1 E-05	6. 7 E-06	4. 6 E-06	4. 0 E-06	3. 3 E-06
		S	0. 020	1. 8 E-05	0. 010	1. 4 E-05	8. 6 E-06	5. 9 E-06	5. 1 E-06	4. 3 E-06
^{226}Ra	1. 60 E+03 a	F	0. 600	2. 6 E-06	0. 200	9. 4 E-07	5. 5 E-07	7. 2 E-07	1. 3 E-06	3. 6 E-07
		M	0. 200	1. 5 E-05	0. 100	1. 1 E-05	7. 0 E-06	4. 9 E-06	4. 5 E-06	3. 5 E-06

续表

核素	物理半衰期	类别	年龄 f_1	$g≤1$ 岁 $e(g)$	f_1 ($g>1$ 岁)	1~2 岁 $e(g)$	2~7 岁 $e(g)$	7~12 岁 $e(g)$	12~17 岁 $e(g)$	>17 岁 $e(g)$
		S	0.020	3.4 E−05	0.010	2.9 E−05	1.9 E−05	1.2 E−05	1.0 E−05	9.5 E−06
^{228}Ra	5.75 a	F	0.600	1.7 E−05	0.200	5.7 E−06	3.1 E−06	3.6 E−06	4.6 E−06	9.0 E−07
		M	0.200	1.5 E−05	0.100	1.0 E−05	6.3 E−06	4.6 E−06	4.4 E−06	2.6 E−06
		S	0.020	4.9 E−05	0.010	4.8 E−05	3.2 E−05	2.0 E−05	1.6 E−05	1.6 E−05
^{228}Th	1.9116 a	F	0.005	1.8 E−04	5.0 E−04	1.5 E−04	8.3 E−05	5.2 E−05	3.6 E−05	2.9 E−05
		M	0.005	1.3 E−04	5.0 E−04	1.1 E−04	6.8 E−05	4.6 E−05	3.9 E−05	3.2 E−05
		S	0.005	1.6 E−04	5.0 E−04	1.3 E−04	8.2 E−05	5.5 E−05	4.7 E−05	4.0 E−05
^{230}Th	7.538 E+04 a	F	0.005	2.1 E−04	5.0 E−04	2.0 E−04	1.4 E−04	1.1 E−04	9.9 E−05	1.0 E−04
		M	0.005	7.7 E−05	5.0 E−04	7.4 E−05	5.5 E−05	4.3 E−05	4.2 E−05	4.3 E−05
		S	0.005	4.0 E−05	5.0 E−04	3.5 E−05	2.4 E−05	1.6 E−05	1.5 E−05	1.4 E−05
^{232}Th	1.405 E+10 a	F	0.005	2.3 E−04	5.0 E−04	2.2 E−04	1.6 E−04	1.3 E−04	1.2 E−04	1.1 E−04
		M	0.005	8.3 E−05	5.0 E−04	8.1 E−05	6.3 E−05	5.0 E−05	4.7 E−05	4.5 E−05

续表

核素	物理半衰期	类别	年龄 f_1	$g \leq 1$ 岁 $e(g)$	f_1 ($g>1$ 岁)	1~2 岁 $e(g)$	2~7 岁 $e(g)$	7~12 岁 $e(g)$	12~17 岁 $e(g)$	>17 岁 $e(g)$
		S	0.005	5.4 E-05	5.0 E-04	5.0 E-05	3.7 E-05	2.6 E-05	2.5 E-05	2.5 E-05
^{234}U	2.455 E+05 a	F	0.040	2.1 E-06	0.020	1.4 E-06	9.0 E-07	8.0 E-07	8.2 E-07	5.6 E-07
		M	0.040	1.5 E-05	0.020	1.1 E-05	7.0 E-06	4.8 E-06	4.2 E-06	3.5 E-06
		S	0.020	3.3 E-05	0.002	2.9 E-05	1.9 E-05	1.2 E-05	1.0 E-05	9.4 E-06
^{235}U	7.04 E+08 a	F	0.040	2.0 E-06	0.020	1.3 E-06	8.5 E-07	7.5 E-07	7.7 E-07	5.2 E-07
		M	0.040	1.3 E-05	0.020	1.0 E-05	6.3 E-06	4.3 E-06	3.7 E-06	3.1 E-06
		S	0.020	3.0 E-05	0.002	2.6 E-05	1.7 E-05	1.1 E-05	9.2 E-06	8.5 E-06
^{238}U	4.468 E+09 a	F	0.040	1.9 E-06	0.020	1.3 E-06	8.2 E-07	7.3 E-07	7.4 E-07	5.0 E-07
		M	0.040	1.2 E-05	0.020	9.4 E-06	5.9 E-06	4.0 E-06	3.4 E-06	2.9 E-06
		S	0.020	2.9 E-05	0.002	2.5 E-05	1.6 E-05	1.0 E-05	8.7 E-06	8.0 E-06
^{239}Pu	2.411 E+04 a	F	0.005	2.1 E-04	5.0 E-04	2.0 E-04	1.5 E-04	1.2 E-04	1.1 E-04	1.2 E-04
		M	0.005	8.0 E-05	5.0 E-04	7.7 E-05	6.0 E-05	4.8 E-05	4.7 E-05	5.0 E-05

续表

核素	物理半衰期	类别	年龄 f_1	$g\leq1$ 岁 $e(g)$	f_1 ($g>1$ 岁)	1~2 岁 $e(g)$	2~7 岁 $e(g)$	7~12 岁 $e(g)$	12~17 岁 $e(g)$	>17 岁 $e(g)$
		S	1.0 E-04	4.3 E-05	1.0 E-05	3.9 E-05	2.7 E-05	1.9 E-05	1.7 E-05	1.6 E-05
^{241}Am	432.2 a	F	0.005	1.8 E-04	5.0 E-04	1.8 E-04	1.2 E-04	1.0 E-04	9.2 E-05	9.6 E-05
		M	0.005	7.3 E-05	5.0 E-04	6.9 E-05	5.1 E-05	4.0 E-05	4.0 E-05	4.2 E-05
		S	0.005	4.6 E-05	5.0 E-04	4.0 E-05	2.7 E-05	1.9 E-05	1.7 E-05	1.6 E-05
^{244}Cm	18.10 a	F	0.005	1.5 E-04	5.0 E-04	1.3 E-04	8.3 E-05	6.1 E-05	5.3 E-05	5.7 E-05
		M	0.005	6.2 E-05	5.0 E-04	5.7 E-05	3.7 E-05	2.7 E-05	2.6 E-05	2.7 E-05
		S	0.005	4.4 E-05	5.0 E-04	3.8 E-05	2.5 E-05	1.7 E-05	1.5 E-05	1.3 E-05
^{252}Cf	2.645 a	M	0.005	9.7 E-05	5.0 E-04	8.7 E-05	5.6 E-05	3.2 E-05	2.2 E-05	2.0 E-05

注:类别 F、M 和 S 分别表示肺快速、中速和慢速吸收。

对于铁,1~15 岁类别 F 的 f_1 值为 0.2;对于钴,1~15 岁类别 F 的 f_1 值为 0.3;对于锶,1~15 岁类别 F 的 f_1 值为 0.4;对于钡,1~15 岁类别 F 的 f_1 值为 0.3;对于铅,1~15 岁类别 F 的 f_1 值为 0.4;对于镭,1~15 岁类别 F 的 f_1 值为 0.3。

资料来源:GB18871-2002。根据 ICRP107 号报告中的最新数据,对半衰期进行了修正。

表 3.20 成年人受惰性气体照射时的有效剂量率*

核素	物理半衰期**	单位累积空气浓度的有效剂量率[(Sv/d)/(Bq/m³)]
氩		
^{37}Ar	30.04 d	4.1 E-15
^{39}Ar	269 a	1.1 E-11
^{41}Ar	109.61 min	5.3 E-09
氪		
^{74}Kr	11.50 min	4.5 E-09
^{76}Kr	14.8 h	1.6 E-09
^{77}Kr	74.4 min	3.9 E-09
^{79}Kr	35.04 h	9.7 E-10
^{81}Kr	2.29 E+05 a	2.1 E-11
^{83m}Kr	1.83 h	2.1 E-13
^{85}Kr	10.756 a	2.2 E-11
^{85m}Kr	4.480 h	5.9 E-10
^{87}Kr	76.3 min	3.4 E-09
^{88}Kr	2.84 h	8.4 E-09
氙		
^{120}Xe	40.0 min	1.5 E-09
^{121}Xe	40.1 min	7.5 E-09
^{122}Xe	20.1 h	1.9 E-10
^{123}Xe	2.08 h	2.4 E-09
^{125}Xe	16.9 h	9.3 E-10
^{127}Xe	36.4 d	9.7 E-10
^{129m}Xe	8.88 d	8.1 E-11
^{131m}Xe	11.84 d	3.2 E-11
^{133m}Xe	2.19 d	1.1 E-10
^{133}Xe	5.243 d	1.2 E-10

续表

核素	物理半衰期**	单位累积空气浓度的有效剂量率[(Sv/d)/(Bq/m^3)]
^{135m}Xe	15.29 min	1.6 E-09
^{135}Xe	9.14 h	9.6 E-10
^{138}Xe	14.08 min	4.7 E-09

*适用于工作人员和成年公众成员。

**根据ICRP107号报告中核素半衰期的数据,对表中的半衰期进行了修正。

资料来源:GB18871-2002。

(夏益华　刘新华　张建岗　徐勇军　编写,刘新华　审阅)

参考文献

格拉·希维里,赵志祥.2004. 核素数据手册. 北京:原子能出版社

Alsmiller RG, Mynatt FR, Barish J et al. 1969. Shielding against neutrons in the energy range 50 to 400 MeV. Nucl Instrum Meth 72:213. also ORNL-TM-2554

Berger MJ, Hubell JH. 1987. XCOM: Photon cross sections on a personal computer. NBSIR 87-3597. National Bureau of Standards

Bernard Shleien, Lester A Slaback, Jr Brian Kent Birky. 1998. Handbook of Health Physics and Radiological Health. 3rd ed. Maryland: Williams & Wilkins

Cross WG, Ing H, Freedman NO et al. 1982. Tables of beta-ray dose distributions in water, air and other media. AECL-7617; Chalk River, Ontario

Hubbell JH, Seltzer SM. 1995. Tables of X-ray mass attenuation coefficients and mass energy-absorption coefficients for 1keV to 20MeV for elements Z= 1 to 92 and 48 additional substances of dosimetric Interest. NISTIR-5632

IAEA TRS 188. 1979. Radiological safety aspects of the operation of electron linear accelerators. IAEA Technical Reports Series No. 188

ICRP 107. 2009. Nuclear Decay Data for Dosimetric Calculations. ICRP Publication 107. Oxford: Elesevier Science Ltd

ICRU 46. 1992. Photon, electron, proton and neutron interaction data for body tissues. International commission on radiation units and measurements.

ICRU Reports 46

Kluge H, Weise K. 1982. The neutron energy spectrum of a 241Am-Be(α, n) source and resulting mean fluence to dose equivalent conversion factors. Radiation Protection Dosimetry, 2(2): 85~93

NCRP 108. 1991. Conceptual basis for calculations of absorbed dose distributions. NCRP Report No. 108. Bethesda, MD

Roussin RW, Alsmiller RGJ, Barish J. 1973. Calculations of the transport of neutrons and secondary gamma rays through concrete for incident neutrons in the energy range 15 to 75MeV. Nucl Eng Des, 24:250

Roussin RW, Schmidt FAR. 1971. Adjoint S_N calculations of coupled neutron and gamma-ray transport through concrete slabs. Nucl Eng Des, 15:319

4

实用公式及数据

4.1 α粒子和质子

(1) 空气中α粒子射程(Bernard Shleien et al,1998)

$$R_\alpha = 1.24E - 2.62 \qquad (4\text{MeV} < E < 8\text{MeV})$$

式中:R_α 为15℃和标准大气压下空气中α粒子射程(cm);E 为α粒子能量(MeV);R_α 的误差为(-10%,+4%)。

(2) 能穿透皮肤保护层的α粒子最小能量(Los Alamos,2000):能穿透皮肤保护层(全身平均厚度约0.07mm)的α粒子最小能量为7.5MeV。

(3) α探测器的探测能量下限(Los Alamos,2000):每 1mg/cm^2 的探测器窗厚度可以引起α粒子损失大约1MeV的能量。因此,具有 $3\ \text{mg/cm}^2$ 窗厚的探测器探测不到能量在3MeV以下的α粒子。

(4) 质子的射程与能量之间的近似关系式(Bernard Shleien et al,1998):

$$R = \left(\frac{E}{9.3}\right)^{1.8}$$

式中:R 为质子在标准状态下空气中的射程(m);E 为质子能量(MeV,几兆电子伏至200MeV)。

在 E 为2~100MeV时,公式所给出的 R 值误差为±10%;在0.3~800MeV时,R 值误差为±50%。

4.2 β粒子和电子束

(1) β粒子的平均能量:

$$\bar{E}(\beta^-) \approx 1/3 E_{max}$$

即 β 粒子能量分布的平均值近似等于其最大能量的 1/3。

$$\bar{E}(\beta^+) \approx 0.44E_{max}$$

即正电子能量分布的平均值近似等于其最大能量的 44%。

(2) β 粒子在空气中的射程 R_{air}：

$$R_{air} \approx 12\text{ft/MeV}(3.656\text{m/MeV})$$

例如：^{32}P 的 β 粒子的最大能量为 $E_{max}=1.71$MeV，故空气中最大射程约为 20ft(6.22m)。

(3) β 粒子在物质中的射程

1) 1MeV≤E_{max}≤4MeV，则

$$R \approx E_{max}/2$$

式中：R 为 β 粒子在物质中的射程(g/cm^2)；E_{max}为 β 粒子的最大能量(MeV)。

2) 0.01MeV≤E_{max}≤ 2.5MeV，则

$$R = 0.412E_{max}^{\ 1.265-0.0954\ln E_{max}}$$

3) E_{max}>0.6MeV，则

$$R=0.542E_{max}-0.133 \quad [\text{费瑟(Feather)规律}]$$

(4) 能穿透皮肤保护层的 β 粒子能量：

$$E_\beta \geqslant 70\text{keV}$$

(5) 来自于通量密度为 ϕ[电子/(cm^2·s)]的电子束的剂量当量率(IAEA TRS 188，1979)：

$$\dot{H}(\text{Sv/h}) = 1.6 \times 10^{-6}\phi$$

当电子能量为 1~ 200Mev 时，误差在±15%以内。

(6) 距 β$^\pm$点源 1cm 处的剂量率$\dot{H}_{1cm}$(Gy/h)(忽略自吸收和空气吸收)(Bernard Shleien et al, 1998)：

$$\dot{H}_{1cm}=3\text{Gy/h}(\text{每 mCi})$$

或

$$\dot{H}_{1cm}=81.1\text{mGy/h}(\text{每 MBq})$$

例如：距 1MBq 的^{32}P 的 β 点源 1cm 处的剂量率约为 81.1mGy/h。剂量率值对 β 粒子能量变化的依赖较小。

(7) 距 β$^\pm$点源 d 处的剂量率(IAEA TRS 188, 1979)：

$$\dot{H}(\text{mGy/h}) \approx \dot{H}(\text{mSv/h}) \approx 8 \cdot \eta \cdot A \cdot d^{-2}$$

式中：η 为发射 β 粒子的蜕变分支比；A 为活度(GBq)；d 为距

离(m)。

(8) 放射性溶液中的 β 剂量率$\dot{H}$(mGy/h):

$$\dot{H}(溶液中)=\frac{0.573\,\bar{E}\cdot C}{\rho}\text{mGy/h}$$

式中:$\bar{E}$为 β 粒子平均能量(MeV);C 为 β 活度浓度(kBq/cm^3);ρ 为溶液密度(g/cm^3)。

例如:^{32}P 的 β 粒子平均能量为 0.7 MeV,β 活度浓度为 1kBq/cm^3 的水溶液中的 β 剂量率近似为 0.4mGy/h。

溶液表面的剂量率大约为上述剂量率的一半。

(9) 带有 7mg/cm^2 过滤片的铀源的 β 射线表面剂量率见表 4.1。

表 4.1 带有 7mg/cm^2 过滤片的铀源的 β 射线表面剂量率

源	β 表面剂量率(mGy/h)
天然 U(金属)	2.29 [a]
UO_2(褐色氧化物)	2.07
UF_4(绿色盐类)	1.79
$UO_2(NO_3)_2\cdot 6H_2O$(黄色六水合硝酸铀酰)	1.11
UO_3(橙色氧化物)	2.04
U_3O_8(黑色氧化物)	2.03
UO_2F_2(氟化铀酰)	1.76
$Na_2U_2O_7$(苏打盐或重铀酸钠)	1.67

a. 引自陈丽姝,1987;其余资料引自 Los Alamos,2000。

4.3 轫致辐射

β 粒子被自身源物质及周围其他物质阻止时分别产生的内、外轫致辐射有时是不可忽略的。在估算外照射剂量时,必须考虑外轫致辐射。

(1) (吸收体)“外”轫致辐射的平均能量(NCRP,1985):

$$E_{平均}=1.4\times10^{-7}ZE_{\beta}^{2}\quad \text{keV(每个 β 粒子)}$$

式中：Z 为吸收体的原子序数；E_β 为 β 粒子的最大能量(keV)。

例：对 ^{32}P，韧致辐射的平均能量为 $0.4\times Z$ keV，在铅中约 33.2keV。

(2) “内”韧致辐射的平均能量(NCRP，1985)：

$$E_{平均} = 1.5\times10^{-3}E_\beta \log(0.004E_\beta - 2.2)\quad \text{keV(每个 β 粒子)}$$

式中：E_β 为 β 粒子的最大能量(keV)。

例：对 ^{32}P，该韧致辐射的平均能量大约为 1.7 keV。

(3) 总韧致辐射剂量率(McLintock，1994)：

$$\frac{6AE_\beta^2}{d^2}(Z+I)\mu_{en}\quad \mu Sv/h$$

式中：A 为 β 辐射体的 β 辐射活度(MBq)；E_β 为 β 粒子最大能量(MeV)；Z 为吸收体的有效原子序数；I 为考虑到内韧致辐射贡献的修正因子(表 4.2)；μ_{en} 为韧致辐射贡献的质能吸收系数(cm^2/g)；d 为距源的距离(cm)。

表 4.2 不同外吸收体的 Z 值和 I 值

吸收体	Z	I^a	$Z+I$
有机玻璃	5.9	5.4	11.3
水	6.6	5.4	12
硼硅酸玻璃	10	4	14
钢	26	4.5	30.5
黄铜	30	4	34
铅	82	4	86

a. 对于 β 粒子能量从 0.16MeV(^{35}S)到 1.7MeV(^{32}P)的近似值。

4.4 γ 剂量率

(1) 来自能量通量为 ψ[$MeV/(cm^2\cdot s)$]的光子的剂量当量率 $\dot{H}$(IAEA TRS 188，1979)：

$$\dot{H}(Sv/h)\approx 1.6\times10^{-8}\psi$$

当光子能量为 0.1~2.5MeV 时，误差约为±15%。

(2) 在被 γ 放射性物质均匀污染的无限大介质内对组织

的剂量率$\dot{H}$：

$$\dot{H}(\text{mGy/h})=\frac{0.573\bar{E}\cdot C}{\rho}$$

式中：$\bar{E}$为每次蜕变放出的平均γ能量（MeV）；C为活度浓度（kBq/cm³）；ρ为介质密度（g/cm³）。

4.5 γ源在空气中比释动能率

4.5.1 点源

γ点源的活度为A（Bq），比释动能率常数为Γ_k[Gy·m²/(Bq·s)]，离源R(m)处空气中的比释动能率$\dot{K}_a$（Gy/s）为

$$\dot{K}_\alpha=\frac{A\cdot\Gamma_k}{R^2}$$

例如，某^{60}Co γ点源的活度为3.7×10^{10}Bq，查得^{60}Co的$\Gamma_k=8.67\times10^{-17}$Gy·m²/(Bq·s)，在1m远处空气中产生的比释动能率可计算如下：

$$\dot{K}_\alpha=\frac{3.7\times10^{10}\times8.67\times10^{-17}}{1^2}=3.21\times10^{-6}(\text{Gy/s})$$

4.5.2 线源（图4.1）

线源总活度为A(Bq)，长度为L(m)。比释动能率常数为Γ_k[Gy·m²/(Bq·s)]。与线源垂直距离为r(m)的以下各点的比释动能率(Gy/s)为：

（1）Q_1，线源端点的垂直线上一点：

$$\dot{K}_1=\frac{A\cdot\Gamma_k}{L\cdot r}\text{tg}^{-1}\frac{L}{r}$$

（2）Q_2，线源中心的垂直线上一点：

$$\dot{K}_2=\frac{2A\cdot\Gamma_k}{L\cdot r}\text{tg}^{-1}\frac{L}{2r}$$

（3）Q_3，与线源的垂直距离为r，其在线源轴线上的投影与

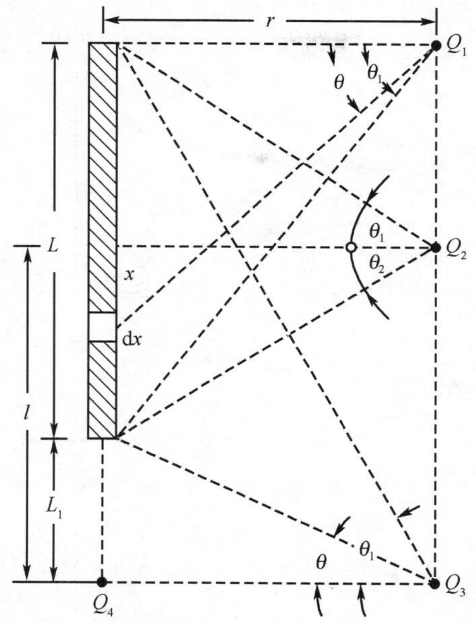

图 4.1　线源照射示意图

线源近端的距离为 L_1：

$$\dot{K}_3 = \frac{A \cdot \Gamma_k}{L \cdot r}\left[\mathrm{tg}^{-1}\left(\frac{L + L_1}{r}\right) - \mathrm{tg}^{-1}\frac{L_1}{r}\right]$$

（4）Q_4，线源轴线上一点（不考虑自吸收）：

$$\dot{K}_4 = \frac{A \cdot \Gamma_k}{l^2 - (L/2)^2}$$

4.5.3　圆盘面源（图 4.2）

设圆盘面源半径为 a，总活度为 A。

（1）Q_1，过圆盘源中心轴线上距源为 h 的一点：

$$\dot{K}_1 = \frac{A \cdot \Gamma_k}{a^2}\ln\left(\frac{h^2 + a^2}{h^2}\right)$$

（2）Q_2，离圆盘轴线距离为 a，轴线上投影与圆盘中心距离为 h 的一点：

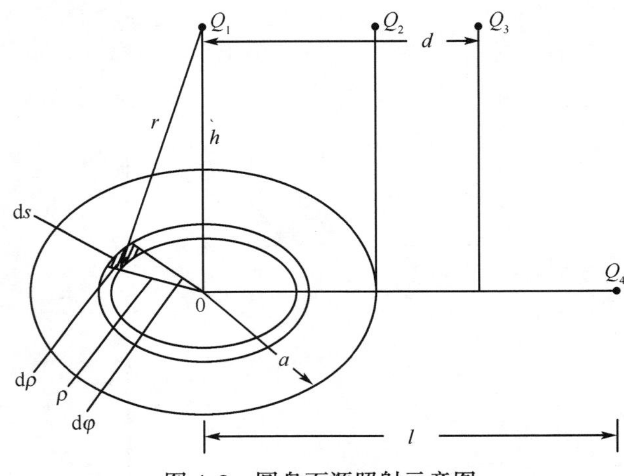

图 4.2　圆盘面源照射示意图

$$\dot{K}_2 = \frac{A \cdot \Gamma_k}{a^2}\ln\left(\frac{h + \sqrt{h^2 + 4a^2}}{2h}\right)$$

(3) Q_3,离圆盘轴线距离为 d,轴线上投影与圆盘中心距离为 h 的一点:

$$\dot{K}_3 = \frac{A \cdot \Gamma_k}{a^2}\ln\left\{\frac{1}{2h^2}\left[(h^2 + a^2 - d^2) + \sqrt{a^4 + 2a^2(h^2 - d^2) + (h^2 + d^2)^2}\right]\right\}$$

(4) Q_4,过圆盘平面,与中心距离为 l 的一点:

$$\dot{K}_4 = \frac{A \cdot \Gamma_k}{a^2}\ln\left(\frac{l^2}{l^2 - a^2}\right)$$

4.5.4　球面源(图 4.3)

设空心球半径为 a,总活度为 A。

球心点:

$$\dot{K} = \frac{A \cdot \Gamma_k}{a^2}$$

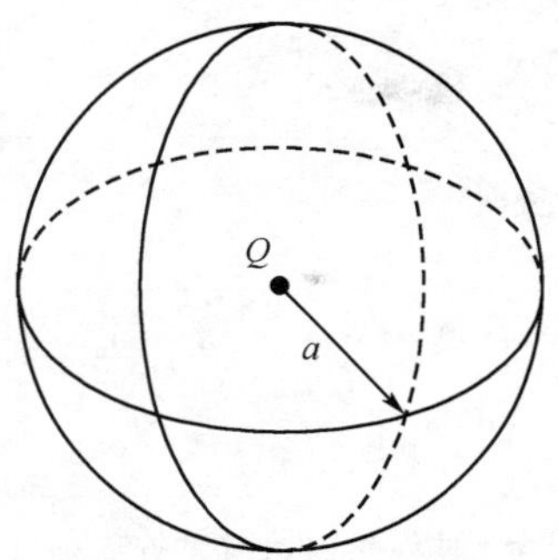

图 4.3　球面源示意图

4.5.5　圆柱状面源(图 4.4)

空心圆柱(不包括上下底)半径为 a,高度为 h,总活度为 A。

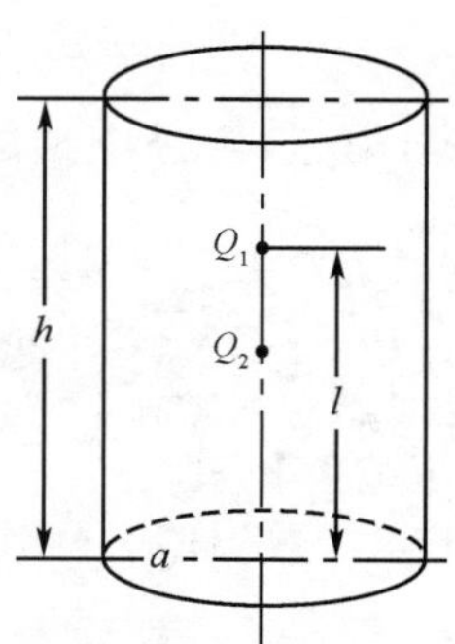

图 4.4　圆柱状面源示意图

(1) Q_1,圆柱轴线上距底部 l 处:

$$\dot{K}_1 = \frac{A \cdot \Gamma_k}{ah}\left(\mathrm{tg}^{-1}\frac{l}{a} + \mathrm{tg}^{-1}\frac{h-l}{a}\right)$$

(2) Q_2,圆柱轴线中央点:

$$\dot{K}_2 = \frac{2A \cdot \Gamma_k}{ah}\mathrm{tg}^{-1}\frac{h}{2a}$$

4.6 放射性衰变公式

4.6.1 衰变法则

$$-\frac{\mathrm{d}N}{\mathrm{d}t} = \lambda N = A \quad N = N_0 \mathrm{e}^{-\lambda t} \quad A = A_0 \mathrm{e}^{-\lambda t} = A_0 \left(\frac{1}{2}\right)^{t/T}$$

$$T = \frac{\ln 2}{\lambda} = \frac{0.693}{\lambda}, \text{平均寿命}: \tau = \frac{1}{\lambda} = \frac{T}{\ln 2} = 1.443T$$

式中：N、N_0 分别为 t 时刻和初始时刻的放射性核素的原子数；A、A_0 分别为 t 时刻和初始时刻放射性核素的活度；λ 为放射性核素的衰变常数；T 为放射性核素的半衰期；τ 为放射性核素的平均寿命；t 为所经过的时间。

（1）任何放射性核素的活度在 7 个半衰期后将降低到原活度的 1% 以下，10 个半衰期以后降低到 0.1% 以下。

（2）对于半衰期大于 6d 的放射性核素，在 24h 内的活度变化小于 10%。

4.6.2 比活度或 1Bq 放射性核素的质量

放射性核素的比活度：

$$S = 1.16 \times 10^{20} M^{-1} T^{-1} (\mathrm{Bq/g})$$

式中：S 为无载体放射性核素的比活度（Bq/g）；M 为核素的摩尔质量（g/mol）；T 为核素的半衰期（h）。

反过来，可以利用以下公式计算 1Bq 放射性物质所对应的质量：

$$m = 8.62 \times 10^{-21} MT (\mathrm{g})$$

式中：m 为 1Bq 核素的质量（g）。

4.6.3 分支衰变

$$A \xrightarrow{\lambda_1} B, \quad A \xrightarrow{\lambda_2} C$$

$$\lambda = \lambda_1 + \lambda_2 \quad \frac{1}{T} = \frac{1}{T_1} + \frac{1}{T_2}$$

式中:λ 为总衰变常数;λ_1、λ_2 分别为衰变向 B 和衰变向 C 的衰变常数;T 为总半衰期;T_1、T_2 分别为衰变向 B 和衰变向 C 的半衰期。

4.6.4 衰变系列

$$A \xrightarrow{\lambda_1} B \xrightarrow{\lambda_2} C$$

$$-\frac{dN_1}{dt} = \lambda_1 N_1 \quad \frac{dN_2}{dt} = \lambda_1 N_1 - \lambda_2 N_2$$

$$N_1 = N_{10} e^{-\lambda_1 t}$$

$$N_2 = \frac{\lambda_1}{\lambda_2 - \lambda_1} N_{10}(e^{-\lambda_1 t} - e^{-\lambda_2 t}) + N_{20} e^{-\lambda_2 t}$$

$$A_1 = A_{10} e^{-\lambda_1 t}$$

$$A_2 = \frac{\lambda_2}{\lambda_2 - \lambda_1} A_{10}(e^{-\lambda_1 t} - e^{-\lambda_2 t}) + A_{20} e^{-\lambda_2 t}$$

式中:N_1、N_2 分别为 t 时刻放射性核素 A 和 B 的原子数;N_{10}、N_{20}分别为初始时刻时放射性核素 A 和 B 的原子数;A_1、A_2 分别为 t 时刻放射性核 A 和 B 的活度;A_{10}、A_{20}分别为初始时刻放射性核素 A 和 B 的活度;λ_1、λ_2 分别为放射性核素 A 和 B 的衰变常数。

(1) 暂时平衡:

$$\lambda_2 > \lambda_1,\text{即 } T_1 > T_2$$

当母体和子体核素都是放射性核素,母体核素的半衰期不是太长,但仍然大于子体核素的半衰期时,母体核随时间的减少不能忽略,此时母、子体核素之间将达到暂时平衡,且母、子体的活度之比为常数,母、子体的总活度随时间的变化规律只与母体的半衰期有关。

$$N_2 = \frac{\lambda_1}{\lambda_2 - \lambda_1} N_{10} e^{-\lambda_1 t} = \frac{\lambda_1}{\lambda_2 - \lambda_1} N_1$$

$$A_2 = \frac{\lambda_2}{\lambda_2 - \lambda_1} A_{10} e^{-\lambda_1 t} = \frac{\lambda_1}{\lambda_2 - \lambda_1} A_1$$

(2) 长期平衡:

$$\lambda_2 \gg \lambda_1 \approx 0,\text{即 } T_1 \gg T_2$$

当母体和子体核素都是放射性核素,而母体核素的半衰期很长且比子体核素的半衰期长很多时,母、子体之间所建立的放射性平衡称为长期平衡。此时,子体核的放射性活度与母体核的放射性活度相等,并随母体核的半衰期衰变。

$$\lambda_1 N_1 = \lambda_2 N_2 \quad A_1 = A_2 \quad \frac{N_1}{T_1} = \frac{N_2}{T_2}$$

当系列满足长期平衡时:

$$\lambda_1 N_1 = \lambda_2 N_2 = \cdots = \lambda_n N_n$$

$$\frac{N_1}{T_1} = \frac{N_2}{T_2} = \cdots = \frac{N_n}{T_n}$$

式中:$N_1, N_2, N_3, \cdots, N_n$ 为放射性平衡中各放射性核素的原子数;$\lambda_1, \lambda_2, \lambda_3, \cdots, \lambda_n$ 为放射性平衡中各放射性核素的衰变常数;$T_1, T_2, T_3, \cdots, T_n$ 为放射性平衡中各放射性核素的半衰期。

4.7 观测数据的平均值及误差(《数学手册》编写组,1979)

(1) 观测数据常用平均值的计算方法:设 $x_1, x_2, \cdots, x_n$ 是某观测对象的一组观测数据。表 4.3 给出了常用的几种平均值的计算方法。

表 4.3 常用平均值的计算方法

名称	定义与符号	用途与说明
算术平均值	$\bar{x} = \frac{1}{n}(x_1 + x_2 + \cdots + x_n) = \frac{1}{n}\sum_{i=1}^{n} x_i$	它在最小二乘法意义下是所求真值的最佳近似,是最常用的一种平均值
几何平均值	$\bar{x}_g = \sqrt[n]{x_1 x_2 \cdots x_n}$ 或 $\lg \bar{x}_g = \frac{1}{n}\sum_{i=1}^{n} \lg x_i$	当对一组观测值(x_i)取常用对数($\lg x_i$)所得图形的分布曲线更为对称[同(x_i)比较]时,常用此法

续表

名称	定义与符号	用途与说明
加权平均值	$\bar{x}_\omega=\dfrac{\omega_1x_1+\omega_2x_2+\cdots+\omega_nx_n}{\omega_1+\omega_2+\cdots+\omega_n}$ 式中 ω_i 是第 i 个观测值 x_i 的对应权	计算用不同方法或不同条件观测同一物理量的均值时，常对不同可靠程度的数据给予不同的“权”
中位数	依大小顺序排列后处在中间位置的观测值，当 n 为偶数时，取为中间两数的算术平均	它是一种顺序统计量，能反映匀称观测值的取值中心

(2) 算术平均值与离差：观测对象的真值 x 可以用 n 次观测值 $x_1,x_2,\cdots,x_n$ 的算术平均值近似代替，并可用离差

$$v_i=x_i-\bar{x}$$

代替误差 $\alpha_i=x_i-x$，离差与误差有如下关系：

$$v_i=\alpha_i-\frac{1}{n}\sum_{i=1}^{n}\alpha_i$$

$$\sum_{i=1}^{n}v_i^2=\frac{n-1}{n}\sum_{i=1}^{n}a_i^2\quad（当\ n\ 相当大）$$

(3) 平均值的精密度指标(表 4.4)；σ 的值越小，表明观测值的平均值 $\bar{x}$(或 $\bar{x}_w$)与真值 x 的偏差越小，精密度越高，即平均值可信赖的程度越高。

表 4.4 平均值的精密度指标

	相同精密度的观测	不同精密度的观测
观测值	$x_i(i=1,2,\cdots,n)$	$x_i(i=1,2,\cdots,n)$
权	1	$\omega_i(i=1,2,\cdots,n)$
平均值	算术平均值 $\bar{x}=\dfrac{1}{n}\sum_{i=1}^{n}x_i$	加权平均值 $\bar{x}_\omega=\sum_{i=1}^{n}\omega_ix_i/\sum_{i=1}^{n}\omega_i$
标准差	$\sigma=\sqrt{\dfrac{\sum_{i=1}^{n}(x_i-\bar{x})^2}{n-1}}$ (单次测量的标准差)	

续表

	相同精密度的观测	不同精密度的观测
真值 x 对算术平均值$\bar{x}$的误差	$\delta = \lvert \bar{x} - x \rvert = \dfrac{\sigma}{\sqrt{n}} = \sqrt{\dfrac{\sum_{i=1}^{n}(x_i - \bar{x})^2}{n(n-1)}}$	$\sigma = \sqrt{\dfrac{\sum_{i=1}^{n}\omega_i(x_i - \bar{x}_\omega)^2}{(n-1)\sum_{i=1}^{n}\omega_i}}$ (加权平均值的标准差)

(4) 误差的表示法：设 $x_1, x_2, \cdots, x_n$ 是某观测对象的一组观测数据，其算术平均值为

$$\bar{x} = \frac{1}{n}\sum_{i=1}^{n} x_i$$

误差 $\alpha_i = x_i - x (i = 1, 2, \cdots, n)$，离差 $v_i = x_i - \bar{x} (i = 1, 2, \cdots, n)$，真值对平均值的误差 $\delta = \lvert \bar{x} - x \rvert$。

标准误为 σ，即

$$\sigma = \sqrt{\frac{\sum_{i=1}^{n}(x_i - \bar{x})^2}{n-1}}$$

4.8 泊松分布及其标准差

泊松分布是离散型分布，当出现概率 $p \to 0$，试验次数 $n \to \infty$，且 $np \to \mu$ 为一个有限值时，它是二项式分布的近似结果。对变量 x 进行测量，测量值取 $x (x = 0, 1, 2, \cdots)$ 时的概率为

$$p(x) = \mu^x e^{-\mu} / x!$$

$$p(x+1) = p(x)\mu / (x+1)$$

它的总体均值 $E(x)$ 和方差 σ^2 均为 μ，故标准差

$$\sigma = \sqrt{\mu}$$

应用中总是要用实测的平均值 N(平均计数)作为 μ 的估计值，所以有

$$\text{均值} \pm \text{标准差}: \bar{x} \pm \sigma = N \pm \sqrt{N}$$

$$\text{相对标准差}: \sigma / \bar{x} = 1 / \sqrt{N}$$

4.9 判断限和探测限(RS-G-1.2,2000)

(1) 最小有效放射性活度(MSA):常常称为判断限或临界水平(L_C),相当于显著超过特定测量方法本底响应的最小信号。

(2) 最小可探测放射性活度(MDA):常常称为探测限(L_D),当净信号大于判断限时,为了确保以某种选定的置信度β测得其净信号所需的放射性活度水平。如果$\beta=\alpha$,并按通常惯例α和β都取为0.05,那么,如下所示,数学处理是简单的。

(3) MSA和MDA的评定:仅考虑那些同计数统计相关的变化。如果n_b是本底计数率,t_s和t_b分别是样品和本底相关测量的计数时间,F是校准因子(样品中每单位放射性活度的计数率),而且假定95%的置信区间仍适用(即$\alpha=\beta=0.05$),那么

$$\mathrm{MSA}=\frac{1.65}{F}\sqrt{\frac{n_b}{t_s}\left(1+\frac{t_s}{t_b}\right)}$$

如果以相等的计数时间测量样品和本底,即$t_s=t_b$,公式可简化为

$$\mathrm{MSA}=\frac{2.33\sigma_b}{F}$$

式中σ_b是本底计数率的标准偏差,由下式给出:

$$\sigma_b=\sqrt{\frac{n_b}{t_b}}$$

测量的MDA值由下式给出:

$$\mathrm{MDA}=\frac{3}{Ft_s}+2\mathrm{MSA}$$

(夏益华 徐勇军 编写,刘新华 审阅)

参考文献

陈丽姝. 1987. β剂量刻度用的天然铀块外照射剂量分布. 原子能科学技术,21(3),1987:297~301

国际原子能机构 . 2000. 摄入放射性核素引起的职业照射评估 . 国际原子能机构安全标准丛书 · 安全导则,No. RS-G-1. 2

《数学手册》编写组 . 1979. 数学手册 . 北京:高等教育出版社

Bernard Shleien, Lester A Slaback, Jr. Brian Kent Birky. 1998. Handbook of Health Physics and Radiological Health. 3rd ed. Maryland: Williams & Wilkins

IAEA. 1979. Radiological safety aspects of the operation of electron linear accelerators . International Atomic Energy Agency (IAEA) Technical Series No. 188. Vienna

Los Alamos, James T (Tom) Voss. 2000. Radiation Monitoring Notebook, LA-UR-00-2584

McLintock IS. 1994. Bremsstrahlung from Radionuclides (Practicle Guidance for Radiation Protection) . HHSC Handbook No. 15. H and H Scientific Consultants Ltd.

NCRP. 1985. Handbook of Radioactivity Measurements Procedures. National Council on Radiation Protection and Measurements Report 58

5

天然环境辐射水平及人为活动引起的天然照射增加

5.1 天然环境辐射水平

本节主要包括天然辐射源照射的世界平均值,我国居民所受天然辐射年有效剂量,我国各省、市、自治区原野、道路、室内的γ辐射剂量率和陆地γ辐射所致人均年有效剂量,以及我国土壤(干样)、水体和食品中天然放射性核素含量等内容(表5.1~表5.6)。

表5.1 天然辐射照射的世界平均值 (单位:mSv)

照射源	年有效剂量	
	平均	典型范围
宇宙辐射		
直接电离及光子成分	0.28	
中子成分	0.10	
宇生放射性核素	0.01[e]	
宇宙与宇生总计	0.39	0.3~1.0[a]
陆地辐射外照射		
室外	0.07	
室内	0.41	
陆地辐射外照射总计	0.48	0.3~0.6[b]
吸入照射		
铀、钍系	0.006	
氡(^{222}Rn)	1.15	
钍(^{220}Rn)	0.10	
吸入照射总计	1.26	0.2~10[c]

续表

照射源	年有效剂量	
	平均	典型范围
食入照射		
^{40}K	0.17	
铀、钍系	0.12	
食入照射总计	0.29	0.2~0.8[d]
总计	2.4	1~10

a. 从海平面到高海拔地区的整个范围。

b. 与土壤和建材中的放射性核素的组成有关。

c. 在室内氡气及其子体情况有关。

d. 与食品与饮水中放射性核素的组成有关。

e. 宇生放射性核素主要包括^{3}H、^{7}Be、^{14}C、^{22}Na，它们所致的年有效剂量分别为0.01 μSv、0.03μSv、12μSv、0.15μSv。

资料来源：电离辐射源与效应，2002。

表 5.2 我国居民所受天然辐射年有效剂量（单位：μSv）

射线源			我国		世界
			现在	20世纪90年代初	
外照射	宇宙射线				
		电离成分	260	260	280
		中子	100	57	100
	陆地γ辐射		540	540	480
内照射	氡及其短寿命子体		1560	916	1150
	钍射气及其短寿命子体		185	185	100
	^{40}K		170	170	170
	其他核素		315	170	120
总计			~3100	~2300	2400

资料来源：潘自强等. 2010。

表 5.3　我国各省、市、自治区原野、道路、室内 γ 辐射剂量率和陆地 γ 辐射所致人均年有效剂量

省、市、自治区	网格点数(个)	原野 γ 剂量率 $\dot{D}_{原}$(nGy/h)			道路 γ 剂量率 $\dot{D}_{原}$(nGy/h)		室内 γ 剂量率 $\dot{D}_{原}$(nGy/h)		人均年有效剂量 H_e(γ,nSv)	
		范围	按面积加权均值	按人口加权均值	范围	按点平均均值	范围	按人口加权均值	范围	均值
北京	27	88. 9~292	56. 4	50. 1	14. 7~105. 0	49. 3	42. 3~151. 6	77. 1	0. 37~0. 54	0. 43
天津	18	36. 0~99. 7	57. 5	59. 5	20. 8~104. 0	49. 2	48. 0~140. 0	92. 7	0. 26~0. 79	0. 49
河北	285	28. 0~198. 7	55. 1	53. 1	6. 1~174. 0	51. 1	23. 3~265. 1	91. 7	0. 15~1. 51	0. 50
山西	262	31. 1~85. 7	54. 1	54. 3	25. 7~86. 2	48. 4	41. 3~125. 2	82. 4	0. 24~0. 67	0. 46
内蒙古	1018	9. 6~186. 2	53. 2	57. 2	10. 7~185. 3	59. 2	38. 2~189. 4	94. 9	0. 45~0. 69	0. 52
辽宁	232	19. 8~178. 3	61. 7	57. 4	10. 7~260. 8	56. 4	48. 4~253. 8	92. 5	0. 26~1. 35	0. 51
吉林	300	18. 9~128. 6	54. 5	58. 1	17. 6~119. 9	57. 6	30. 8~208. 6	94. 4	—	0. 52
黑龙江	221	21. 6~196. 9	53. 5	58. 5	21. 8~127. 4	58. 4	26. 2~134. 4	85. 2	0. 16~0. 93	0. 48
上海	10	34. 2~79. 5	54. 7	54. 9	26. 5~110. 1	59. 9	53. 4~151. 7	96. 9	0. 32~0. 80	0. 53
江苏	182	33. 1~72. 6	50. 3	50. 6	18. 1~102. 3	47. 1	50. 7~129. 4	89. 7	0. 30~0. 67	0. 48

续表

省、市、自治区	网格点数(个)	原野γ剂量率$\dot{D}_{原}$(nGy/h)			道路γ剂量率$\dot{D}_{原}$(nGy/h)		室内γ剂量率$\dot{D}_{原}$(nGy/h)		人均年有效剂量H_e(γ,nSv)	
		范围	按面积加权均值	按人口加权均值	范围	按点平均均值	范围	按人口加权均值	范围	均值
浙江	177	18.6~149.8	74.0	68.1	15.1~185.3	88.8	49.1~237.8	120.9	0.28~1.14	0.65
安徽	216	27.5~132.9	56.2	55.5	18.1~152.1	53.8	46.4~290.0	93.6	0.27~1.35	0.51
福建	173	25.9~334.3	92.3	87.1	39.4~399.1	106.4	70.9~351.7	156.5	0.39~1.92	0.84
江西	267	13.7~340.8	72.4	69.1	12.6~369.4	73.6	33.4~365.8	103.9	—	0.58
山东	246	16.9~162.6	56.5	56.6	10.3~204.1	51.7	29.6~238.9	93.4	0.18~1.37	0.51
河南	259	17.5~141.7	61.3	58.4	15.5~129.8	56.0	42.2~167.4	95.3	0.23~0.96	0.52
湖北	290	10.9~140.3	60.8	58.5	16.4~122.3	55.3	22.3~172.6	94.5	0.20~0.88	0.52
湖南	309	21.0~271.2	70.7	69.0	14.8~333.6	70.5	32.3~418.5	105.6	0.20~2.31	0.58
广东	336	17.7~193.1	84.8	85.5	26.9~178.8	91.0	35.3~338.3	136.8	—	0.77
广西	360	10.7~238.7	63.4	65.3	7.1~267.0	54.9	11.0~304.3	97.6	—	0.54
四川	516	2.4~214.0	62.8	62.5	3.0~215.0	63.0	32.0~204.1	91.6	0.15~1.27	0.51

续表

省、市、自治区	网格点数(个)	原野 γ 剂量率 $\dot{D}_{原}$(nGy/h)			道路 γ 剂量率 $\dot{D}_{原}$(nGy/h)		室内 γ 剂量率 $\dot{D}_{原}$(nGy/h)		人均年有效剂量 H_e(γ,nSv)	
		范围	按面积加权均值	按人口加权均值	范围	按点平均均值	范围	按人口加权均值	范围	均值
贵州	253	13.1～142.3	63.5	64.9	11.3～131.0	48.8	11.3～192.9	85.1	—	0.49
云南	630	9.9～167.1	66.0	64.8	10.0～156.1	63.2	16.8～192.7	91.4	—	0.51
西藏	189	24.4～166.0	78.0	84.2	21.8～173.3	83.3	49.4～296.2	118.7	—	0.67
陕西	359	25.0～150.0	62.0	63.0	20.0～160.0	63.0	56.0～169.0	100.0	0.29～1.00	0.55
甘肃	647	16.9～128.4	62.9	64.5	20.1～129.7	60.8	33.5～166.6	101.6	0.19～1.06	0.56
青海	188	24.7～128.0	59.8	68.2	29.2～114.5	62.5	50.6～164.1	94.5	0.26～0.93	0.53
宁夏	95	38.8～87.6	61.0	60.8	34.7～104.1	54.5	62.3～137.8	100.4	0.35～0.75	0.55
新疆	740	11.7～326.4	59.4	57.6	10.2～230.9	56.3	43.3～320.8	98.6	0.27～1.67	0.53
全国	8805	2.4～340.8	62.8	62.1	3.0～399.1	61.8	11.0～418.5	99.1	0.15～2.31	0.55

注：加权均值为由分层抽样所得均值标准差的 $\sqrt{n}$ 倍，n 为省、市或全国的网格点数，全国平均每个网格点代表 11.4 万人口，代表 1090 km^2 面积。本表不包括香港、澳门、台湾、海南和重庆的数据。

资料来源：何振芸，罗国桢，黄家矩. 1992。

表 5.4　我国各省市、自治区土壤(干样)中放射性核素含量

省、市、自治区	面积 (10^4km^2)	网格点点数	^{238}U(Bq/kg)		^{226}Ra(Bq/kg)		^{232}Th(Bq/kg)		^{40}K(Bq/kg)	
			范围	按面积加权均值	范围	按面积加权均值	范围	按面积加权均值	范围	按面积加权均值
北京	1.68	30	8.2~34.5	19.4	10.0~40.0	21.4	17.0~63.0	34.1	315.0~895.0	662.3
天津	1.13	20	16.6~49.2	31.2	11.2~79.6	33.4	21.2~61.1	40.2	462.9~1002.1	690.3
河北	18.77	285	13.2~69.9	30.2	10.5~58.9	26.9	14.3~247.4	40.7	406.6~1202.2	612.4
山西	15.63	262	18.6~58.4	36.6	21.0~50.4	34.2	16.8~84.7	52.2	415.1~862.0	595.2
内蒙古	118.30	512	4.5~87.3	29.8	7.0~88.3	27.5	8.3~97.9	33.4	83.9~1526.0	655.6
辽宁	14.57	218	10.6~67.3	29.3	8.8~81.7	32.6	13.3~104.8	41.7	335.0~1088.0	685.5
吉林	18.74	300	6.3~96.0	25.2	5.6~100.3	35.6	16.8~140.0	47.9	299.8~1233.3	699.9
黑龙江	45.39	341	1.8~94.7	26.2	4.4~87.2	22.0	3.8~258.9	42.3	92.6~1096.1	546.0
上海	0.62	10	24.2~50.7	37.5	24.7~46.2	35.2	37.3~66.1	52.3	526.6~831.5	640.2
江苏	10.26	182	14.1~62.1	35.7	13.1~89.6	35.8	17.9~67.9	49.6	302.6~876.2	568.0
浙江	10.18	172	20.2~123.0	47.2	17.4~150.2	44.7	29.8~147.6	62.6	199.0~1368.0	689.0

续表

省、市、自治区	面积 ($10^4 km^2$)	网格点点数	^{238}U(Bq/kg)		^{226}Ra(Bq/kg)		^{232}Th(Bq/kg)		^{40}K(Bq/kg)	
			范围	按面积加权均值	范围	按面积加权均值	范围	按面积加权均值	范围	按面积加权均值
安徽	13. 90	216	8. 6~127. 1	41. 8	6. 1~99. 1	41. 2	10. 1~118. 1	53. 0	175. 7~1841. 2	548. 7
福建	12. 14	143	13. 9~136. 0	55. 2	18. 0~201. 0	62. 0	19. 5~260. 0	96. 3	24. 0~1627. 0	609. 0
江西	16. 70	270	17. 0~354. 4	55. 9	13. 0~425. 8	52. 9	10. 2~199. 5	67. 5	45. 4~1879. 0	617. 3
山东	15. 38	260	15. 7~90. 1	33. 5	9. 8~50. 0	30. 3	20. 8~202. 0	45. 2	391. 7~1870. 0	674. 5
河南	16. 70	258	10. 0~63. 4	33. 9	9. 8~45. 4	28. 2	16. 0~147. 7	50. 4	214. 9~1158. 4	572. 2
湖北	18. 59	286	7. 6~145. 6	40. 1	11. 3~133. 6	36. 7	16. 8~99. 7	51. 0	143. 1~1004. 2	555. 4
湖南	21. 18	309	14. 7~431. 5	47. 8	20. 3~296. 8	59. 4	9. 7~437. 8	54. 2	161. 6~1251. 8	446. 0
广东	21. 20	144	12. 4~186. 8	71. 2	2. 4~134. 6	50. 8	1. 0~152. 7	57. 2	35. 8~1131. 5	414. 5
广西	23. 60	360	9. 1~206. 2	53. 0	13. 9~301. 6	53. 1	15. 5~270. 2	69. 1	11. 5~2185. 2	332. 2
四川	56. 70	357	7. 7~146. 7	34. 8	8. 7~142. 3	36. 2	11. 0~199. 9	52. 1	105. 0~1234. 8	578. 2
贵州	17. 61	244	3. 2~123. 1	44. 1	3. 7~226. 1	67. 3	8. 3~88. 0	40. 9	23. 7~802. 6	355. 9

续表

省、市、自治区	面积（$10^4 km^2$）	网格点点数	^{238}U（Bq/kg）		^{226}Ra（Bq/kg）		^{232}Th（Bq/kg）		^{40}K（Bq/kg）	
			范围	按面积加权均值	范围	按面积加权均值	范围	按面积加权均值	范围	按面积加权均值
云南	39.41	425	6.8～306.5	47.1	7.9～421.8	48.3	8.2～206.0	65.2	66.3～1442.0	532.0
西藏	120.00	203	26.0～520.0	46.8	17.0～170.0	43.0	20.0～248.0	69.0	289.0～1009.0	626.8
陕西	20.56	359	6.0～163.7	34.8	5.0～187.7	35.4	1.8～99.3	47.3	285.0～1040.6	606.1
甘肃	45.40	600	17.8～200.0	53.5	14.4～65.3	29.9	16.4～105.5	42.4	115.5～807.3	526.3
青海	72.37	185	11.9～135.9	44.2	11.7～103.6	34.7	14.4～107.8	44.2	204.5～900.5	525.8
宁夏	6.64	95	10.2～49.9	30.9	6.4～72.3	30.4	27.8～61.2	41.8	478.6～931.6	699.9
新疆	166.04	731	5.2～153.7	33.8	10.9～203.4	31.4	10.4～190.4	39.0	190.5～1792.4	597.6
全国	959.39	7777	1.8～520.0	39.5	2.4～425.8	36.5	1.0～437.8	49.1	11.5～2185.2	580.0

注：加权均值为由分层抽样所得均值标准差的 $\sqrt{n}$ 倍，n 为各省、市、自治区或全国的网格点数。本表不包括香港、澳门、台湾、海南和重庆的数据。

资料来源：全国环境天然放射性水平调查总结报告编写小组(1). 1992。

表 5.5　我国水体中天然放射性核素浓度

类型	数目	U(μg/L)		Th(μg/L)		^{226}Ra(mBq/L)		^{40}K(mBq/L)	
		范围	均值	范围	均值	范围	均值	范围	均值
淡水湖	101	0.04~19.2	2.10[a]	0.02~0.93	0.24	<0.5~22.7	5.51	4.8~2.64×10^3	102
咸水湖	270	1.07~3.87×10^2	22.36[a]	0.04~8.60	0.64	1.30~43.2	11.27	54.8~22.4×10^4	2108
水库	279	0.03~19.5	0.73[a]	<0.01~2.04	0.09	<0.5~65.6	4.69	3.2~1205	50
江河	9.531×10^6km^2（积水面积）	0.02~42.35	2.56	<0.01~9.07	0.33	<0.5~99.54	6.24	8~7149	133.5
温泉	130	0.02~18.6	0.87	0.02~4.85	0.25	<0.5~5940	204.22	5.1~8125	566.5
冷水泉	159	0.04~14.88	1.17	0.01~1.50	0.20	<0.5~290	10.65	2.9~1830	107.6
农村	浅井　713	<0.01~101.06	3.82	<0.01~6.29	0.15	<0.5~178	7.16	3.3~5867	191.9
井水	深井　76	0.02~358.87	2.95	<0.01~1.32	0.16	0.83~34.6	5.81	1~923.4	65.5
海水	55	0.07~5.20	2.21	<0.01~5.92	0.53	1.60~46.0	11.7	2500~21 600	10 320
自来水	中国 36 个城市	0.05~8.41	1.59	<0.01~0.95	0.21	0.62~77.4	7.2	23.0~233.0	68.9

a. 按水体容量加权平均。

资料来源：全国环境天然放射性水平调查总结报告编写小组(2)，1992。

表 5.6　我国食品中放射性核素含量　（单位：mBq/kg）

食品种类		^{226}Ra		^{210}Pb		^{210}Po		^{228}Ra	
		范围	均值	范围	均值	范围	均值	范围	均值
谷类	中国	11.6~20.7	17.2	ND~130.3	37.6	ND~86.3	33.7	ND~146	42.4
	世界典型值		80		50		60		60
肉类	中国	26.5~66.2	41	11.4~348	138	50.7~218	124	ND~263	123
	世界典型值		15		80		60		10
蔬菜	中国	39.2~122	74.9	6.2~71.3	360	68~841	426	ND~466	219
	世界典型值		50		80		100		40
水果	中国	5.6~63.8	26.7	4.1~82.9	32.7	ND~87	32.7	10.3~166	63
	世界典型值		30		30		40		20
鱼类	中国	ND~94.4	38.9	620~5350	3520	3320~7120	4920	61~721	322
	世界典型值		100		200		2000		100

注：ND 表示低于探测限。

资料来源：潘自强等. 2010。

5.2 人为活动引起的天然照射增加

5.2.1 人为活动引起天然照射增加所涉及的范围

人为活动引起天然照射涉及的范围很广。在我国,主要包括采煤和燃煤电厂、金属开采和熔炼、稀土提取工业、磷酸盐工业、锆和氧化锆工业、建筑材料生产及加工、石油和天然气工业、水处理(温泉)工业、航空飞行、钍萃取和应用工业、铌提取工业、二氧化钛工业等(表5.7~表5.9)。

表5.7 含天然放射性总铀不同活度浓度废物产生量

(单位:t)

矿产资源名称	总铀不同活度浓度(C)范围(Bq/kg)		
	$100 \leqslant C \leqslant 500$	$500 < C < 1000$	$C \geqslant 1000$
稀土	1.73×10^4	0	2.50×10^3
铌/钽	5.0×10^1	0	4.66×10^3
锆石	5.73×10^3	25	2.96×10^4
锡	8.72×10^5	0	9.1×10^3
铅/锌	2.98×10^5	2.45×10^4	0
铜	2.15×10^6	4.90×10^3	7.86×10^2
铁	4.93×10^6	1.26×10^6	6.45×10^4
磷酸岩	4.02×10^5	3.17×10^4	0
煤	3.54×10^7	2.01×10^6	7.96×10^5
煤矸石	2.40×10^6	2.99×10^4	0.0
铝	1.04×10^6	1.52×10^6	1.30×10^6
矾	3.95×10^5	7.79×10^5	1.65×10^5
其他矿	4.87×10^6	2.14×10^5	8.34×10^5
合计	5.28×10^7	5.88×10^6	1.90×10^6

注:本表废物产生量是指矿石或主要原材料(如精矿)、主要废物(如尾矿、尾渣)表面1m处的γ剂量率超出"当地本底水平+50nGy/h",但不超出"当地本底水平+150nGy/h"的废物,表5.8和表5.9同。

资料来源:环境保护部.2012.第一次全国污染源普查技术报告。

表 5.8 含天然放射性钍-232 不同活度浓度固体废物产生量 (单位:t)

矿产资源名称	钍-232 不同活度浓度(*C*)范围(Bq/kg)		
	100≤*C*≤500	500 <*C*<1000	*C*≥1000
稀土	1.10×10^5	0	2.37×10^5
铌/钽	5.0×10^1	0	3.12×10^3
锆石	2.96×10^4	1.67×10^3	5.76×10^3
锡	1.08×10^5	4.57×10^3	4.53×10^3
铅/锌	6.12×10^4	0	0
铜	1.11×10^5	0	0
铁	2.67×10^7	3.22×10^4	1.67×10^7
磷酸岩	1.29×10^5	0	0
煤	2.75×10^7	1.30×10^5	0
煤矸石	1.60×10^6	0	0
铝	3.08×10^6	9.20×10^5	0
矾	1.26×10^5	6.60×10^4	0
其他矿	3.42×10^6	4.93×10^5	4
合计	6.30×10^7	1.65×10^6	1.69×10^7

资料来源:环境保护部 . 2012. 第一次全国污染源普查技术报告。

表 5.9 含天然放射性镭-226 不同活度浓度废物产生量 (单位:t)

矿产资源名称	镭-226 不同活度浓度(*C*)范围(Bq/kg)		
	100≤*C*≤500	500 <*C*<1000	*C*≥1000
稀土	1.41×10^5	1.69×10^3	1.32×10^3
铌/钽	2.65×10^4	1.33×10^3	3.34×10^3
锆石	3.20×10^5	9.24×10^3	2.48×10^4
锡	8.06×10^6	0	9.10×10^3
铅/锌	3.03×10^6	1.70×10^4	1.49×10^4
铜	1.86×10^6	0	7.86×10^2
铁	3.72×10^6	2.90×10^5	5.46×10^4
磷酸岩	6.76×10^6	0	3.17×10^4
煤	2.90×10^7	4.20×10^5	2.08×10^5
煤矸石	1.41×10^6	0	0
铝	3.08×10^6	9.20×10^5	0
矾	5.02×10^5	4.15×10^5	4.22×10^5
其他矿	3.92×10^6	2.23×10^5	8.36×10^5
合计	5.15×10^7	2.30×10^6	1.61×10^6

资料来源:环境保护部 . 2012. 第一次全国污染源普查技术报告。

5.2.2 人为活动引起天然照射增加的管理

5.2.2.1 工作场所剂量控制分级管理

对人为活动引起天然辐射照射(naturally occurring radioactive material,NORM)增加的管理是根据工作场所工人所受剂量进行分级管理,分级管理首先基于剂量限制,把 NORM 分为四级管理,见表 5.10 和表 5.11。

表 5.10 欧共体剂量分级管理

级别序号	管理方式	剂量控制 D(mSv/a)	说明
Ⅰ	豁免标准	工作场所: 职业人员 $D<1$ 公众 $D<0.3$	综合考虑社会、政治和经济以及生存所需资源限制等因素,同时考虑辐射防护的代价
Ⅱ	通知	工作场所通常 $0.3<D<1$	接近豁免应让对方知晓
Ⅲ	通知+登记	工作场所 $1\leqslant D\leqslant 6$	进行备案并通知产生 NORM 的单位。1mSv/a 为进行调查下限
Ⅳ	告知+许可证	工作场所 $D>6$	要求许可证,并由专门机构测量以便控制

资料来源:IAEA Technical Report Series No. 419,2003;IAEA safety standards guides No. RS-G-1.7。

表 5.11 加拿大对 NORM 剂量分级管理

级别序号	管理方式	工作场所剂量控制 D(mSv/a)	说明
Ⅰ	不用调查	$D<0.3$	认为 NORM 主要是关注金属萃取、浓缩、石油和天然气、金属回收、电解、水处理和地下场所
Ⅱ	NORM 调查	$0.3\leqslant D<1$	0.3mSv/a 是进行调查下限。高于 0.3 mSv/a 属于 NORM 管理,对公众剂量应加以限制
Ⅲ	剂量管理	$1\leqslant D<5$	1mSv/a 是剂量管理下限,进行剂量评价、通知和人员培训

续表

级别序号	管理方式	工作场所剂量控制 D(mSv/a)	说明
Ⅳ	辐射防护管理	5≤D<DWL	5mSv/a 是辐射防护管理下限。制定 NORM 管理程序，定期进行评价

注：DWL，derived working limit，导出工作限值。

资料来源：European Commission，2003。

5.2.2.2 住宅和工作场所氡的行动水平(表 5.12)

表 5.12 住宅和工作场所氡的行动水平

类别	使用状态	氡平衡当量氡浓度(Bq/m^3)	备注
住宅	已建	200	GB 18871-2002，平衡因子为 0.4
	待建	400	
工作场所	平均活度浓度	500～1000[a]	
地下建筑	已用	400	GB/Z 116-2002
	待建	200	
住房	已建	200	GB/T 16146-1995
	新建	100	
地热应用	住宅和车间内	200	GB/Z 124-2002
	浴疗室	400	

a. 假定平衡因子 0.4；达到 $500Bq/m^3$ 时宜考虑采取补救行动，达到 $1000Bq/m^3$ 时应采取补救行动。

ICRP 在 2009 年关于氡的声明中，将住宅中氡行动水平上限改为 $300Bq/m^3$，工作场所采取职业防护(现存照射)的氡浓度起点定为 $1000Bq/m^3$。

5.2.2.3 NORM 废物管理

人为活动产生的废物管理是以工作人员 1mSv/a 和对公众 0.3mSv/a 为基础[IAEA Technical Report Series No. 419，2003]，

并根据人为活动产生废渣的放射性活度浓度与土壤放射性活度浓度比较,如果低于土壤放射性活度浓度,则可以豁免,否则采取适宜的管理方式。IAEA 对 NORM 物质采用 RS-G-1.7 的豁免值,即对于^{238}U 和^{232}Th 系列采用 1Bq/g,对^{40}K 为 10 Bq/g,但 ICRP 对含天然^{40}K 的所有物质均予豁免。

5.2.2.4 建筑材料管理

5.2.2.4.1 成品建筑材料管理

我国标准 GB6566-2001 将建筑材料分为建筑主体材料和装饰材料两类。对于建筑材料主体材料中放射性核素^{226}Ra、^{232}Th、^{40}K 的内外照射指数控制式:

$$I_{\gamma}=\frac{C_{Ra}}{370}+\frac{C_{Th}}{260}+\frac{C_{K}}{4200}$$

$$I_{Ra}=\frac{C_{Ra}}{200}$$

式中,C_{Ra}、C_{Th}、C_{K} 分别为^{226}Ra、^{232}Th 和^{40}K 活度浓度(Bq/kg);I_{Ra}、I_{γ}分别为内外照射指数。

该标准中将建筑物分为民用建筑和工业建筑,其中民用建筑又分为Ⅰ和Ⅱ类建筑。Ⅰ类民用建筑主要指住宅、老年公寓、托儿所、医院和学校等;Ⅱ类民用建筑主要指商场、体育馆、书店、宾馆、文化娱乐场所、展览馆和公共交通的等候室。

对于建筑主体材料,如果同时满足 $I_{Ra}\leqslant 1.0$ 和 $I_{\gamma}\leqslant 1.0$,其使用和产销不受限制;对于空心率大于 25% 的建筑主体材料,同时满足 $I_{Ra}\leqslant 1.0$ 和 $I_{\gamma}\leqslant 1.3$ 时,其产销和使用不受限制。

对于装饰材料划分三类:

A 类装饰材料同时满足 $I_{Ra}\leqslant 1.0$ 和 $I_{\gamma}\leqslant 1.3$ 时,其使用和销售不受任何限制。

B 类装饰材料指不满足 A 类装饰材料但同时满足 $I_{Ra}\leqslant 1.3$ 和 $I_{\gamma}\leqslant 1.9$,B 类装饰材不可以用于Ⅰ类民用建筑的内饰面,但可以应用于Ⅰ类民用建筑的外装饰面和其他一切建筑的内、外装饰面。

对于不满足 A、B 类装饰材料但满足 $I_{\gamma}\leqslant 2.8$ 为 C 类装饰材料,C 类装饰材料只可用于建筑物的外装饰及室外其他用途;对于 $I_{\gamma}>2.8$ 的花岗岩只可用于碑石、海堤、桥墩等人类很少涉及的地方。

5.2.2.4.2 废渣用于建材控制

国家标准《用于建筑材料的工业废渣放射性核素限制》(报批稿)规定了废渣中的放射性核素限制。

定义当量浓度 $C_e = C_{Ra} + 1.3C_{Th}$,其中 C_{Ra}、C_{Th} 分别指工业废渣中天然放射性核素镭-226、钍-232 的活度浓度(Bq/kg)。

当工业废渣中 $C_e < 350$Bq/kg 且 $C_{Ra} < 200$Bq/kg 时,该类工业废渣用于制备建筑材料时使用不受限制。

当工业废渣中放射性核素活度浓度满足下列关系:

$$350\text{Bq/kg} \leqslant C_e < 1350\text{Bq/kg}$$

或者

$$200\text{Bq/kg} \leqslant C_{Ra} < 1000\text{Bq/kg}$$

该类工业废渣限制使用。但有以下两种情况例外:

(1) 用作建造很少有人停留的建(构)筑物时,如修建路基、桥梁、堤坝等,可以直接使用。

(2) 用作建造居留因子小的建(构)筑物时,如体育场、仓库等,不能单独用作建筑材料,应与其他材料混合,使之满足 GB6566 规定的相关要求。

当工业废渣中 $C_e \geqslant 1350$Bq/kg,或者 $C_{Ra} \geqslant 1000$Bq/kg 时,该类工业废渣禁止在建筑材料中使用。应按 GB18599 中第Ⅱ类一般工业固体废物标准存放。

对于有特殊应用价值的工业废渣的再利用,应经审管部门认可。

(刘福东　刘新华　编写,潘自强　审阅)

参考文献

电离辐射源与效应 . 2002. 联合国原子辐射效应科学委员会(UNSCEAR)2000 年向联合国大会提交的报告及科学附件 . 太原:山西科学技术出版社

国家环保总局 . 2001. GB6566-2001. 建筑材料放射性核素限量 . 北京:中国标准出版社

何振芸,罗国桢,黄家矩.1992. 全国环境天然放射性水平调查研究(1983~1990). 辐射防护,12(2)

环境保护部.2012. 第一次全国污染源普查技术报告. 北京:中国环境科学出版社

潘自强,刘森林.2010. 中国辐射水平. 北京:原子能出版社

全国环境天然放射性水平调查总结报告编写小组(1).1992. 全国土壤天然放射性核素含量调查研究(1983~1990). 辐射防护,12(2)

全国环境天然放射性水平调查总结报告编写小组(2).1992. 全国水体中天然放射性核素浓度调查研究(1983~1990). 辐射防护,12(2)

中华人民共和国国家质量监督检验检疫总局.2002. GB18871-2002. 电离辐射防护与辐射源安全的基本标准. 北京:中国标准出版社

中华人民共和国卫生部.1995. GBT16146-1995. 住房中氡浓度控制标准. 北京:中国标准出版社

中华人民共和国卫生部.2002. GBZ116-2002. 地下建筑氡及其子体控制标准. 北京:人民卫生出版社

中华人民共和国卫生部.2002. GBZ124-2002. 地热水应用中放射卫生防护标准. 北京:人民卫生出版社

European Commission. 2003. Effluent and dose control from European Union NORM industries: assessment of current situation and proposal for a harmonized community approach. Radiation Protection, 1(135)

IAEA Technical Report Series, No. 419. 2003. Extent of environmental contamination by naturally occurring radioactive material (NORM) and technological optional for mitigation

IAEA-TECDOC-1484. 2006. Regulatory and management approaches for the control of environmental residus containing naturally occurring radioactive material

6

人工辐射环境水平

6.1 核试验

本节汇编了有关以往大气层核试验,以及核试验所致人工环境辐射水平和剂量估计的一些基础数据。各国大气层核试验场址、爆炸次数及有关试验数据见表 6.1,全球大气核试验放射性核素释放量见表 6.2,全球核试验沉降物所致公众平均有效剂量见表 6.3,全球核试验北半球各纬度带^{90}Sr 累积沉降量与我国^{90}Sr 沉降量的比较见表 6.4,全球核试验我国^{90}Sr 和^{137}Cs 年沉降量的比较见表 6.5。

表 6.1 各国大气层核试验场址、爆炸次数及有关试验数据

场址	实验次数	产额 (Mt)		裂变产额在大气层中的分配(Mt)		
		裂变	聚变	实验场近区	对流层	同温层
法国						
阿尔及利亚	4	0.073	0	0.036	0.035	0.001
方加陶(法)	4	1.97	1.77	0.06	0.13	1.78
穆鲁罗瓦	37	4.13	2.25	0.13	0.41	3.59
合计	45	6.17	4.02	0.23	0.58	5.37
英国						
蒙地贝罗群岛[a]	3	0.1	0	0.05	0.049	0.0007
穆岛[a]	2	0.018	0	0.009	0.009	0
马拉林嘎[a]	7	0.062	0	0.023	0.038	0

续表

场址	实验次数	产额（Mt）		裂变产额在大气层中的分配(Mt)		
		裂变	聚变	实验场近区	对流层	同温层
莫尔登岛[b]	3	0.69	0.53	0	0.56	0.13
圣诞岛[b]	6	3.35	3.3	0	1.09	2.26
合计	21	4.22	3.83	0.08	1.75	2.39
美国						
新墨西哥	1	0.021	0	0.011	0.01	0
内华达	86	1.05	0	0.28	0.77	0.004
比基尼[b]	23	42.2	34.6	20.3	1.07	20.8
恩威达克[b]	42	15.5	16.1	7.63	2.02	5.85
太平洋	4	0.102	0	0.025	0.027	0.05
大西洋	3	0.0045	0	0	0	0.005
约翰斯顿岛[b]	12	10.5	10.3	0	0.71	9.76
圣诞岛[b]	24	12.1	11.2	0	3.62	8.45
合计	195	81.5	72.2	28.2	8.23	44.9
苏联						
塞米巴拉金斯克	116	3.74	2.85	0.097	1.23	2.41
新地岛	91	80.8	158.8	0.036	2.93	77.8
阿拉尔斯克	2	0.04	0	0.00015	0.037	0.003
长普斯金亚尔	10	0.68	0.3	0	0.078	0.61
合计	219	85.3	162	0.13	4.28	80.8
中国						
罗布泊	22	12.2	8.5	0.15	0.66	11.4
总计	502	189	251	29	15	145

a. 澳大利亚。

b. 太平洋。

注：表中美国22次、英国12次和法国5次安全试验，未列入。

资料来源：UNSCAER 2008. United Nations Scientific Committee on the Effects of Atomic Radiation. Effects of Ionizing Radiation. 2008 Report to the General Assembly with Scientific Annexes, United Nations, New York。

表 6.2 全球大气核试验放射性核素释放量

核素	半衰期	全球释放量(PBq)
^{3}H	12.33a	186 000
^{14}C	5730a	213
^{54}Mn	312.3d	3980
^{55}Fe	2.73a	1530
^{89}Sr	50.53d	117 000
^{90}Sr	28.78a	622
^{91}Y	58.51d	120 000
^{95}Zr	64.02d	148 000
^{103}Ru	39.26d	247 000
^{106}Ru	373.6d	12 200
^{125}Sb	2.76a	741
^{131}I	8.02d	675 000
^{140}Ba	12.75d	759 000
^{141}Ce	32.5d	263 000
^{144}Ce	284.9d	30 700
^{137}Cs	30.07a	948
^{239}Pu	24110a	6.52
^{240}Pu	6563a	4.35
^{241}Pu	14.35a	142

资料来源:UNSCAER 2008. United Nations Scientific Committee on the Effects of Atomic Radiation. Effects of Ionizing Radiation. 2008 Report to the General Assembly with Scientific annexes. United Nations,New York。

表 6.3　全球核试验沉降物所致公众平均有效剂量估计值　（单位：μSv）

核素	2000 年以前				2000~2100 年	2100 年后
	外照射	吸入内照射	食入内照射	合计		
^{3}H	—	—	24	24	0. 1	
^{14}C	—	—	144	144	120	2230
^{54}Mn	19	0. 1		19	—	
^{55}Fe	—	0. 01	6. 6	6. 6	—	
^{89}Sr	—	2. 6	1. 9	4. 5	—	
^{90}Sr	—	9. 2	97	106	8. 6	0. 02
^{91}Y	—	4. 1	—	4. 1	—	
^{95}Zr	81	2. 9	—	84	—	
^{103}Ru	12	0. 9	—	13	—	
^{106}Ru	25	35	—	60	—	
^{125}Sb	12	0. 1	—	12	0. 003	
^{131}I	1. 6	2. 6	64	68	—	

续表

核素	2000 年以前				2000~2100 年	2100 年后
	外照射	吸入内照射	食入内照射	合计		
^{140}Ba	27	0. 4	0. 5	28	—	
^{141}Ce	1. 1	0. 8	—	1. 9	—	
^{144}Ce	7. 9	52	—	60	—	
^{137}Cs	166	0. 3	154	320	124[a]	13
^{239}Pu	—	20	—	20	—	
^{240}Pu	—	13	—	13	—	
^{241}Pu	—	5	—	5	—	
总计	353	149	492	994	253	2243

a. 114μSv 来自外照射,10μSv 来自内照射。

资料来源:UNSCAER 2008. United Nations Scientific Committee on the Effects of Atomic Radiation. Effects of Ionizing Radiation. 2008 Report to the General Assembly with Scientific Annexes. United Nations,New York。

表 6.4　全球核试验北半球各纬度带^{90}Sr累积沉降量与我国^{90}Sr沉降量的比较

纬度(°N)	北半球		中国	
	纬度带面积(10^4km^2)	^{90}Sr 累积沉降量(PBq)	纬度带面积(10^4km^2)	^{90}Sr 累积沉降量(PBq)
80~90	390	1.0		
70~80	1160	7.9		
60~70	1860	32.9		
50~60	2560	73.9		
40~50	3150	101.6	284(9.02%)	4.94(4.87%)
30~40	3640	85.3	453.7(12.46%)	8.34(9.78%)
20~30	4020	71.2	222.28(5.53%)	2.285(3.21%)
10~20	4280	50.9		
0~10	4410	35.7		
合计	25470	460	960	15.6

资料来源:潘自强,刘森林等. 2010. 中国辐射水平。

表 6.5 全球核试验我国^{90}Sr 和^{137}Cs 年沉降量的比较

[单位:Bq/(m^2 · a)]

年份	^{90}Sr	^{137}Cs	^{137}Cs/^{90}Sr
1972	36.4	35.8	0.98
1973	27.1	16.3	0.60
1974	35.3	31.2	0.88
1975	23.4	22.3	0.95
1976	23.4	24.8	1.06
1977	29.8	37.5	1.26
1978	31.8	43.8	1.38
1979	14.7	23.5	1.60
1980	12.2	14.5	1.19
1981	16.4	15.3	0.93
1982	11.6	11.6	1.0
1983	8.6	11.3	1.41
1984	8.6	5.7	0.66
1985	7.4	5.4	0.73
1986	7.6	55.8	7.34
1987	4.8	4.7	0.98

资料来源:潘自强,刘森林等.2010. 中国辐射水平。

6.2 核事故

世界主要核与辐射事故所致公众集体有效剂量见表 6.6,切尔诺贝利核事故主要放射性核素释放量见表 6.7,切尔诺贝利核事故后北京房山地区空气中放射性核素活度浓度见表 6.8,日本福岛核事故主要放射性核素释放量估计见表 6.9,日本福岛核事故后我国部分城市空气中放射性核素活度浓度见表 6.10。

表 6.6 世界主要核与辐射事故所致公众集体有效剂量

年份	事故	当地和区域集体有效剂量(人·Sv)
2011	日本,福岛核电厂事故	目前尚未见明确估算数据
1986	苏联,切尔诺贝利核电站事故	320 000
1979	美国,三哩岛核事故	40
1978	Cosmos 954 卫星坠落事故[a]	20
1964	SNAP-9A 卫星坠落事故[a]	2100
1957	英国,温茨凯尔核事故	2000
1957	苏联,基斯迪姆后处理厂核事故	2500[a]

a. 数据取自 UNSCEAR 1993 报告,其中 SNAP-9A 卫星坠落事故的^{238}Pu 释放量为 600TBq,约为大气核试验^{238}Pu 释放量 330 TBq 的两倍。基斯迪姆后处理厂核事故撤离人群集体有效剂量为 1300 人·Sv,未撤离人群集体有效剂量为 1200 人·Sv 合计为 2500 人·Sv。

资料来源:UNSCAER 2008. United Nations Scientific Committee on the Effects of Atomic Radiation. Effects of Ionizing Radiation. 2008 Report to the General Assembly with Scientific Annexes. United Nations, New York。

表 6.7 切尔诺贝利核事故主要放射性核素释放量

核素	半衰期	释放量(PBq)
	惰性气体	
^{85}Kr	10.765a	33
^{133}Xe	5.243 d	6500
	挥发性核素	
^{129m}Te	33.6 d	240
^{132}Te	3.204 d	~1150
^{131}I	8.02 d	~1760
^{133}I	20.8 h	910
^{134}Cs	2.06 a	~47
^{136}Cs	13.16 d	36

续表

核素	半衰期	释放量(PBq)
^{137}Cs	30. 17a	~85
	中等挥发性核素	
^{89}Sr	50. 53 d	~115
^{90}Sr	28. 79 a	~10
^{103}Ru	39. 26 d	>168
	中等挥发性核素	
^{106}Ru	373. 59 d	>73
^{140}Ba	12. 752 d	240
	难熔核素	
^{95}Zr	64. 032 d	84
^{99}Mo	65. 94 h	>72
^{141}Ce	32. 508 d	84
^{144}Ce	284. 91 d	~50
^{239}Np	2. 357 d	400
^{238}Pu	87. 7 a	0. 015
^{240}Pu	6564 a	0. 018
^{241}Pu	14. 35 a	~2. 6
^{242}Pu	375 000 a	0. 000 04
^{242}Cm	162. 8 d	~0. 4

资料来源:UNSCAER 2008. United Nations Scientific Committee on the Effects of Atomic Radiation. Effects of Ionizing Radiation. 2008 Report to the General Assembly with Scientific Annexes, United Nations, New York。

表 6.8　切尔诺贝利事故后北京房山地区空气中放射性核素活度浓度（单位:mBq/m^3）

采样时间	^{131}I	^{137}Cs	^{134}Cs	^{103}Ru	^{132}Te	^{132}I	^{99}Mo	^{99m}Tc	^{95}Zr	^{95}Nb	^{140}Ba	^{140}La	^{141}Ce	^{136}Cs	^{144}Ce	^{89}Sr
1986-05-02N	30	1.6	0.74		1.7											0.12
1986-05-03D	62	4.8		2.1	4.1											0.19
1986-05-03N	110	4.4	3.5	1.7	4.2	5.6	1.6	1.6		3.2		3.7				0.34
1986-05-04D	72	5.2	1.9	4.3	7.0		3.0	3.0		7.8		9.3	3.3		3.3	
1986-05-04N	120	9.6	5.6	7.0	15	15	V		3.0	1.1		5.6	V			
1986-05-05D	200	9.6	8.1	9.1	14	13	V			2.5			2.8			
1986-05-05N	240	14	8.5	25	34	30	4.0	4.0		7.0	5.9	6.1		3.2		
1986-05-08	290	15	8.1	15	17	14	V					8.5				
1986-05-13	270	11	5.9	15	4.4	4.2						3.7	V			
1986-05-15	130	8.8	4.1	12	2.6	3.0					20	6.0	V			
1986-05-19	87	6.0	1.3	9.8							3.0	2.8	1.3			
1986-05-27	44	2.7	1.8	15												
1986-05-30		4.0		9.8												

注:D 表示白天采样;N 表示夜间采样;V 表示定性检出。

资料来源:潘自强,刘森林等 . 2010. 中国辐射水平。

表 6.9　日本福岛核事故主要放射性核素释放量估计　　（单位：Bq）

释放途径	机构	发布时间	^{131}I	^{137}Cs	^{131}I 当量
大气释放	日本原子力安全委员会日本原子力研究开发机构	2012-03-06	1. 2E+17	9E+15	4. 8E+17
	日本原子力安全保安院	2012-02-16	1. 5E+17	8. 2E+14	4. 8E+17
	日本东京电力株式会社	2012-05-24	5E+17	1E+16	9E+17
	联合国原子辐射影响科学委员会	2014-04	范围(1~5)E+17 估计值 2. 1E+17	范围(0. 6~2)E+16 估计值 1. 25E+16	
直接排入海洋	日本东京电力株式会社	2012-05-24	1.1E+16	3.6E+15	
	联合国原子辐射影响科学委员会	2014-04	大气释放量的 10%	大气释放量的 50%	

资料整理自：日本东京电力株式会社福岛核电站事故调查委员会最终报告.2012.7.23；UNSCEAR. 2013. Report to the General Assembly Scientific Annexes.United Nations，New York.2014。

表 6.10 日本福岛事故后我国部分城市空气中放射性核素活度浓度 （单位：mBq/m³）

所在城市	^{134}Cs		^{137}Cs		^{131}I	
	测值范围	均值	测值范围	均值	测值范围	均值
太原	0.01~0.48	0.147	0.01~0.54	0.144	0.01~5.02	0.979
北京	0.01~0.64	0.174	0.03~0.65	0.185	0.01~3.55	0.857
合肥	0.01~0.13	0.059	0.02~0.17	0.075	0.02~1.59	0.439
上海	0.07~0.58	0.179	0.01~0.65	0.131	0.03~1.70	0.420
杭州	0.02~0.20	0.068	0.02~0.22	0.075	0.01~1.00	0.306
广州	0.01~0.08	0.042	0.01~0.07	0.039	0.04~1.40	0.244
成都	0.05~0.12	0.076	0.06~0.14	0.094	0.06~0.44	0.189
南宁	0.01~0.04	0.025	0.01~0.04	0.021	0.02~0.41	0.096
重庆	0.05~0.08	0.063	0.05~0.10	0.082	0.06~0.18	0.098
连云港	0.02~0.16	0.084	0.05~0.19	0.104	0.05~1.70	0.438

注：本表根据环保部发布的日本福岛事故后我国部分城市环境监测数据整理，取样时间为 2012 年 3 月 12 日至 4 月 30 日。平均值为高于探测限测量数据的算术平均值。

6.3 环境介质中人工放射性核素含量

根据《2007 中国环境质量报告》，2007 年全国 27 个省、市、自治区 175 个大城市土壤国控监测点人工放射性核素含量分别为：^{90}Sr，0.16~6.43 Bq/kg；^{137}Cs，0.34~6.9 Bq/kg。与历年监测结果相比，为同一水平。

我国历年主要饮用水中放射性活度浓度分别见表 6.11，我国历年粮食中^{90}Sr 和^{137}Cs 活度浓度分别见表 6.12 和表 6.13，我国历年蔬菜中^{90}Sr 和^{137}Cs 活度浓度分别见表 6.14 和表 6.15，我国历年牛奶中放射性核素活度浓度见表 6.16。

表 6.11 我国历年主要饮用水中放射性活度浓度

（单位：Bq/L）

年份	自来水			井水		
	总 β	^{90}Sr	^{137}Cs	总 β	^{90}Sr	^{137}Cs
1962	0.22	0.027				
1963	0.69	0.047				
1964	0.26	0.082		0.92		
1965	0.16	0.043		0.65	0.017	
1966	0.20	0.036		0.41	0.032	
1967	0.17	0.019		0.40	0.018	
1968	0.16	0.023		0.57	0.021	
1969	0.14	0.032		0.54	0.049	
1970	0.18	0.030		0.49	0.017	
1971	0.13	0.024		0.31	0.015	
1972	0.12	0.022		0.32	0.017	
1973	0.15	0.016	0.006	0.32	0.013	0.006
1974	0.13	0.019	0.013	0.38	0.014	0.007
1975	0.12	0.018	0.010	0.22	0.018	0.002
1976	0.12	0.015	0.013	0.33	0.013	0.010
1977	0.13	0.015	0.009	0.25	0.008	0.043
1978	0.11	0.012	0.009	0.25	0.008	0.018
1979	0.11	0.011	0.083	0.19	0.008	0.065
1980	0.11	0.012	0.052	0.19	0.012	0.044
1981	0.08	0.012	0.005	0.20	0.006	0.005
1982	0.10	0.011	0.004	0.19	0.005	0.009
1983	0.08	0.010	0.004	0.11	0.005	0.007
1984	0.08	0.011	0.005	0.24	0.012	0.009
1985	0.08	0.009	0.003	0.17	0.005	0.008
1986	0.07	0.014	0.008	0.18	0.007	
1987	0.10	0.011	0.024	0.14	0.006	
平均值	0.14	0.023	0.022	0.33	0.015	0.018

资料来源：潘自强，刘森林等 . 2010. 中国辐射水平。

表 6.12 我国历年粮食中^{90}Sr活度浓度(单位:Bq/ kg)

年份	稻米	小麦	玉米	小米	高粱	大豆	薯类
1960	0.52						
1961	0.57	0.48					
1962	2.38	2.59	2.84	1.92	8.66		1.50
1963	2.08	6.60	2.70	4.66	6.25		1.94
1964	0.43	4.34	1.31	1.01	2.47		3.94
1965	0.49	1.64	0.65	4.28	1.43	3.01	2.54
1966	0.35	1.95	1.38	1.44	1.43	3.08	1.49
1967	0.26	1.38	1.55	2.76	1.03	3.64	0.69
1968	0.42	1.07	0.79	0.36	0.32	5.13	1.18
1969	0.35	1.08	0.61	0.69	2.38	6.85	0.21
1970	0.53	1.63	1.14	1.41	0.53	2.22	0.45
1971	0.36	1.13	0.46	0.57	0.36	1.84	0.55
1972	0.27	0.96	0.91	0.42	0.33	3.10	0.87
1973	0.31	0.90	0.44	0.50	0.33	4.03	0.71
1974	0.21	0.63	0.63	0.44	0.36	3.02	0.11
1975	0.20	0.64	0.55	0.55	0.19	2.37	0.61
1976	0.19	0.49	0.36	0.45	0.48	2.83	0.61
1977	0.16	0.81	0.32	0.27	0.65	2.28	0.49
1978	0.15	0.65	0.32	0.36	0.35	2.63	0.37
1979	0.11	0.55	0.35	0.32	0.21	1.48	0.80
1980	0.14	0.60	0.23	0.19	0.38	1.83	0.67
1981	0.10	0.42	0.21		0.33	0.60	
1982	0.09	0.25	0.12	0.04	0.22		
1983	0.13	0.29	0.12		0.22		
1984	0.09	0.21	0.33		0.14		
1985	0.09	0.39	0.45				
1986	0.10	0.17	0.18				
1987	0.07	0.22	0.07				
历年均值	0.40	1.19	0.73	1.13	1.26	2.94	1.04

资料来源:潘自强,刘森林等. 2010. 中国辐射水平。

表 6.13　我国历年粮食中^{137}Cs活度浓度(单位:Bq/kg)

年份	大米	小麦	玉米	高粱	大豆
1972		0.33			
1973	0.23	0.6	0.7		0.36
1974	0.41	0.79	0.37		0.84
1975	0.17	0.36	0.32		0.42
1976	0.18	0.44	0.15	1.85	1.53
1977	0.20	0.66	0.45	0.09	2.89
1978	0.26	0.65	0.43	0.55	2.35
1979	0.14	0.32	0.46	0.71	0.59
1980	0.20	0.81	0.3	0.55	0.78
1981	0.10	0.24	0.28		
1982	0.14	0.16	0.14		
1983	0.12	0.16	0.15		
1984	0.12	0.18	0.08		
1985	0.11	0.32	0.27		
1986	0.26	0.27	0.12		
1987	0.1	0.15	0.07		

资料来源:潘自强,刘森林等.2010. 中国辐射水平。

表 6.14　我国历年蔬菜中^{90}Sr活度浓度

(单位:Bq/kg)

年份	大白菜	菠菜	圆白菜	空心菜	青菜	油菜	萝卜	茄子	土豆	番茄
1960	0.42	0.30		0.36						
1961	0.67	0.00		0.46						
1962	1.42	0.82		0.77						
1963	1.66	4.87	0.97	0.88			2.32			
1964	1.98	2.34	0.48	2.00	0.46	1.06	1.32			2.77
1965	1.64	1.71	0.41	1.75	2.17	2.20	1.11			
1966	1.95	1.98	0.79	1.65	1.72	2.11	0.59			
1967	1.22	1.91	1.04	0.95	1.68	1.49	0.69			
1968	1.27	1.33	0.21	1.24	1.24	0.62	1.05	0.26		

续表

年份	大白菜	菠菜	圆白菜	空心菜	青菜	油菜	萝卜	茄子	土豆	番茄
1969	1.25	1.66	0.66	0.50	0.76	1.60	0.89			
1970	0.84	1.01		0.84	1.08		0.64	0.37	0.36	
1971	1.47	1.07	0.24	0.44	1.03	0.71	0.62		0.81	
1972	0.93	1.15	0.47	0.95	1.04	0.94	0.57	0.86	1.43	0.37
1973	0.89	0.87	0.37	0.99	0.67	0.95	0.35	0.15	0.43	0.13
1974	0.76	0.90	0.57	0.78	0.95	0.30	0.52	0.23	0.49	0.21
1975	0.68	4.00	0.11	1.04	0.78	0.31	0.56	0.42	0.37	0.44
1976	0.65	0.85	0.25	0.75	0.70	0.49	0.52		0.29	0.14
1977	0.64	0.73	0.21	0.78	0.60	0.77	0.44	0.22	0.24	0.08
1978	0.58	0.62	0.19	0.69	0.51	0.38	0.45	0.12	0.21	0.05
1979	0.50	0.79	0.21	0.55	0.40	0.57	0.28	0.25	0.16	0.10
1980	0.43	0.54	0.14	0.64	0.52	0.66	0.38	0.12	0.14	0.08
1981	0.39	1.69	0.23	0.26	0.59		0.03	0.11	0.22	0.06
1982	0.49	0.48	0.13	0.43	0.26		0.38	0.92	0.19	0.12
1983	0.29	0.45	0.19	0.35	0.26		0.29	0.11	0.25	0.12
1984	0.37	0.41	0.15		0.14		0.30	0.99	0.23	0.06
1985	0.43	0.49	0.12	0.09	0.12		0.17	0.08	0.17	0.06
1986	0.37	0.33	0.03		0.28		0.25	0.59		
1987	0.29	0.35	0.13		0.29		0.23	0.09		
平均值	0.87	1.20	0.35	0.80	0.76	0.95	0.60	0.35	0.37	0.32
误差	0.51	1.07	0.27	0.46	0.52	0.58	0.46	0.30	0.32	0.66

资料来源:潘自强,刘森林等.2010. 中国辐射水平。

表 6.15 我国历年蔬菜中^{137}Cs 活度浓度

(单位:Bq/kg)

年份	大白菜	菠菜	萝卜	茄子	空心菜	圆白菜	番茄	青菜
1971		0.6						0.4
1972		0.44	0.38					0.52
1973	0.22	1.5	0.28	0.32				0.25
1974	0.19	0.35	0.12	0.13				0.28

续表

年份	大白菜	菠菜	萝卜	茄子	空心菜	圆白菜	番茄	青菜
1975	0. 17	0. 54	0. 18	0. 07				0. 18
1976	0. 16	0. 4	0. 21	0. 14	0. 38	0. 07	0. 16	0. 3
1977	0. 21	0. 19	0. 14	0. 08	0. 98	0. 05	0. 03	0. 19
1978	0. 26	0. 24	0. 17	0. 11	0. 74	0. 21	0. 19	0. 15
1979	0. 16	0. 28	0. 13	0. 1	0. 56	0. 17	0. 16	0. 15
1980	0. 17	0. 39	0. 19	0. 1	0. 43	0. 15	0. 11	0. 04
1981	0. 14	0. 27	0. 11	0. 09	0. 38	0. 12	0. 13	0. 13
1982	0. 16	0. 23	0. 17	0. 11	0. 11	0. 18	0. 12	0. 1
1983	0. 1	0. 19	0. 13	0. 11	0. 17	0. 11	0. 38	0. 14
1984	0. 08	0. 31	0. 07	0. 05		0. 09	0. 19	0. 04
1985	0. 15	0. 2	0. 16	0. 07	0. 02	0. 18	0. 09	0. 03
1986	0. 18	0. 4	0. 14	0. 17		0. 05		0. 17
1987	0. 16	0. 63	0. 06	0. 05				0. 06

资料来源:潘自强,刘森林等 . 2010. 中国辐射水平。

表 6. 16 我国历年牛奶中放射性核素活度浓度

(单位:Bq/L)

年份	总 β	^{90}Sr	^{137}Cs
1962	39. 5	0. 3	
1963	52. 2	0. 26	
1964	44. 4	0. 7	
1965	45. 4	0. 64	
1966	43. 2	0. 57	
1967	45. 3	0. 39	
1968	43. 9	0. 42	
1969	45. 1	0. 41	
1970	45. 9	0. 28	
1971	43. 2	0. 37	
1972	39. 6	0. 25	
1973	44. 6	0. 3	0. 06

续表

年份	总 β	^{90}Sr	^{137}Cs
1974	41. 3	0. 21	0. 15
1975	43. 1	0. 27	0. 27
1976	40. 1	0. 19	0. 24
1977	44	0. 14	0. 2
1978	43. 4	0. 17	0. 19
1979	41. 7	0. 14	0. 14
1980	40. 5	0. 19	0. 17
1981	39. 7	0. 2	0. 11
1982	44. 2	0. 13	0. 12
1983	42	0. 12	0. 07
1984	45. 9	0. 09	0. 1
1985	48. 4	0. 11	0. 09
1986	61. 5	0. 13	0. 25
1987	41. 1	0. 12	0. 18
平均值	44. 2	0. 27	0. 16

资料来源:潘自强,刘森林等 . 2010. 中国辐射水平。

(刘新华 编写,夏益华 审阅)

参考文献

潘自强,刘森林等 . 2010. 中国辐射水平 . 北京:原子能出版社

日本东京电力株式会社 . 2012. 福岛核电站事故调查委员会最终报告

王蕾,郑国栋,赵顺平等 . 2012. 日本福岛核事故对我国大陆环境影响 . 辐射防护,32(6):325~335

UNSCAER. 2008. United Nations Scientific Committee on the Effects of AtomicRadiation. Effects of Ionizing Radiation. 2008 Report to the General Assembly with Scientific Annexes, United Nations, New York

UNSCEAR 2014. Levels and effects of radiation exposure due to the nuclear accident after the 2011 great east-Japan earthquake and tsunami. UNSCEAR 2013 Report to the General Assembly Scientific Annexes Volume I Scientific Annex A. United Nations, New York

7

辐射防护监测仪器

7.1 辐射防护监测的目的

辐射防护监测是为估算和控制辐射或放射性物质的照射而进行的测量。但辐射防护监测不同于一般单纯的测量，它本身不是目的，而是辐射防护的重要组成部分。它应当包括监测计划的制订、测量（分析）和测量结果的解释三个环节。其中监测计划的制订必须以辐射防护原则为指导，充分考虑到防护评价的要求。监测计划的规模和要求应随具体实践与设施的性质和规模而异，应区别以控制操作为目的和以满足监管要求而进行的正式剂量评价为目的的监测。具体来讲可用于以下一些特殊目的：

（1）对良好的工作实践（充分的监督和培训）及工程标准的确认。

（2）提供以下方面的信息：有关工作场所和环境的安全状况；安全状况得到满意控制的确认方法；有关操作工艺的改变已经改善或恶化了放射工作条件的确认方法。

（3）估计人员受到的照射，以证明符合监管要求。

（4）通过对个人和群体监测数据，评价和建立更为安全的辐射作业程序。

（5）提供工作人员是如何、何时、何地受到照射的信息，以促进他们减小所受的照射。

（6）为评价事故性照射的剂量提供信息。

（7）用于风险利益分析。

（8）完善医学记录。

(9) 受照人群的流行病学研究。

7.2 常用辐射监测仪器的特性

常用辐射监测仪器的一些基本特性资料,包括常用辐射探测器的应用见表 7.1,某些场所辐射监测仪器的特性见表 7.2,辐射防护监测仪器标准见表 7.3,常见外照射个人剂量计的性能和应用见表 7.4,几种环境 γ 剂量监测用探测器比较见表 7.5,一些常用的辐射安保监测仪器见表 7.6,不同环境介质测量方法的优缺点见表 7.7,常用退役监测仪器与技术的优缺点见表 7.8。

近年来辐射探测器的一些重大进步主要集中在闪烁探测器和半导体探测器方面,涌现出了一批以 $LaBr_3$:Ce、ZnSe:Te、SrI_2:Eu 为代表的高性能无机闪烁探测器,它们具有高的光输出、快响应、低余辉和高的有效原子序数;以 CdZnTe 为代表的化合物半导体探测器以其良好的能量分辨率和在室温下工作的特性使其在成像、应急、反恐等领域获得了广泛的应用,另外纳米和量子辐射传感器也引起广泛的重视。除探测器外,成像技术、基于数字信号处理器(DSP)及现场可编程门阵列(FPGA)等器件的数据获取系统、嵌入式核素分析软件、快速模板匹配、数据融合等也是当前辐射监测技术的一些发展热点。

表 7.1　常用辐射探测器的应用

探测器类型	可测辐射种类	能量范围	总探测效率	说明
电离室	α	计数和谱测量的所有能量	高	优点：稳定，寿命长，量程宽，能响特性好； 缺点：要求极弱电流测量，电子线路和环境条件要求较高
	β	所有能量	中	
	γ	所有能量	<0.1%	
	中子	充BF_3气体或硼衬里测量热中子，有裂变材料，含氢材料的测反冲质子	中	
	X 射线	辐射安全中常见能量	测量低能射线依赖于窗的厚度	
正比计数器	α	所有能量，能谱测量	依赖于窗厚度，高	优点：脉冲幅度大，灵敏度高，可做能谱测量； 缺点：易受外界因素干扰，对电源稳定性要求高
	β、电子	所有能量，能谱测量，低能区< 200keV	中	
	γ	所有能量	< 1%	
	中子	BF_3气体或硼衬里测量热中子	中	
	X 射线	能量甄别、谱、辐射安全、衍射研究		

续表

探测器类型		可测辐射种类	能量范围	总探测效率	说明
盖革米勒(GM)计数器		α	与能量无关	中	优点:结构简单,对线路和使用要求不高;缺点:阻塞效应,不能鉴别粒子和能量
		β、电子	与能量无关,< 3MeV	中	
		γ	所有能量	< 1%	
		中子	反冲质子或(n、α)反应	不常用	
		X 射线	常用巡测仪器	依赖于窗厚度	
闪烁探测器	所有闪烁探测器可用于能谱测量,分辨率适中				优点:能量分辨率适中、经济;缺点:受使用环境(温、湿度)影响较大
	无机	α	所有能量-ZnS,无能量甄别	高	
		β	低能,CsI(Tl)	中	
		γ	所有能量 NaI(Tl),CsI(Tl),$LaBr_3$:Ce,ZnSe:Te,SrI_2:Eu	中、高	
		中子	热中子,LiI(Eu)	中	
		X 射线	超薄铍窗,薄(1~3mm) NaI(Tl)	高	
	有机	α	所有能量,蒽	中	
		β、电子	所有能量,蒽、芪、塑料	中	
		γ	所有能量,塑料	差	
		中子	塑料、闪烁液	低	

续表

探测器类型	可测辐射种类	能量范围	总探测效率	说明
半导体探测器	能谱测量的分辨率较闪烁探测器高十倍以上			优点：高能量分辨率是其最突出的优点，化合物半导体（如 CZT）可在常温下工作；缺点：价格高、辐射损伤严重、液氮（或电）制冷
	α	所有能量，能量分辨率高，面垒型、扩散结型、PIPS	低	
	β、电子	2MeV 以下所有能量，能量分辨率高，面垒型、扩散结型、锂漂移硅	低	
	X 射线、γ	所有能量，能量分辨率高，面垒型、扩散结型、锂漂移锗、高纯锗、化合物半导体	中（γ） 高（X 射线）	

资料来源：Bernard Shleien. 1998. Handbook of Health Physics and Radiological Health。

表 7.2　某些场所辐射监测仪器的特性

仪器类型	可测辐射种类	量程范围	说明
GM 计数器型	β、γ	2 μGy/h ~0.2mGy/h	探测 β 射线>150keV，X 射线>20keV 响应快 能量依赖性强 强辐射场下阻塞 对微波辐射灵敏 受紫外线干扰
电离室型	β、γ、X	0.1μGy/h ~200Gy/h	有些需预热 有些有 β 测量窗 >50keV 可估计积分剂量 受意外放电影响
正比计数器型	空气　α	100~100 000cpm 500~500 000cpm	效率：50%（2π）
	流气　α、低能 β		效率：50%（2π），（α） 30%（2π），（β）
	无窗气体　α、低能 β		可测氚污染

续表

仪器类型	可测辐射种类	量程范围	说明
闪烁探测器型	α	0~2000kcpm 0~2 000 000cpm	ZnS(Ag) 线性-对数刻度
	低能 γ		薄 NaI（Tl），10 ~ 70keV，用于 X 射线、^{239}Pu、^{241}Am、^{125}I
	热中子	$60cpm/(n \cdot cm^{-2} \cdot s^{-1})$	ZnS(Ag)（n、α)反应
	快中子	$15cpm/(n \cdot cm^{-2} \cdot s^{-1})$	ZnS(Ag) 质子
中子雷姆仪	Bonner 球	5~5000mrem/h	BF_3 管
	Andeson-Braun	2~2000mrem/h	BF_3 正比计数器 γ 不灵敏(小于 5Gy/h)
连续 β、γ 空气污染监测仪	β、γ	导出空气浓度(DAC)	不区分 β、γ
连续 α 空气污染监测仪	α、β		报警基于活度的增加率、样品的衰变率以及由于氡衰变引起的 α/γ 比的变化。应考虑氡的问题
连续氚空气污染监测仪	氚	10^{-2}~10 倍的 DAC(氚)	对其他放射性气体也有响应
阈探测器单元	热中子、裂变中子	高通量中子	是报警仪的补充。报警仪只给出剂量率报警，不测量剂量

续表

仪器类型	可测辐射种类	量程范围	说明
手脚监测仪	α、β、γ	低辐射水平	测量手脚的α、β、γ污染，配辅助探头，可测量衣物
液态流出物监测仪	β、γ	低辐射水平	可监测废水和冷却剂。由于淤泥、海藻和探测器的放射性污染的影响，会使测量过程复杂化
门式辐射监测仪	β、γ、n	低辐射水平	用于出入口控制，监测仪应有高响应灵敏度

资料来源：Bernard Shleien. 1998. Handbook of Health Physics and Radiological Health。

表 7.3 辐射防护监测仪器的标准

分类			国家标准和核行业标准	国际标准(IEC 或 ISO)	注
个人监测	个人剂量	外照射	个人和环境监测用热释光剂量测量系统 GB/T 10264-1988	IEC 61066 ed2.0(2006)	IEC 有新版
				用于个人和环境监测的被动式累积剂量测量 IEC 62387 ed1.0(2012)	IEC 有新版
			肢端和眼睛热释光个人剂量计 EJ/T1178-2005	核能 辐射防护 肢端和眼睛热释光个人剂量计 ISO12794(2000)	修改采用
			X、γ 辐射个人报警仪 GB/T 14323-1993	IEC 61344 ed1.0(1996)	IEC 前期文件
			直读式个人 X 和 γ 辐射剂量当量和剂量当量率监测仪 GB/T 13161-2003	用于 X、γ、中子和 β 辐射 Hp(10)和 Hp(0.07)测量的直读式个人剂量当量(率)仪 IEC 61526 ed3.0(2010)	IEC 有新版
				用于脉冲辐射场测量的电子式剂量计 IEC/TS 62743 ed1.0(2012)	尚无国家标准
		内照射		活体计数器 IEC 61582 ed1.0(2004)	
	体表污染	便携式	辐射防护仪器 α、β 和 α/β(β 能量大于 60keV)污染测量仪与监测仪 GB/T 5202-2008	IEC60325 ed3.0(2002)	等同采用
		固定式	固定式个人表面污染 α 和 β 辐射监测装置 EJ/T 586-1991 固定式低能 X 和 γ 发射体个人表面污染监测仪 EJ/T 709-1992	IEC 61098 ed2.0(2003)	IEC 有新版

续表

分类			国家标准和核行业标准	国际标准(IEC 或 ISO)	注
场所监测	剂量率	中央连续监测系统	用于核设施辐射及放射性活度连续监测的中央控制系统 EJ/T 1097-1999	通用要求 IEC 61559-1 ed1.0 (2009)	IEC 有新版
				排放、环境、事故、事故后监测要求 IEC 61559-2 ed1.0 (2002)	尚无国家标准
		便携式	辐射防护仪器 β、X 和 γ 辐射周围和(或)定向剂量当量(率)仪和(或)监测仪 GB/T 4835-2008	用于场所和环境监测的 β、X、γ 周围和定向剂量当量率仪 IEC 60846-1 ed1.0 (2009)	IEC 有新版
				用于应急监测的高量程 β、X、γ 周围和定向剂量当量率仪 IEC 60846-2 ed1.0 (2007)	IEC 有新版
			应急辐射防护用携带式高量程 X、γ 和 β 辐射剂量与剂量率仪 GB/T 11683-1989	用于应急监测的可携式高量程 β、光子剂量和剂量率仪 IEC 61018 ed1.0 (1991)	IEC 前期文件
			辐射防护仪器 中子周围剂量当量(率)仪 GB/T 14318-2008	IEC 61005 ed2.0 (2003)	等同采用

续表

分类			国家标准和核行业标准	国际标准(IEC 或 ISO)	注
场所监测	剂量率	固定式	辐射防护用固定 X、γ 辐射剂量率仪 报警装置和监测仪 GB/T 14054-1993	X、γ 剂量当量率仪和报警装置 IEC 60532 ed3.0（2010）	IEC 有新版
				固定、可携、可移动空气比释动能的方向和空气比释动能率测量装置 IEC 61584 ed1.0（2001）	尚无对应国家标准
			核电厂事故及事故后辐射监测设备 第一部分 一般要求 GB/T 12726.1-1991 核电厂事故及事故后辐射监测设备 第三部分 高量程区域 γ 剂量率监测设备 GB/T 12726.3-1992	事故和事故后辐射监测 通用要求：IEC 60951-1 ed2.0（2009） 连续高量程区域 γ 监测：IEC 60951－3 ed 2.0（2009）	IEC 有新版
			固定式中子剂量当量率仪、报警装置与监测仪 EJ/T 1011-1996	中子剂量当量率仪、报警装置和监测仪 IEC 61322 ed1.0（1994）	参照

续表

分类			国家标准和核行业标准	国际标准(IEC 或 ISO)	注
场所监测	表面污染	便携式	辐射防护仪器 α、β 和 α/β(β 能量大于 60keV)污染测量仪与监测仪 GB/T 5202-2008	IEC60325 ed3.0（2002）	等同采用
		固定式	洗衣房用固定式放射性污染监测仪 EJ/T 1155-2002	IEC 61256 ed1.0（1996）	参照
	空气污染	正常运行	参照气载流出物监测和环境监测的相关标准		IEC 有新版
		事故及事故后	核电厂事故及事故后辐射监测设备 第一部分 一般要求 GB/T 12726.1-1991	辐射监测通用要求 IEC 60951-1 ed2.0（2009）	
			核电厂事故及事故后辐射监测设备 第二部分 气态排出流中放射性惰性气体连续监测设备的特殊要求 GB/T 12726.2-1991	气态流出物和通风连续离线监测设备 IEC 60951-2 ed2.0（2009）	
			核电厂事故及事故后辐射监测设备 第四部分 工艺流辐射监测仪 GB/T 12726.4-1995	IEC 60951-2 ed2.0（2009）	
			核电厂事故及事故后辐射监测设备 第五部分：空气放射性监测设备 GB/T 12726.5-1997	IEC 60951-2 ed2.0（2009）	

续表

分类			国家标准和核行业标准	国际标准(IEC 或 ISO)	注
环境监测	剂量测量		参照个人监测和场所监测的相关标准		
			环境监测用 X、γ 辐射测量仪 第一部分 剂量率仪型 EJ/T 984-1995	IEC 61017-1 ed1.0 (1991)	参照
			环境监测用 X、γ 辐射测量仪 第二部分 剂量仪型 EJ/T 985-1995	IEC 61017-2 ed1.0 (1994)	参照
			车载 γ 能谱测量系统 EJ/T 585-1991 核设施环境监测车通用规范 EJ/T 981-1995	用于环境监测的移动式光子、中子辐射测量仪器 IEC 62438 ed1.0 (2010)	尚无对应国家标准
	环境介质	大气		环境中放射性惰性气体取样和监测设备 IEC 62302 ed1.0 (2007)	
			用于辐射防护的空气中氚的测量和监测设备 EJ/T 1077-1998	气载氚监测设备 IEC 62303 ed1.0 (2008)	IEC 有新版
			环境中气载放射性碘监测设备 GB/T 13162-1991	环境中大气放射性碘监测设备 IEC 61171 ed1.0 (1992)	
			放射性气溶胶污染测量仪和监测仪 EJ 587-1991	环境中放射性气溶胶监测设备 IEC 61172 ed1.0 (1992)	参照

续表

分类			国家标准和核行业标准	国际标准(IEC 或 ISO)	注
环境监测	环境介质	水	液态排出流或地表水 β、γ 放射性活度连续监测设备 GB/T 10253-2001	液态流出物和地表水监测设备 IEC 60861 ed2.0（2006）	IEC 有新版
		食物		食物中 β 核素比活度测量仪 IEC 61562 ed1.0（2001）	尚无对应国家标准
				食物中 γ 核素比活度测量仪 IEC 61563 ed1.0（2001）	
			放射性核素活度测量锗 γ 谱仪法 EJ/T 824-1994	IEC 61275 ed2.0(2013) IEC1452(1995)	IEC 有新版
	氡及子体监测		活性炭吸附氡子体 γ 测量仪 EJ/T 824-1994		尚无对应国际标准
			矿用便携式 α 潜能快速测量仪 EJ/T 825-1994	用于矿山快速测量的可携式 α 潜能测量仪 IEC 61263 ed1.0（1994）	参照
			辐射防护仪器 氡及氡子体测量仪 第 1 部分 一般要求 GB/T 13163.1-2009 辐射防护用氡及氡子体测量仪 第 2 部分 氡测量仪的特殊要求 GB/T 13163.2-2005	一般要求 IEC 61577-1 ed2.0（2006） 氡监测仪器 IEC 61577-2 ed2.0（2006） 氡子体监测仪器 IEC 61577-3 ed2.0（2006） 包含氡及其子体的参考大气的产生设备 IEC 61577-4 ed1.0（2009）	IEC 有新版

续表

分类		国家标准和核行业标准	国际标准(IEC 或 ISO)	注
流出物监测	气载流出物	气态排出流(放射性)活度连续监测设备 第 1 部分:一般要求 GB/T7 165.1-2005 第 2 部分:放射性气溶胶(包括超铀气溶胶)监测仪的特殊要求 GB/T 7165.2-2008 第 3 部分:放射性惰性气体监测仪的特殊要求 GB/T 7165.3-2008 第 4 部分:放射性碘监测仪的特殊要求 GB/T 7165.4-2008 第 5 部分:氚监测仪的特殊要求 GB/T 7165.5-2008	IEC 60761-1 ed2.0（2002） IEC 60761-2 ed2.0（2002） IEC 60761-3ed2.0（2002） IEC 60761-4 ed2.0（2002） IEC 60761-5 ed2.0（2002）	等同采用
	液态流出物	液态排出流或地表水 β、γ 放射性活度连续监测设备 GB/T 10253-2001	液态流出物和地表水监测设备 IEC 60861 ed2.0（2006）	IEC 有新版

续表

分类		国家标准和核行业标准	国际标准(IEC 或 ISO)	注
安保监测	袖珍式		用于探查放射性物质非法贩运的个人辐射报警装置:IEC 62401 ed1.0(2007)	尚无对应国家标准
			用于探查放射性物质非法贩运的基于能谱测量的个人辐射报警装置 IEC 62618 ed1.0(2013)	
	便携式		手持式γ核素探测识别及周围剂量当量率仪 IEC 62327 ed1.0(2006)	
			可携式光子污染监测仪 IEC 62363 ed1.0(2008)	
			手持式高灵敏放射性物质光子探测仪 IEC 62533 ed1.0(2010)	
			手持式高灵敏放射性物质中子探测仪 IEC 62534 ed1.0(2010)	

续表

分类		国家标准和核行业标准	国际标准(IEC 或 ISO)	注
安保监测	固定式		用于探查放射性物质非法贩运的辐射监测仪的数据格式 IEC 62755 ed1.0 (2012)	尚无对应国家标准
			车辆运输的循环或非循环物质中的 γ 辐射监测仪:IEC 62022 ed1.0 (2004)	
			用于国界放射性及特殊核材料检测的固定式辐射监测仪 IEC 62244 ed1.0 (2006)	
			用于放射性物质非法贩运的探查和识别的谱仪型门式监测仪:IEC 62484 ed1.0 (2010)	
		微剂量 X 射线安全检查设备 GB 15208-2005 便携式 X 射线安全检查设备通用规范 GB/T 12664-2003	用于安保的个人和非法携带物件的 X 射线扫描系统:IEC 62463 ed1.0 (2010)	IEC 有新版
		辐射型集装箱检查系统 GB 19211-2003	货物车辆辐射影像检查系统:IEC 62523 ed1.0 (2010)	IEC 有新版

注:IEC. International Electrotechnical Commission;ISO. International Organization for Standardization。

表 7.4 常见外照射个人剂量计的性能和应用

类型	适用辐射类型	标称量程	应用	说明
胶片剂量计[a,b]	γ、β、n	$10^{-3} \sim 10^{2}$ Gy	剂量值永久记录	易受环境因素影响
热释光剂量计[a,b]	γ、β、n	$10^{-3} \sim 10^{2}$ mGy	可重复使用	能量响应好、普遍应用
玻璃荧光剂量计[a]	γ	0.05~10Gy	大范围 γ 剂量测量	可永久或长期积累数据、消退小
光激发光剂量计[b]	X、γ、β	探测下限可达到 1μSv	辐射剂量范围宽	灵敏度高、测量简便、可反复测量
电子剂量计[b]	β、γ、n	$10^{-3} \sim 10^{2}$ mGy	直读、剂量、报警	便于实时掌握工作人员已受剂量
核径迹乳胶[b]	n	饱和剂量约 50mSv	快中子测量	能量阈值高、能量响应差、消退率高、易受环境的影响
固体核径迹探测器[b]	n	灵敏度为 $10^{-6} \sim 10^{-5}$ 径迹/中子	中子剂量监测	径迹尺寸和形状与粒子类型、能量和入射角、探测器材料类型和蚀刻条件密切相关
TLD 反照率剂量计[b]	n	探测下限约 100μSv	中子剂量监测	能量从热中子至 10keV 有较高和恒定的响应，超过 10keV 后，响应迅速下降
气泡剂量计[a,b]	n	0.01~50μSv	可制成能量无关的剂量计或能量相关的谱测量仪	灵敏度高，对 γ 辐射不灵敏，温度影响大，能量和剂量率范围窄
个人报警中子剂量计[b]	n	$10 \sim 10^{6}$ μSv/h	中子个人剂量实时监测	探测器种类多，如 ^{3}He 管、Rossi 计数器、半导体探测器、反冲质子计数器等

a. 资料来源：Bernard Shleien. 1998. Handbook of Health Physics and Radiological Health。

b. 资料来源：International Atomic Energy Agency. 1999. No. RS-G-1.3。

表 7.5　几种环境 γ 剂量监测用探测器比较

探测器种类	测量范围	能量响应	备注
高压电离室	0.01μSv/h～100mSv/h	较好	美国、中国广泛采用
NaI 探测器	0.01μGy/h～100mGy/h	经能量补偿和温度校正后，在50keV～2MeV 内小于±10%	日本原子力研究所、丹麦环境监测网等采用，可测剂量也可作 γ 核素分析
硅半导体探测器	0.01μGy/h～0.5Gy/h（两个半导体）	不理想	有些电厂过去采用过
盖革-弥勒计数器	0.01μGy/h～30mGy/h 可以有更高量程	较差，在 42～1300keV 内约±30%	德国国家环境监测网中采用 1850 对 GM 管
正比计数管	0.05μSv/h～25mSv/h 可扩展至 7Sv/h	在 30keV～1MeV 内±30%	荷兰、德国等全国环境监测网中采用

资料来源：潘自强 . 2007. 电离辐射环境监测与评价。

表 7.6　一些常用的辐射安保监测仪器

仪器类型	技术特点	应用
袖珍辐射探测仪（PRD）	与电子式个人剂量仪（EPD）不同，袖珍辐射探测仪更追求高灵敏度、快速响应和低误报警率，最好同时具备中子、γ 探测能力。通常采用高效无机闪烁探测器。由工作人员佩戴，可形成有效的移动探测屏障	任意场合
便携式核素识别仪（RID）	具有剂量率测量及核素识别能力，最好具备中子、γ 探测能力。便携式核素识别仪常采用以 CZT 为代表的化合物半导体探测器，为进一步提高核素识别能力，也可采用 HPGe 探测器	任意场合
门式辐射检测仪（RPM）	用于出入口对核材料及其他放射性物质的高灵敏探测	各类出入口
	常见的检测仪采用大体积塑料闪烁体，具有高灵敏度和低误报警率，γ 探测能力，根据要求可具备中子探测能力。困扰门式检测仪应用的主要问题是识别并抑制天然及医用放射性物质诱发的“无辜”报警	
	采用 NaI（Tl）闪烁探测器的能谱型检测仪，采用嵌入式响应函数模拟及统计试验方法（如最大似然估计、序贯概率比检验）可有效提高 γ 核素的快速识别能力	
车载、船载、机载（航测、无人机）辐射检测仪	车载、船载、机载的大体积塑料闪烁体或 NaI（Tl）闪烁体，可实现对核材料及其他放射性物质的高灵敏移动探测	海关、港口、应急现场
	小型无人机载探测系统以其高度的机动性，可实现热点探查、烟羽取样等任务。多旋翼无人机特别适合于城市街道、室内狭小空间的飞行	

续表

仪器类型	技术特点	应用
远距离辐射探测系统(SORDS)	采用探测器阵列及混合成像技术,实现对远距离(100m)的毫居里(mCi)级放射源的探测和定位(方向信息)	任意场合
智能辐射传感系统(IRSS)	通过网络和数据融合技术,形成由众多探测单元形成的探测网络系统,大大提高系统的探测、定位和识别能力。系统应具有可靠、灵活的网络架构,先进的数据融合技术以处理来自多个探测器的信息,数据运算可通过基站或独立的网络节点完成。良好的 IRSS 系统可提供大范围、极端运行环境下的搜寻和监测能力 可形成无所不在的监测能力,用于市区搜索,使不具有方向敏感性的一组探测器具备了移动源的定位和追踪能力	任意场合

资料改编自:American National Standards Institute. 2006. ANSI N42. 32～35;Sanjoy Mukhopadhyay. 2011. Proc of SPIE. Vol. 8144 81440K-9。

表 7.7　不同环境介质测量方法的优缺点

取样类型			优点	缺点
大气环境	直接测量	物理量强度(如辐射或噪声)的实时现场测量	监测仪可以放置在相关位置,以评价时间-积分照射,并及时反映其变化	监测仪通常会对待测场产生一定干扰;某些监测设备(如评价电磁场)是比较昂贵和复杂的
	气载微尘	确定空气可吸入份额	直接收集与剂量相关的介质;提供有关对肺可能照射的信息	忽略了较大的粒子,但当它们沉积在鼻、嘴和咽喉中时,可能是重要的
		确定总微尘	提供用于评价对肺的剂量,以及对皮肤的可能效应和食入量的有关信息	并不是被测到的所有污染物是可吸入的
		沉降微尘的收集	代表已知时段和地理区域内的积分样品	气候可能对结果产生影响,只有大粒子沉降被收集到
		气体积分(浓缩)样品	样品的浓缩允许探测到空气中较低的浓度	样品通常必须在实验室中分析;化学反应可能改变收集到的成分特性
		直接测量	提供实时数据	探测下限可能不够低
陆地环境	牛奶		直接剂量相关介质;数据容易解释	牛奶样品并不是始终可以获得的
	食物		直接剂量相关介质;数据容易解释	样品并不是始终可从相关区域内获得;气候和处理过程可能影响样品性质
	野生生物		直接剂量相关介质	高流动性;并不是始终能获得;数据解释较难

续表

取样类型		优点	缺点
陆地环境	植物	样品容易获得;污染累积途径的多样性(直接沉积,叶和根摄入)	数据解释较困难;气候可引起污染的损失;不是所有季节可以获得
	土壤取样	很好反映随时间的累积沉降	分析费用高;数据用于解释人群照射和剂量时有一定难度
水环境	地表水(非饮用)	容易获得;指示污染水生植物和水生动物的可能性	不是直接剂量相关的,数据解释有难度
	地下水(非饮用)	可作为废物管理不够满意的指示	并不始终可获得;数据解释有难度,因为可能存在多个污染源
	饮用水	直接剂量相关介质;为所有人群组所消费	污染浓度通常十分低
	水生植物	较灵敏	数据解释有难度;不是所有季节可获得
	沉积物	较灵敏,可反映过去污染的累积	数据解释有难度,因为可能存在多个污染源
	鱼和贝壳类	直接剂量相关介质,是很好的污染指示物	经常不可获得;高流动性
	水禽类	直接剂量相关介质	经常不可获得;高流动性;数据解释有难度

资料来源:潘自强 . 2007. 电离辐射环境监测与评价。

表 7.8　常用退役监测仪器与技术的优缺点

监测仪器	监测技术	优点	缺点
手持式仪器	就地	可适应被测介质的多样性 可携性好 可有效测量 α、β、γ、X 和中子辐射 常被用于难以测量的区域 价格相对低廉 特别适合于少量物体的测量	人工成本较高 大多无核素识别能力
手持式仪器	扫描	可适应被测介质的多样性 可携性好 可有效测量 β、γ、X 和中子辐射 适用于难以测量的区域 价格相对低廉 特别适合于少量物体的测量	人工成本较高 大多无核素识别能力 增加了额外的测量不确定度 由重复测量带来的潜在伤害和伴随成本
大体积物件（桶、箱、4π）计数系统	就地	可测量小物件 可有效测量 α、γ、X 辐射 人工成本较低 对大量物体的测量，可节约成本	不适用于难测量区域 不可携

续表

监测仪器	监测技术	优点	缺点
门式监测仪	就地	可测量大物件 可有效测量 γ、X 和中子辐射 人工成本较低 对大量物体的测量，可节约成本	不适用于 α、β 放射性测量 不适用于难测量区域 不可携
门式监测仪	扫描	可测量大物件 可有效测量 γ、X 和中子辐射 驻留时间一般很短 不要求被测物体在测量期间处于静止状态 人工成本较低 对大量物体的测量，可节约成本	不适用于 α、β 放射性测量 应特别注意源的几何条件的影响 不适用于难测量区域 不可携
就地 γ 谱仪	就地	利用灵活的刻度实现定量测量 需要一定的人工成本 对大量物体的测量，可节约成本	仪器昂贵、建立和维护成本高 一般需液氮供应（也可采用电制冷） 不可携
就地 γ 谱仪	扫描	需要一定的人工成本 对大量物体的测量，可节约成本	仪器昂贵、建立和维护成本高 一般需液氮供应（也可采用电制冷） 不可携

续表

监测仪器	监测技术	优点	缺点
传送带式监测系统	就地	在初始安装调试后，仅需要相对较少的人工干预 对大量物体的测量，可节约成本	仪器昂贵、建立和维护成本高 不适用于难测量区域 不可携 一般无核素识别能力
传送带式监测系统	扫描	在初始安装调试后，仅需要相对较少的人工干预 对大量物体的测量，可节约成本	仪器昂贵、建立和维护成本高 不适用于难测量区域 不可携 一般无核素识别能力
实验室分析	取样	即使对于难测量核素，也可给出最低的最小可探测浓度(MDCs)和最小可量化浓度(MQCs) 实现非 γ 核素的可靠识别	成本高、时间长 因人员等待分析结果导致杂项开支增加 应对样品的代表性给予充分关注 探测器窗易碎
实验室分析	擦拭	仅用于松散污染 松散污染可转到低本底区域测量	仪器本底不足够低 当探测器灵敏区大于擦拭面积时，应考虑在探测器灵敏区域下其他介质的固有本底的影响

资料来源：U. S. Nuclear Regulatory Commission. 2009. NUREG-1575 Supp. 1。

7.3 辐射防护仪器校准

常用辐射防护仪器的校准方法见表 7.9。

各类辐射防护监测仪器均列入中华人民共和国强制检定工作计量器具的目录范围,应按规定由法定计量技术机构进行周期检定,周期为 12 个月。每台仪器在首次使用之前应该校准,之后应进行周期性校准。

对于我国计量技术机构的校准能力还不能覆盖的仪器参数,应采取型式试验、首次使用前检验、周期检验、功能检查、维修/调整后检验等多种措施,将仪器寿期内任何检验结果与型式试验的数据比较,确认仪器处于良好的工作状态,提高监测结果的可靠性。

表 7.9 常用辐射防护仪器的校准方法

类型	校准方法
光子测量仪器	校准参考辐射场和参考仪器应该使用的量是空气比释动能,校准辐射防护监测仪器应该使用的量是剂量当量 场所剂量仪校准采用周围剂量当量或者定向剂量当量,在自由空气中进行;个人剂量计的校准采用个人剂量当量,需要使用 ISO 水体模、ISO 柱状水模或 ISO 棒状 PMMA 体模 应采用符合国标 GB12162. 1-2008 标准规定的系列光子参考辐射,覆盖的能量范围 8keV~6. 6MeV 参考仪器必须在准备使用的能量和空气比释动能(率)范围内进行校准。如果可能,用于校准参考仪器的参考辐射应该与用来校准辐射防护检测仪器的参考辐射相同
β 测量仪器	目前两个最常用的校准 β 参考标准源的量是表面吸收剂量率和自由空气吸收剂量率 国标 GB12164. 1-2008 规定了用于校准防护水平剂量仪和剂量率仪并确定其能量响应的两个系列 β 参考辐射,包括 ^{14}C、^{147}Pm、^{204}Tl/^{85}Kr、^{90}Sr+^{90}Y、^{106}Ru+^{106}Rh 系列 1 参考辐射使用展平过滤器,在指定距离上产生一个大面积均匀辐射场;系列 2 参考辐射不使用展平过滤器,具有更宽的能量和剂量率范围
中子测量仪器	校准中子参考辐射场和参考仪器使用的量是“注量” 场所剂量仪校准采用周围剂量当量或者定向剂量当量,在自由空气中进行;个人剂量计的校准采用个人剂量当量,需要使用 ISO 水体模、ISO 柱状水模或 ISO 棒状 PMMA 体模

续表

类型	校准方法
中子测量仪器	所有中子剂量仪的剂量当量响应与中子能量有很强的依赖性。虽然在校准设施上复制工作场所的实际谱通常是不现实的，但了解剂量当量响应与能量和入射中子方向之间的关系非常重要。建立模拟实际工作场所谱特性的校准中子场是较好的选择 国标 GB/T14055.1-2008 推荐了用于校准辐射防护用途的中子测量装置及确定其中子能量响应的中子参考辐射，包括同位素中子源（$^{252}Cf+D_2O$、^{252}Cf、^{241}Am-B、^{241}Am-Be），反应堆中子源或加速器中子源。覆盖的能量范围为 0.025eV～19MeV 参考仪器应具有长期稳定性、足够的灵敏度和对测量谱具有已知的能量响应。最常用的是 De Pangher 长计数器和组织等效电离室
表面污染监测仪器	表面污染仪的校准因子是经校准的表面发射率除以源的面积与仪器的净读数 国标 GB12128-89、GB12128.2-1999 规定了用于校准表面污染仪的参考源，包括： • α 发射体的核素是^{241}Am或^{239}Pu • β 发射体核素是^{204}Tl或^{36}Cl，如果用于最大能量小于 250keV 的 β 粒子测量，可用^{14}C。作为型式试验，至少应使用三种不同最大能量的放射性核素源，也就是在能量低于 400keV、100～1000keV 和高于 1000keV 中至少选择一个源 • 光子发射体是^{55}Fe、^{238}Pu、^{129}I、^{241}Am、^{57}Co。除了^{55}Fe之外，所有光子参考源都应用过滤膜覆盖源的整个活性物质的表面，以去掉来自源的无用辐射 精确重复的几何条件对进行表面污染仪的校准是非常重要的。采用专用校准器具将有助于提高校准的质量和速度

资料改编自：国际原子能机构．2002．辐射防护监测仪器校准。

（张庆利　张建岗　编写，夏益华　审阅）

参 考 文 献

国际原子能机构 . 2002. 辐射防护监测仪器校准 . 金慧茹,魏可新译 . 北京:原子能出版社

潘自强 . 2007. 电离辐射环境监测与评价 . 北京:原子能出版社

IAEA. 1999. No. RS-G-1. 3,外部辐射源引起的职业照射评估

IAEA. 2006. No. RS-G-1. 1,职业辐射防护

Bernard Shleien, Lester A Slaback, Jr Brian Kent Birky. 1998. Handbook of Health Physics and Radiological Health. 3rd ed. Maryland: Williams&Wilkins

Sanjoy Mukhopadhyay, Paul Guss, Richard Maurer. 2011. Current Trends in Gamma Radiation Detection for Radiological Emergency Response. Proc of SPIE. Vol. 8144 81440K-9

US Nuclear Regulatory Commission. 2009. Multi-Agency Radiation Survey and Assessment of Materials and Equipment Manual (MARSAME), NUREG-1575 Supp1, Washington DC NRC

8

职业辐射防护

8.1 职业照射个人剂量限制

8.1.1 职业照射的剂量限值(表 8.1)

表 8.1 职业照射个人剂量限值[a]

人员类别 / 剂量		成人[b]	16~18 岁的学徒或学生[c]
有效剂量		20mSv(由审管部门决定的连续 5 年的年平均值[d]); 50mSv(任何一年)	6mSv/a
当量剂量	眼晶状体[e]	150mSv/a	50mSv/a
	四肢(手和足)或皮肤	500mSv/a	50mSv/a

a. 表中所规定的剂量限值适用于在规定期间外照射引起的剂量和在同一期间摄入放射性核素所致的待积剂量之和。

b. 用人单位有责任改善怀孕女性工作人员的工作条件,以保证为胚胎和胎儿提供与公众成员相同的防护水平。

c. 年龄小于 16 周岁的人员不得接受职业照射。

d. 特殊情况下,依照审管部门的规定,剂量平均期可破例延长到 10 个连续年,此外,当任何一个工作人员自此延长平均期开始以来所接受的剂量累计达到 100mSv 时,应对这种情况进行调查。剂量限值的临时变更应遵循审管部门的规定,但任何一年内不得超过 50mSv,临时变更的期限不得超过 5 年。

e. IAEA 在 2011 年出版的 Radiation Protection and Safety of Radiation Sources:International Basic Safety Standards INTERIM EDITION 中,要求成年人眼晶状体当量剂量 5 年平均不超过 20mSv,单一年份不超过 50mSv,16~18 岁的学徒或学生眼晶状体当量剂量每年不超过 20mSv。

资料改编自:GB18871-2002。

8.1.2 剂量约束

剂量约束是对源可能造成的个人剂量预先确定的一种限制,它是源相关的,被用作对所考虑的源进行防护和安全最优化时的约束条件。

对于职业照射,剂量约束是一种与源相关的个人剂量值,用于限制最优化过程所考虑的选择范围,该值必须低于剂量限值。

8.1.3 个人剂量的记录水平和调查水平

在实际的辐射防护实践过程中,需要制定个人剂量的参考水平,包括记录水平和调查水平。

当工作人员的受照剂量超过记录水平时,该剂量值就需要记入个人剂量记录。外照射个人剂量记录水平可用下面公式表示(IAEA NO. RS-G-1.3,1999):

$$R = L\times\frac{\text{监测周期(月)}}{12}$$

式中:R 为记录水平(mSv);L 为相应剂量值(对于有效剂量,该值取 1mSv;对于当量剂量,取年限值的 10%)。

作为例子,对于常规内照射个人剂量监测,某核素的记录水平[对应待积有效剂量 1mSv(0.001Sv)]可表示为(IAEA NO. RS-G-1.2,1999):

$$\mathrm{RL}_j=\frac{0.001}{N\times e(g)_j}$$

式中:RL_j 为用活度(Bq)表示的核素 j 的记录水平;N 为一年中的监测次数;$e(g)_j$ 为食入或吸入单位放射性核素 j 的剂量转换系数(见 GB 18871-2002 表 B3)。

在实际监测中,当个人剂量探测下限(判断限)低于上述计算结果,可以将探测下限(判断限)作为记录水平。

当工作人员的受照剂量超过调查水平时,应进行原因调查并评估辐射防护方案和措施的有效性。调查水平是辐射防护管理的重要工具,应由管理者在业务活动的规划阶段进行确定,并根据运行经验进行修订(IAEA NO. RS-G-1.1,2006)。

外照射个人剂量调查水平通常根据具体的实践活动情况制定。

作为例子，对于常规内照射个人剂量监测，某核素的调查水平（对应待积有效剂量 5mSv（0.005Sv））可表示为（IAEA NO. RS-G-1.2，1999）：

$$IL_j = \frac{0.005}{N \times e(g)_j}$$

式中：IL_j 为用活度（Bq）表示的核素 j 的调查水平；N 为一年中的监测次数；$e(g)_j$ 为食入或吸入单位放射性核素 j 的剂量转换系数（见 GB 18871-2002 表 B3）。

8.2 表面污染控制水平（表 8.2）

表 8.2 工作场所的放射性表面污染控制水平

（单位：Bq/cm^2）[a]

<table>
<tr><th colspan="2" rowspan="2">表面类型</th><th colspan="2">α 放射性物质</th><th rowspan="2">β 放射性物质</th></tr>
<tr><th>极毒性</th><th>其他</th></tr>
<tr><td rowspan="2">工作台、设备、墙壁、地面</td><td>控制区[b]</td><td>4</td><td>4×10</td><td>4×10</td></tr>
<tr><td>监督区</td><td>4×10^{-1}</td><td>4</td><td>4</td></tr>
<tr><td rowspan="2">工作服、手套、工作鞋</td><td>控制区</td><td rowspan="2">4×10^{-1}</td><td rowspan="2">4×10^{-1}</td><td rowspan="2">4</td></tr>
<tr><td>监督区</td></tr>
<tr><td colspan="2">手、皮肤、内衣、工作袜</td><td>4×10^{-2}</td><td>4×10^{-2}</td><td>4×10^{-1}</td></tr>
</table>

a. 表中的控制水平说明如下：

（1）表中所列数值系指表面固定污染和松散污染的总数。

（2）手、皮肤、内衣、工作袜污染时，应及时清洗，尽可能清洗到本底水平。其他表面污染水平超过表中所列数值时，应采取去污措施。

（3）设备、墙壁、地面经采取适当的去污措施后，仍超过表中所列数值时，可视为固定污染，经审管部门或审管部门授权的部门检查同意，可适当放宽控制水平，但不得超过表中所列数值的 5 倍。

（4）β 粒子最大能量小于 0.3MeV 的 β 放射性物质的表面污染控制水平，可为表中所列数值的 5 倍。

（5）^{227}Ac、^{210}Pb、^{228}Ra 等 β 放射性物质，按 α 放射性物质的表面污染控制水平执行。

（6）氚和氚化水的表面污染控制水平，可为表中所列数值的 10 倍。

（7）表面污染水平可按一定面积上的平均值计算：皮肤和工作服取 $100cm^2$，地面取 $1000cm^2$。

（8）工作场所中的某些设备与用品，经去污使其污染水平降低到表中所列设备类的控制水平的 1/50 以下时，经审管部门或审管部门授权的部门确认同意后，可当作普通物品使用。

b. 该区内的高污染子区除外。

资料来源：GB18871-2002。

8.3 氡、钍及其子体的控制限值

8.3.1 氡子体和钍子体的摄入量及照射量限值(表8.3)

表 8.3 氡子体和钍子体的摄入量及照射量限值

量	单位	氡子体值[a]	Th 子体值[b]
5 年以上的年平均值			
α 潜能摄入量	J	0.017	0.051
α 潜能照射量	$J\cdot h/m^3$ [d]	0.014	0.042
	WLM[c,d]	4.0	12
单一年份内的最大值			
α 潜能摄入量	J	0.042	0.127
α 潜能照射量	$J\cdot h/m^3$ [d]	0.035	0.105
	WLM	10.0	30

a. 氡子体：^{222}Rn 的短寿命衰变产物：^{218}Po(RaA)，^{214}Bi(RaC)，^{214}Pb(RaB)和^{214}Po(RaC′)。

b. 钍子体：^{220}Rn 的短寿命衰变产物：^{216}Po(ThA)，^{212}Pb(ThB)，^{212}Bi(ThC)，^{212}Po(ThC′)和^{208}Tl(ThC″)。

c. 工作水平月(WLM)：氡子体或钍子体的照射量单位，一个工作水平月是 $3.54mJ\cdot h/m^3$ 或 $170WL\cdot h$，一个工作水平(WL)是 1L 空气中氡子体或钍子体的任意组合，最终发射出 1.3×10^5MeV 的 α 能量。1WL 等于 2.1×10^{-5} J/m^3。

d. 表 8.4 中给出转换系数。

资料来源：GB18871-2002。

对于氡子体的照射，如果利用的转换系数为 $1.4mSv/(mJ\cdot h\cdot m^{-3})$，则 20mSv 相当于 $14mJ\cdot h/m^3$(4 个工作水平月)；50mSv 相当于 $35mJ\cdot h/m^3$(10 个工作水平月)。

8.3.2 氡和氡子体使用单位的转换系数(表 8.4)

表 8.4 氡和氡子体使用单位的转换系数

量	单位	值
氡子体转换	$(mJ\cdot h\cdot m^{-3})/WLM$	3.54
氡子体/氡照射量转换	$(mJ\cdot h\cdot m^{-3})/(Bq\cdot h\cdot m^{-3})$	2.22×10^{-6}
(平衡因子 0.4)	$WLM/(Bq\cdot h\cdot m^{-3})$	6.28×10^{-7}

续表

量	单位	值
单位氡浓度的氡子体年照射量[a]		
在住宅中	$(mJ \cdot h \cdot m^{-3})/(Bq \cdot m^{-3})$	1.56×10^{-2}
在工作场所	$(mJ \cdot h \cdot m^{-3})/(Bq \cdot m^{-3})$	4.45×10^{-3}
在住宅中	$WLM/(Bq \cdot m^{-3})$	4.40×10^{-3}
在工作场所	$WLM/(Bq \cdot m^{-3})$	1.26×10^{-3}
剂量转换惯例,单位氡子体照射量的有效剂量		
在住宅中	$mSv/(mJ \cdot h \cdot m^{-3})$	1.1
在工作场所	$mSv/(mJ \cdot h \cdot m^{-3})$	1.4
剂量转换惯例,单位氡子体照射量的有效剂量		
在住宅中	mSv/WLM	4
在工作场所	mSv/WLM	5
氡子体/氡浓度转换		
平衡因子 $F=0.4$	$WL/(Bq \cdot m^{-3})$	1.07×10^{-4}
一般情况下	$WL/(Bq \cdot m^{-3})$	2.67×10^{-4}

a. 假设每年在住宅中 7000h 或每年在工作场所 2000h 和平衡因子为 0.4。

资料来源:GB18871-2002。

8.3.3 平衡当量氡浓度

平衡当量氡浓度又称为平衡等效浓度,平衡当量浓度是氡与其短寿命子体处于平衡状态、并具有与实际非平衡混物相同的 α 潜能浓度时氡的活度浓度。氡的浓度量与氡的照射量(又称暴露量)的换算关系见表 8.5。

表 8.5　氡-222 不同浓度量及相应的照射量的转化系数

商	转化系数
C_p/C_{eq}	$5.56\times10^{-9}(J\cdot m^{-3})/(Bq\cdot m^{-3})$
C_{eq}/C_p	$1.80\times10^{8}(Bq\cdot m^{-3})/(J\cdot m^{-3})$
P_p/P_{eq}	$5.56\times10^{-9}(J\cdot h\cdot m^{-3})/(Bq\cdot h\cdot m^{-3})$
	$1.57\times10^{-6}WLM/(Bq\cdot h\cdot m^{-3})$
P_{eq}/P_p	$1.80\times10^{8}(Bq\cdot h\cdot m^{-3})/(J\cdot h\cdot m^{-3})$
	$6.37\times10^{5}(Bq\cdot h\cdot m^{-3})/WLM$

注：C_p 为 α 潜能浓度；C_{eq}为平衡当量氡浓度；P_p 为 α 潜能浓度时间积分照射量；P_{eq}为平衡当量氡浓度时间积分照射量。

资料来源：ICRP 65，1993。

8.4　常见放射性核素毒性分组、非密封源工作场所的分级和控制

本节主要汇编了常见核素毒性分组、非密封源工作场所的分级和尿中铀的调查水平与医学观察水平等数据。其中常见放射性核素的毒性分组见表 8.6，放射性核素毒性组别修正因子见表 8.7，操作方式与放射源状态修正因子见表 8.8，非密封源工作场所的分级见表 8.9。

表 8.6　常见放射性核素的毒性分组

D1 极毒组	D2 高毒组	D3 中毒组	D4 低毒组
^{210}Po、^{226}Ra、^{228}Ra、^{228}Th、^{230}Th、^{234}U、^{238}Pu、^{239}Pu、^{240}Pu、^{242}Pu、^{241}Am、^{244}Cm、^{252}Cf	^{10}Be、^{60}Co、^{90}Sr、^{106}Ru、^{144}Ce、^{152}Eu、^{154}Eu、^{210}Pb、^{237}Np	^{22}Na、^{32}P、^{54}Mn、^{55}Fe、^{59}Fe、^{57}Co、^{58}Co、^{63}Ni、^{68}Ge、^{75}Se、^{89}Sr、^{90}Y、^{95}Zr、^{95}Nb、^{99}Mo、^{103}Ru、^{103}Pd、^{110m}Ag、^{111}Ag、^{109}Cd、^{111}In、^{124}Sb、^{125}Sb、^{132}Te、^{125}I、^{131}I、^{133}I、^{135}I ^{134}Cs、^{136}Cs、^{137}Cs、^{140}Ba、^{140}La、^{141}Ce、^{143}Ce、^{143}Pr、^{147}Pm、^{170}Tm、^{169}Yb、^{192}Ir、$Th_{\text{天然}}$、$U_{\text{天然}}$、^{239}Np、^{242}Am 气态或蒸气态： ^{14}C、^{125}I、^{125}I(甲基)、^{131}I、^{131}I(甲基)、^{132}I、^{133}I、^{133}I(甲基)、^{135}I、^{135}I(甲基)	^{7}Be、^{18}F、^{40}K、^{51}Cr、^{67}Ge、^{99m}Tc、^{113m}In、^{123}I、^{129}I、^{132}I、^{134}I、^{201}Tl、^{232}Th、^{235}U、^{238}U 气态或蒸气态： ^{3}H(元素)、^{3}H(氚水)、^{3}H(有机结合氚)、^{3}H(甲烷氚)、^{11}C、$^{11}CO_2$、$^{14}CO_2$、^{11}CO、^{14}CO、^{41}Ar、^{85}Kr、^{85m}Kr、^{87}Kr、^{88}Kr、^{123}I、^{123}I(甲基)、^{129}I、^{129}I(甲基)、^{132}I(甲基)、^{134}I、^{134}I(甲基)、^{133m}Xe、^{133}Xe、^{135m}Xe、^{135}Xe、^{138}Xe

资料来源：GB18871-2002。

表 8.7 放射性核素毒性组别修正因子

毒性组别	毒性组别修正因子
极毒	10
高毒	1
中毒	0.1
低毒	0.01

资料来源:GB18871-2002。

表 8.8 操作方式与放射源状态修正因子

操作方式	放射源状态			
	表面污染水平较低的固体	液体、溶液、悬浮液	表面有污染的固体	气体、蒸气、粉末、压力很高的液体、固体
源的贮存	1000	100	10	1
很简单的操作	100	10	1	0.1
简单操作	10	1	0.1	0.01
特别危险的操作	1	0.1	0.01	0.001

资料来源:GB18871-2002。

表 8.9 非密封源工作场所的分级

级别	日等效最大操作量[a](Bq)	管理方式
甲	$>4\times10^9$	参照Ⅰ类放射源
乙	$2\times10^7\sim4\times10^9$	参照Ⅱ、Ⅲ类放射源
丙	豁免活度值以上至 2×10^7	参照Ⅱ、Ⅲ类放射源

a. 放射性核素的日等效操作量等于放射性核素的实际日操作量(Bq)与该核素毒性组别修正因子(见表 8.7)的积除以与操作方式有关的修正因子(见表 8.8)所得的商。

资料来源:GB18871-2002。

8.5 辐射分区

8.5.1 辐射分区的目的

辐射工作场所进行辐射分区的目的在于通过设施内的总体布置、通风系统设计、屏蔽设计和出入控制等手段,控制正常工作条件下的正常照射或防止放射性污染扩散,并预防潜在照射或限制潜在照射的范围,以便使工作人员的受照剂量在运行状态下达到合理可行、尽量低的水平,在事故工况下低于可接受的值。

8.5.2 辐射分区剂量准则

辐射工作场所分为监督区和控制区。监督区是指通常不需要专门的防护手段或安全措施的区域,但需要经常对职业照射条件进行监督和评价。控制区是指需要和可能需要专门防护手段或安全措施的区域,控制正常工作条件下的正常照射或防止污染扩散,并预防潜在照射或限制潜在照射的范围。核电厂应对控制区域的每个卫生出入口进行控制,并监测离开控制区的人员和设备。

通常核电厂的控制区由于范围较大,还应根据预期的辐射水平和放射性污染水平将控制区再细分为若干子区,包括在运行期间不太可能进入的子区;各子区应设定相应的居留特性要求,子区中的辐射或污染水平越高,对该子区的进出控制的要求越高,以方便管理,如常规工作区、间断工作区、限定工作区、高辐射区、特高辐射区和超高辐射区等。由于已有的实践、经验以及核电厂设计和运行管理方式等方面的不同,控制区内各子区的划分可能因不同核电厂而异。表 8.10 列出了典型核电厂的辐射分区特征。

表 8.10 核电厂辐射分区特征

工作场所	区域名称	场所剂量率(mSv/h)	气载放射性活度浓度	居留特征
非辐射工作场所(非限制区)		≤0.0005	不受污染	每年工作少于 2000h

续表

工作场所		区域名称	场所剂量率（mSv/h）	气载放射性活度浓度	居留特征
辐射工作场所	监督区（白）		≤0.0025	可忽略	每季工作少于 500h
	控制区	常规工作区(绿)	≤0.01	≤0.1DAC	每周工作少于 40h,年均工作量大于 10 人·时/周
		间断工作区(黄 1)	≤0.1	≤1DAC	每周工作少于 4h,年均工作量小于 10 人·时/周
		限定工作区(黄 2)	≤1	≤10DAC	管理进入，年均工作量小于 1 人·时/周
		高辐射区(橙)	≤10		限制进入
		特高辐射区(红)	≤100		特许进入
		超高辐射区(红)	>100		禁止进入

事故工况下核电厂的分区需要将为辨明机组状态,控制反应堆和缓解事故后果而必须通行、操作和居留的通道与场所,首先确定为“紧要区”。然后,要根据设备及管线中流体最高活度、厂房区域内空气中可能的放射性浓度和厂外污染空气的分析,设计必需的通风过滤设施、附加屏蔽和通行路线来保证“紧要区”的可接近性和可居留性。对于那些可能由于操作意外或事故工况造成的潜在特高或超高辐射区,在设计阶段也应加以考虑,特别是事故管理所需操作的实施可能引起的分区变动,需要给以适当的标识。

8.5.3 控制区域污染的措施

为了防止气载放射性污染,通风系统设计采用空气净化过滤器和保持适当的压差来限制污染物的散布和向环境的释放,通风系统的气流组织保证气流方向从气载污染水平较低的区域流向气载污染水平较高的区域。对于维修期间可能发生气载污染的区域,配备便携式通风设备(通风机、过滤器和帐篷)

进行有效的局部通风。区域应比相邻房间维持较低的压力,否则,就应采取密闭或隔离措施。事故状态下“紧要区”应始终由洁净空气保持一定的正压。

为防止表面污染的传播,在污染区或可能被污染区域的出入口设置过渡区,将清洁区和潜在污染区分隔。在控制区的出口处提供人员监测设备,以确保他们的衣服和体表的污染水平低于规定的水平。在物品从污染区和任何情况下从控制区移出之前,都要求对他们进行适当的检测。

8.6 核临界安全

8.6.1 核临界安全的基本技术准则

核临界安全应遵循以下技术准则:

(1) 应在全面分析整个操作过程或整个工艺流程的基础上,明确选择适当的临界控制方式,明确确定恰当的可控参数的操作(运行)限值。

(2) 应采取一种或数种有效可行的工程和技术措施(或手段),确保所选择的临界控制方式和所确定可控参数的限值始终保持有效。

(3) 双偶然事件原则,即要求操作或工艺设计中应有足够大的安全系数,使得在有关的各个操作条件或工艺条件中至少需要一并发生两种不大可能的、独立的改变时,才有可能导致临界事故。

(4) 只要有可能,就应当采用几何控制而不是行政管理措施来进行临界控制。在所有的控制措施中应优先考虑采用几何控制。

(5) 对于无法采用几何控制的设备,如有可能,应优先采用中子毒物控制。应当采取适当的措施,使加入的中子毒物持续保持其预期的分布和浓度。

(6) 临界控制所依赖的次临界限值,应建立在实验数据或经检验证明可靠的计算方法所得出的计算数据的基础之上。

可能造成工艺条件变化的典型事件、燃耗信用制简介分别见表 8.11 和表 8.12。

表 8.11 可能造成工艺条件变化的典型事件

后果	典型事件
改变几何形状	由于容器凸涨、腐蚀或破裂,或制造时不符合技术条件,造成容器偏离设计的形状和尺寸
增加易裂变材料质量	由于误操作、标签不当、设备故障或样品分析操作出错,造成某一位置的易裂变材料质量增加
慢化剂与易裂变材料原子数之比偏离规定值	由于下列原因造成慢化剂与易裂变材料原子数之比偏离规定值: (1)仪器或化学分析方法不准确 (2)水、油、雪(即低密度水)、纸板、木料或其他慢化材料,以淹没、喷淋或其他方式影响单体或多体系统 (3)慢化剂蒸发或转移 (4)溶液中易裂变材料沉淀 (5)添加慢化剂造成浓溶液稀释 (6)空气泡进入贮存水池内的燃料组件排之间
改变中子损失份额	由于下列原因造成中子损失份额改变: (1)固态中子吸收剂因腐蚀或浸出而损失 (2)慢化剂数量改变 (3)溶液中的中子吸收剂或易裂变材料因沉淀而重新分布 (4)慢化剂阵列或溶液中的固体中子吸收剂因聚集而重新分布 (5)加到溶液中的中子吸收剂未达到规定的数量,或未达到规定的分布方式 (6)样品分析技术未能提供正确的浓度数据
改变反射效率	由于下列原因造成反射效率改变: (1)出现额外材料(例如水或人体)使反射体厚度增加 (2)反射体组分变化,使中子吸收剂减少(例如因吸收剂包壳被腐蚀)
改变单体之间、单体与反射层之间的相互作用	由于下列原因造成单体之间、单体与反射层之间的相互作用改变: (1)出现额外的单体或反射体(例如人体) (2)单体放置位置不当 (3)单体间的慢化剂和吸收剂损失 (4)保持单体间隔的架子倒塌
增加易裂变材料密度	易裂变材料密度增加

资料来源:GB 15146.2-2008。

表 8.12 燃耗信任制简介

定义	在分析乏燃料的贮存、运输和后处理(或处置)中的临界安全问题时,不以新燃料的富集度为依据,而考虑辐照后的反应性降低,这就是采用燃耗信任制
优势	以新燃料的富集度为依据分析乏燃料的临界安全问题存在过大的安全裕度,采用燃耗信任制可使这种过大的安全裕度适当降低,在保证安全的前提下提高经济效益
实施燃耗信任制的条件	(1)核电站提供可靠的燃耗数据。对每个燃料组件在堆内的辐照历史都要详细记录在计算机中并用精确的计算程序进行燃耗计算。在计算中要考虑燃耗的不均匀性 (2)实际测量每个组件的燃耗。尽管燃耗计算结果已经非常精确,但还是应在贮存、运输和后处理前测量每个组件的燃耗。燃耗测量装置的精度应经过实验验证。对燃耗的验证实质上是对乏燃料中有关核素组分的验证 (3)开发精度高、适应性强的临界安全计算程序,并且应对计算程序进行验证。临界计算精确性需用临界实验来验证
燃耗信任制的不同水准	(1)净可裂变水准。考虑可裂变同位素的净减少 (2)锕系水准。考虑可裂变同位素的净减少,并考虑锕系同位素的中子吸收效应 (3)锕系加裂变产物水准。考虑可裂变同位素的净减少,并考虑锕系同位素和裂变产物的中子吸收效应 (4)总的可燃吸收剂水准。考虑可裂变同位素的净减少,并考虑全部中子吸收剂的存在。对应于同一个燃耗信任制水准,还有允许的燃耗信用值高低的差别

资料改编自:阮可强等. 2005. 核临界安全。

8.6.2 核临界事故

世界上已经发生了多起堆外核临界事故,其中核燃料工厂发生的核临界事故有 22 起。表 8.13 给出了不同易裂变材料系统瞬发临界事故最大可能裂变次数。无屏蔽情况下距临界事故发生点不同距离处的瞬发 γ 和中子剂量水平见表 8.14。

对无慢化固体系统的临界事故,可能出现初始裂变脉冲尖峰,而有慢化系统的事故,才可能出现裂变尖峰和尖峰后的功率平台,其事故总裂变次数,大约为脉冲尖峰裂变次数的十余倍。实际发生的瞬发临界事故,其裂变次数比表 8.13 估计的最大可能裂变次数小很多,通常在 10^{15} ~ 10^{17} 量级,只有 1959 年 10 月美国爱达荷国家工程研究所爱达荷化学处理厂的临界事故和 1999 年 9 月日本东海村 JCO 公司燃料加工厂的临界事故较大,裂变次数分别达到 4×10^{19} 和 2.5×10^{18}。

表 8.13 不同易裂变材料系统瞬发临界事故最大可能裂变次数及可能造成的实体损坏估计

系统	初始脉冲裂变数	总裂变数	可能造成的实体损坏
溶液单体			
体积小于 $0.5m^3$	1×10^{17}	3×10^{18}	不大可能造成实体损坏
体积大于 $0.5m^3$	1×10^{18}	3×10^{19}	不大可能造成实体损坏
无慢化固体单体			
铀	3×10^{19}	3×10^{19}	可能造成实体部件损坏
钚	2×10^{18}	2×10^{18}	可能造成实体部件损坏
非均匀液体/颗粒物单体[a]	3×10^{20}	3×10^{20}	可能导致系统轻度或广泛损坏
非均匀水/固体块单体	3×10^{18}	1×10^{19}	可能导致系统轻度或广泛损坏
无慢化单元组成的大贮存阵列[b]	3×10^{22}	3×10^{22}	可能产生爆炸

a. 颗粒物的搅动可导致增加较大反应性。

b. 货架倒塌易裂变材料单元聚集而临界。

资料来源:Woodcock E R. AHSP(RP)R-14。

表 8.14 无屏蔽情况下距临界事故发生点不同距离处的瞬发 γ 和中子剂量水平

距离(m)	瞬发 γ 和中子剂量(Sv)			
	10^{16}裂变	10^{17}裂变	10^{18}裂变	10^{19}裂变
10	9E−02	8.6E−01	8.65E+0	8.65E+01
100	5E−04	5.7E−03	6E−02	6E−01
500	<1E−05	3.6E−05	4E−04	4E−03
1000	~本底	1E−05	1E−05	1E−04

资料来源:NUREG-1450. 1991。

8.7 辐射防护最优化

核设施设计阶段和运行阶段的辐射防护最优化流程分别见图 8.1 和图 8.2,减低辐射剂量措施见表 8.15。

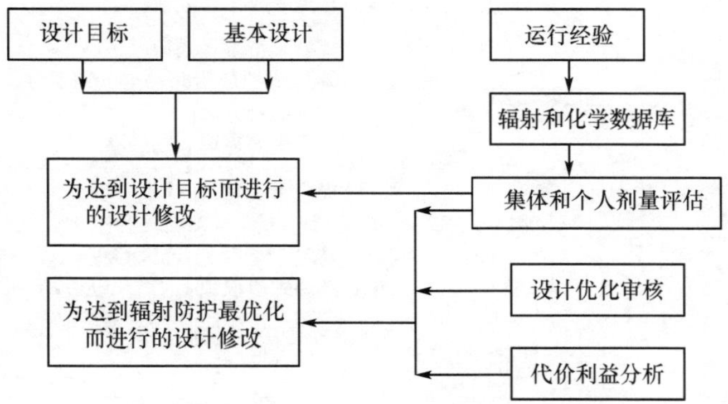

图 8.1 核设施设计阶段辐射防护最优化流程

资料来源:IAEA-NS-G-1.13,2005

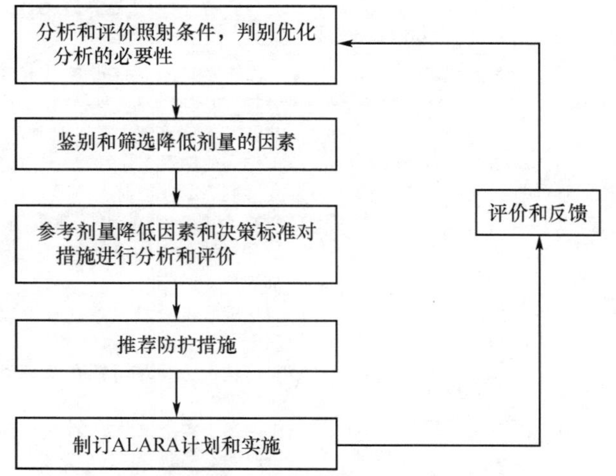

图 8.2 核设施运行阶段辐射防护最优化流程

资料来源:IAEA-SRS-21,2002

表 8.15 最优化分析中降低剂量的措施

措施		主要内容
通用措施	工作计划和安排	(1)选择最有利的工作时机或工作窗口(好的工作条件、剂量率等),以降低剂量 (2)合理安排工作人数
	基本培训	(1)辐射防护基本知识 (2)辐射防护最优化(IAEA 开发了软件 RADIOR) (3)工作现场环境和剂量率
	工作人员的 ALARA 意识和参与	(1)提高 ALARA 意识和态度 (2)工作人员参与 ALARA 目标、ALARA 计划的制订和经验反馈过程 (3)现场辐射标识提醒工作人员
	沟通	鼓励各级管理人员、工作负责人、工作人员及时沟通
减少照射的具体措施	设施或设备的设计	(1)设计过程中的屏蔽、包容、远距离操作 (2)设备、工具更加友好,便于操作、维修,提高工作效率 (3)设计改造,改进工作环境和防护效果
	减少辐射工作时间	(1)工作前的准备,保证程序、工具和设备(如照明、脚手架等)在工作前可用,减少在工作现场的时间 (2)工作人员熟悉工作过程,工作前实操演练或模拟训练 (3)防护用品的准备和合理使用。比如过度的内污染防护可能增加现场的工作时间
	合理减少工作人数	(1)工作现场的合理人数就是可以圆满完成工作的最少人数 (2)工作辅助人员尽可能在低辐射区待工 (3)使用远距离摄像设备、远距离剂量监测设备,可以减少观察、监督人员在现场的人数

续表

措施		主要内容
减少照射的具体措施	降低剂量率	(1)通过系统的化学去污、过滤、离子交换、冲洗等措施降低剂量率 (2)改进放射性回路的化学、运行控制 (3)工作前设备或部件去污 (4)增加临时屏蔽 (5)使用远距离测量仪器或操作工具 (6)优化工作人员的工作位置和方向
	特殊培训	(1)比基本培训更细致、专业的培训,比如射线探伤培训、放射源管理培训等 (2)实际操作技能培训,比如模拟现场照明、通风、穿戴防护、设备使用等工作环境下的培训

资料整理自:IAEA Safety Reports Series NO. 21. 2002。

8.8 职业照射水平

表 8.16 列出了中国核工业各个核燃料循环系统的职业照射水平;表 8.17 列出了 1999 年工业辐射应用中的外照射剂量。表 8.18 列出了 1986~2000 年中国医用辐射职业照射监测的基本情况。

表 8.16 中国核工业职业照射水平(1996~2000 年)

核燃料循环系统	年均监测人数	年均集体有效剂量(人·Sv)	年人均有效剂量(mSv)	占总集体有效剂量的份额(%)
铀矿开采	1803	27.67	15.35	63.95
铀水冶	1044	1.83	1.75	4.23
核燃料转化富集	3395	0.776	0.23	1.79
核燃料制造	1101	2.19	1.99	5.06

续表

核燃料循环系统	年均监测人数	年均集体有效剂量（人·Sv）	年人均有效剂量（mSv）	占总集体有效剂量的份额(%)
核电	2931	2.03	0.69	4.69
退役和放射性废物管理	1298	4.06	3.13	9.38
科学研究	2060	4.71	2.28	10.89
总计	13632	43.27	3.17	

资料来源:潘自强.2010. 中国辐射水平。

表 8.17　工业辐射应用中的外照射剂量(1999 年)

职业类别	应监测人数（千人）	实监测人数（千人）	集体有效剂量（人·Sv）	人均年有效剂量(mSv)
工业探伤	18.7	10.3	21.5	1.15
同位素生产	2.09	0.75	10.6	5.07
工业应用	22.9	12.2	16.5	1.35
工业辐照	1.11	0.65	0.64	0.98
加速器运行	0.98	0.55	0.22	0.41
油田测井	2.85	2.28	1.03	0.36
地质测井[a]	9.51	0.02(0.11)	15.0	6.86(0.83)
科研教学	1.62	0.26	1.46	0.90
其他	4.50	0.09	9.59	2.13
合计	64.3	27.1	76.5	

a. 扩号内为通过场所剂量率结合工作时间的估算值,扩号外为各省监测值。

资料来源:潘自强.2010. 中国辐射水平。

表 8.18　中国医用辐射职业照射监测的基本情况(1986~2000 年)

职业类别	年份	应监测人数(千人)	实监测人类(千人)	监测率(%)	集体有效剂量(人·Sv)	人均年有效剂量(mSv)
	1986~1990	107.4	19.8	18.4	231	2.15
总的医用辐射	1994~1995	89.1	34.7	38.9	131	1.47
	1996~2000	114.7	59.7	52.0	164	1.43
	1986~1990	94.6	18.3	19.3	207	2.18
	1994~1995	80.5	30.3	37.6	122	1.52
X 射线诊断	1996~2000	102.1	52.1	51.0	149	1.46
	1986~1990	5.82	0.98	16.8	9.26	1.59
	1994~1995	4.57	2.19	47.9	5.35	1.17
核医学	1996~2000	5.90	3.46	58.6	7.26	1.23
	1986~1990	6.84	0.48	7.0	10.3	1.51
放射治疗	1994~1995	4.01	2.15	53.6	4.05	1.01
	1996~2000	6.74	4.12	61.1	6.54	0.97

资料来源:潘自强.2010. 中国辐射水平。

(杨俊武　杨茂春　编写,潘自强　审阅)

参考文献

潘自强,刘森林等.2010. 中国辐射水平. 北京:原子能出版社

阮可强.2005. 核临界安全. 核临界安全. 北京:原子能出版社

中华人民共和国国家质量监督检验检疫总局.2002. GB18871-2002. 电离辐射防护与辐射源安全的基本标准. 北京:中国标准出版社

IAEA 安全导则. NO. RS-G-1. 1. 2006. 职业辐射防护

ICRP 第 65 号出版物. 李素云译. 1997. 住宅和工作场所氡-222 的防护. 北京:原子能出版社

IAEA NO. NS-G-1. 13. 2005. Radiation Protection Aspects of Design for Nuclear Power Plants

IAEA Safety Guide, NO. RS-G-1. 2. 1999. Assessment of Occupational Exposure Due to Intakes of Radionuclides

IAEA Safety Guide, NO. RS-G-1. 3. 1999. Assessment of Occupational Exposure Due to External Sources of Radiation

IAEA safety Report Series No. 21. 2002. Optimization of Radiation Protection in the Control of Occupational Exposure

9 医学应用中的辐射防护

9.1 医学应用概述

电离辐射的医学应用分为X射线诊断、核医学和放射治疗等分支学科。

X射线诊断包括常规X射线摄影与透视,乳腺、口腔、胃肠等特殊X射线检查,X射线计算机体层摄影(CT)、计算机X射线摄影系统(CR、DR)与介入放射学等诊断检查或临床应用类型。

核医学一般分为基础核医学和临床核医学。其中临床核医学包括放射性药物显像诊断检查和核素治疗两种医学应用。前者包括γ照相机检查、单光子发射计算机体层显像(SPECT)检查与正电子发射计算机体层显像/X射线计算机体层摄影(PET/CT)检查等临床诊断检查,后者包括体内放射性药物治疗、敷贴治疗与粒子源植入治疗等治疗方式。

放射治疗分为远距治疗和近距治疗两大类。远距治疗包括普通^{60}Co治疗机治疗、医用电子直线加速器治疗、γ射线头部立体定向治疗(γ刀)、X射线头部立体定向治疗(X刀)、中子治疗、质子与重离子治疗等治疗方式;近距治疗主要是指预先在患者需要治疗的部位正确地放置施源器,然后采用自动或手动控制,将^{192}Ir、^{60}Co或^{137}Cs等放射源输入施源器,使放射源在人体自然腔、管道或组织间驻留而达到预定的剂量及其分布的一种治疗技术。

上述分类反映了中国多数医疗机构在科室职能设置上的基本情况,科学意义上的粒子源植入治疗、敷贴治疗等也属于放射治疗中的近距治疗。电离辐射的医疗应用分类见图9.1。

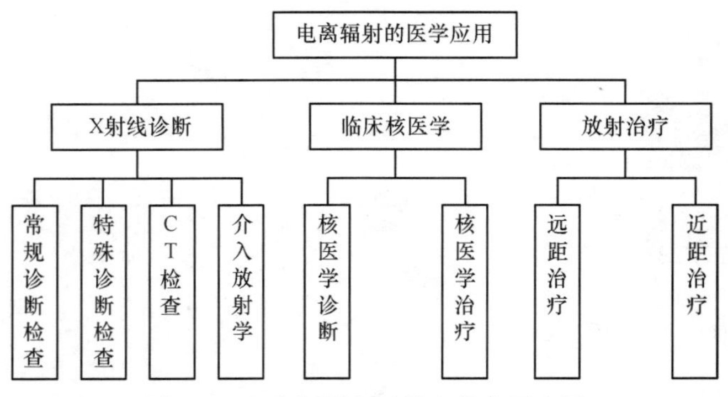

图 9.1　电离辐射在医学中的主要应用
资料来源:潘自强 . 2010. 中国辐射水平

9.2　医疗照射的正当性判断

9.2.1　医疗照射正当性的三个层次(ICRP 103,2007)

第一个层次:医疗照射给患者带来的利益大于可能引起的辐射危害。

第二个层次:特定目标、特定诊疗程序的正当性。其目的是判断放射学程序是否能提高诊断或治疗水平,或提供受照人员的必要信息。举例:对于已显现症状的肺部疾病,X 射线检查的利益大于风险,首选的检查程序是 X 射线摄影。但是在不具备摄影条件的区域,透视仍可选择。

第三个层次:个体患者医疗程序的正当性。应核实个体患者诊断所需的信息是否已经存在,拟定检查是否为最适宜的方法;拟定程序和备选程序的细节及有效性估计等。

9.2.2　正当性判断的要求

9.2.2.1　原则要求(GB 18871-2002)

在考虑了可供采用的不涉及医疗照射的替代方法的利益和危险之后,仅当通过权衡利弊,证明医疗照射给受照个人或社会所带来的利益大于可能引起的辐射危害时,该医疗照射才是正当的。

对于复杂的诊断与治疗,应注意逐例进行正当性判断。还应注意根据医疗技术与水平的发展,对过去认为是正当的医疗照射重新进行正当性判断。

所有新型医疗照射的技术和方法,使用前均应进行正当性判断。

9.2.2.2　具体要求

(1) 放射诊断:应掌握好适应证,正确合理地使用诊断性医疗照射,严格执行检查资料的登记、保存、提取和借阅制度,不得因资料管理、受检者转诊等原因使受检者接受不必要的重复照射;不得将核素显像检查和X射线胸部检查列入对婴幼儿及少年儿童体检的常规检查项目;对育龄妇女腹部或骨盆进行核素显像检查或X射线检查前,应问明是否怀孕;非特殊需要,对受孕后8~15周的育龄妇女,不得进行下腹部放射影像检查;应当尽量以胸部X射线摄影代替胸部荧光透视检查(卫生部令第46号,2006)。

(2) 群体检查:涉及医疗照射的群体检查的正当性判断,应考虑通过普查可能查出的疾病、对被查出的疾病进行有效治疗的可能性和由于某种疾病得到控制而使公众所获得的利益,只有这些受益足以补偿在经济和社会方面所付出的代价(包括辐射危害)时这种检查才是正当的。X射线诊断的筛选性普查还应避免使用透视方法(GB18871-2002)。

(3) 放射治疗:应当仔细考虑每一个放射治疗程序的正当性,放射治疗中患者接受的剂量可能引起的并发症也是放射治疗正当性判断不可缺少的部分(GBZ179-2006)。

9.3　医用辐射防护的最优化

患者在诊断和治疗过程中防护最优化的基本目的,是在考虑社会和经济状况的条件下把超过损害的利益最大化。因为是故意让患者接受辐射源照射的,防护最优化可能比较复杂,不一定意味着减少对患者的剂量,而优先考虑的是获得可靠的诊断信息和达到预期的治疗效果。

医疗照射防护的最优化包括设备和方法的选择、人员操作要求、剂量测量与校准及质量保证等内容。

9.3.1 X 射线诊断

9.3.1.1 设备性能及防护要求

新安装、维修或更换重要部件后的放射诊断设备，应当对其进行验收检测，合格后方可启用。对于使用中的放射诊断设备的防护性能，应当定期进行状态检测和稳定性检测，保证其技术指标和安全、防护性能符合有关标准与要求。X 射线源组件和 X 射线管组件应当有足够铅当量的防护层，使距焦点 1m 处球面上漏射线的空气比释动能率对口腔科 X 射线机应不超过 0.25mGy/h，对其余 X 射线机应不超过 1.0mGy/h。表 9.1 和表 9.2 分别列出了相关放射卫生防护标准对部分 X 射线诊断设备防护性能的要求。

表 9.1 有用线束入射受检者体表空气比释动能率控制值

X 射线机类型	体表空气比释动能率(mGy/min)
普通医用诊断 X 射线机	50
有影像增强器的 X 射线机	25
有影像增强器并有自动亮度控制系统的 X 射线机(介入放射学使用)	100

资料来源：GB18871-2000、GBZ130-2002。

表 9.2 X 射线透视设备影像增强器最大入射屏前空气比释动能率

影像增强器入射屏直径(mm)	350	310	230	150
入射屏前空气比释动能率(MGy/min)	30	48	60	134

资料来源：WS 76-2011。

9.3.1.2 机房防护要求

X 射线机应设有单独的机房，机房内有效使用面积、最小单边长度应满足使用设备的空间要求，可按照表 9.3 的要求进行设计。

车载X射线机不受此条件限制,另有单独的防护要求。

表9.3 X射线机房(照射室)使用面积及单边长度

设备类型	机房内有效使用面积(m^2)	机房内最小单边长度(m)
CT机	30	4
双管头或多管头X射线机[a]	30	4
单管头X射线机[b]	20	3.5
透视专用机[c]、碎石定位机	15	3
乳腺机、全身骨密度仪	10	2.5
口腔科全景机、局部骨密度仪	5	2
口内牙片机	3	1.5

a. 双管头或多管头X射线机的所有管球安装在同一间机房内。

b. 单管球、双管头或多管头X射线机的每个管球各安装在一个房间内。

c. 透视专用机指无诊断床、标称管电流小于5mA的X射线机。

不同类型X射线机房的屏蔽防护应满足表9.4的要求。

表9.4 不同类型X射线机房的屏蔽防护铅当量厚度要求

机房类型	有用线束方向铅当量(mm)	非有用线束方向铅当量(mm)
透视机房、全身骨密度仪机房、口内牙片机房、口腔科全景机房(不含头颅摄影)、乳腺机房	1	1
标称125kV以下的摄影机房、口腔科全景机房(头颅摄影)	2	1
标称125kV及以上的摄影机房	3	2
介入X射线设备机房	2	2
CT机房	—	2(一般工作量[a]) 2.5(较大工作量[a])

a. 参见GBZ/T180-2006。

9.3.1.3 X射线诊断检查的剂量控制

X射线诊断常规检查包括X射线透视和摄影两大类。随着X射线CT检查频度的快速增加,CT检查所致患者剂量日益受到重视。

X 射线诊断所致受检者与患者剂量可以用不同的辐射量表达。

（1）入射体表剂量与组织吸收剂量：普通 X 射线诊断中，从简便和实用的角度出发，通常直接监测的入射体表剂量 ESD 在数值上可以视为入射受检者体表的吸收剂量，以 ESD 为基础，利用皮肤入射剂量和器官剂量转换系数按照下式计算器官或组织的吸收剂量：

$$D_{TR} = C_R \times D_S$$

式中：D_{TR}为 器官或组织的吸收剂量（mGy）；C_R 为器官剂量转换系数（mGy/Gy）；D_S 为皮肤入射剂量（Gy）。

GB/T 16137-1995 列出了 X 射线摄影检查中不同受照人群、不同检查部位的剂量转换系数。

（2）CT 剂量的表达：与普通 X 射线诊断检查不同，X 射线 CT 扫描的辐射剂量有特殊表达方式。这里仅介绍其中常用的 CT 剂量指数、加权 CT 剂量指数与容积 CT 剂量指数。它们一般均以 mGy 为单位。

CT 剂量指数（CTDI）：是迄今广泛应用的最基本的反映 X 射线 CT 机扫描剂量特性的表征量。定义为：沿着垂直于断层平面方向（Z 轴）上的吸收剂量分布 $D(z)$，除以 X 射线管在 360°的单次旋转时产生的断层切片数 N 与标称层厚 T 之积的积分。积分区间有取-7T 到+7T，还有-50mm 到+50mm。凡取从-50mm到+50mm 积分的 CT 剂量指数表示为 $CTDI_{100}$，即

$$CTDI_{100} = \int_{-50mm}^{+50mm} \frac{D(z)}{NT} dz$$

加权 CT 剂量指数（$CTDI_w$）：在实际检测中分别测量 $CTDI_{100}$（中心）和 $CTDI_{100}$（周边）值，其中 $CTDI_{100}$（中心）值是测量体模中心的 $CTDI_{100}$值；$CTDI_{100}$（周边）值应是至少以 90°为间隔的体模表面下 10 mm 处四个测量值的平均。加权 CT 剂量指数 CTDIw 定义为

$$CTDI_W = \frac{1}{3}CTDI_{100}(\text{中心}) + \frac{2}{3}CTDI_{100}(\text{周边})$$

容积 CT 剂量指数（$CTDI_{vol}$）：针对螺旋 CT 反映其整个扫描容积中平均剂量的表征量，定义为

$$CTDI_{vol} = CTDI_w(N \cdot T/\Delta d)$$

式中:$CTDI_{vol}$为容积 CT 剂量指数;N 为一次旋转扫描产生的断层数;T 为扫描层厚;Δd 为 X 射线管每旋转一周诊视床移动的距离。

(3) 有效剂量:利用器官或组织的吸收剂量和组织权重因数按下式计算有效剂量,即

$$E = \sum_T \omega_T \cdot \sum_R \omega_R \cdot D_{T,R}$$

式中:E 为 有效剂量(mSv);D_{TR}为 器官或组织的吸收剂量(mGy);ω_R 为辐射权重因数,对 X 射线为 1;ω_T 为 组织权重因数。

表 9.5 列出了我国 1985 年和 1998 年对不同 X 射线诊断类型的患者皮肤剂量(ESD)的调查结果。表 9.6 列出了中国部分省区 CT 机 CT 剂量指数($CTDI_{100}$)的调查结果。表 9.7 列出了 1998 年中国不同类型普通 X 射线检查所致受检者的集体有效剂量。表 9.8 与表 9.9 分别列出了 1998 年中国 CT 检查所致患者的集体有效剂量和我国不同 X 射线诊断检查所致年集体有效剂量。

表 9.5 不同 X 射线诊断类型的患者皮肤剂量(ESD)的典型值(mGy)

照射类型	1985 年	1998 年
门诊胸透	10.4	3.04
群检胸透	5.2	2.49
正位胸片	–	0.36
侧位胸片	–	1.53
腰椎正位	18.9	5.78
腰椎侧位	46.2	12.5
腰骶关节	29.1	5.40
腹部摄影	22.1	3.23
乳腺	–	3.57
髋关节	11.2	2.70
骨盆	11.0	1.70
四肢	–	0.39
牙口内摄影	–	8.29
心血管造影	–	14.2
脑血管造影	–	7.13
尿路造影	–	11.9

资料来源:潘自强 . 2010. 中国辐射水平。

表 9.6　中国部分省市 CT 机 CT 剂量指数($CTDI_{100}$)的调查结果

省市	台数(台)	CTDI 范围(mGy)	CTDI 均值(mGy)	文献
河北	313	4.0~72	27	冀维峰 2000
广东	227	14~57	38	吴增汉 2000
湖南	82	16~90	42	杨芬芳 2000
福建	104	-	33	黄海潮 2001
北京	98	18~78	40	王晓峰 2001
江苏	231	13~80	40	王进 2003
四川	177	13~91	43	刘德明 2006
7 家产品[a]	7	26~67	46	赵兰才 1998
合计	1239	-	36[b]	-

a. GE、东芝、岛津、西门子、皮克、埃尔森、飞利浦等公司各一台螺旋 CT。

b. 按台数的加权均值。

表 9.7　1998 年中国不同类型普通 X 射线检查所致受检者的集体有效剂量

检查类型	频度加权平均分布(%)	年检人次数(万人次)	单次剂量(mSv/次)	集体剂量(人·Sv)	集体剂量分布[a](%)
胸部透视	24.2	5382	1.04	55970	21.3
其他透视	5.21	1161	1.04	12070	4.60
胸部摄影	28.8	6425	0.04	2570	0.98
头颅摄影	2.77	617	0.10	617	0.24
颈椎摄影	5.06	1127	0.97	10930	4.17
胸椎摄影	2.43	541	0.84	4540	1.73
腰椎摄影	4.80	1069	1.61	17210	6.56
腹部摄影	2.72	606	0.92	5580	2.13
骨盆及髋摄影	2.92	650	0.52	3380	1.29
四肢关节摄影	14.6	3244	0.06	1950	0.74
乳腺摄影	0.14	31	1.00	310	0.12

续表

检查类型	频度加权平均分布(%)	年检人次数(万人次)	单次剂量(mSv/次)	集体剂量(人·Sv)	集体剂量分布[a](%)
口腔科摄影	1.02	227	0.035	79	0.03
胃肠检查	4.02	896	7.56	67740	25.8
胆囊造影	0.16	36	0.55	200	0.08
尿路造影	0.91	203	0.700	1400	0.53
血管造影	0.25	56	2.07	1160	0.44
其他检查	0.04	10	0.07	7	0.00
合计	100	22281	—	185713	70.8

a. 指占包括 CT 检查在内全部 X 射线检查集体有效剂量的比例。

资料来源:潘自强.2010. 中国辐射水平。

表 9.8　1998 年中国 CT 检查所致患者的集体有效剂量

年份	年检频度(人次/千人口)	年检人次数(万人次)	单次剂量(mSv/次)	集体剂量($\times10^4$ 人·Sv)	占全部 X 射线检查剂量比例(%)
1998	15.6	1917	3.99	7.65	29.2

资料来源:潘自强.2010. 中国辐射水平。

表 9.9　1998 年中国 X 射线检查所致集体剂量和全人口人均年有效剂量

照射类型	集体有效剂量(10^5 人·Sv)	全人口人均年有效剂量(mSv)
普通 X 射线检查	1.86	0.15
CT 检查	0.76	0.06
合计	2.62	0.21

资料来源:潘自强.2010. 中国辐射水平。

9.3.2 放射治疗

放射治疗一般使用强辐射源对患者病灶部位进行照射，照射位置和剂量的准确性直接涉及患者的安全和治疗效果。患者辐射防护的主要措施是规范照射计划的制订和照射操作，依据标准的要求检测治疗设备的性能，对治疗全过程开展质量保证和质量控制工作。

表9.10列出了γ射束远距治疗的主要防护性能要求。表9.11列出了γ刀(γ射线立体定向放射治疗)的部分防护性能要求。

表9.10 γ射束远距治疗防护性能要求

检测项目	参考值
杂散辐射(源在贮存位置，距设备表面5cm处)	≤0.2mGy/h
杂散辐射(源在贮存位置，距源1m处)	≤0.02mGy/h
有用射束外最大泄漏辐射(照射野中心最大空气比释动能率)	≤0.2%
载源器表面β辐射污染水平	$\leq 4Bq/cm^2$
距治疗室墙外表面30cm处辐射水平	≤2.5μGy/h

资料来源：GBZ 161-2004、YY 0096-2009。

表9.11 γ-刀防护性能要求

序号	性能	检测条件	要求
1	焦点剂量率	直径18mm准直器	≥1.5Gy/min [a]
2	非治疗状态下设备周围的杂散辐射水平	距设备外表面60cm处	≤20μGy/h
		距设备外表面5cm处	≤200μGy/h

a. 对新安装设备的验收检测：≥2.5Gy/min。

资料来源：GBZ 168-2005。

9.3.3 核医学

9.3.3.1 工作场所分类及设备性能与防护要求

核医学诊疗除使患者受到较大剂量医疗照射外，还存在对工作人员的职业照射和对一般人员的公众照射。核医学诊疗中辐射防护的任务是控制照射剂量和辐射水平，防止放射性核素污染人体、工作场所和环境。我国放射卫生防护的有关标准(GBZ120-2006)按照其加权活度将临床核医学工作场所分为Ⅰ、Ⅱ、Ⅲ类：

$$加权活度=\frac{计划的日操作最大活度\times 核素的毒性权重因子}{操作性质修正因子}$$

具体分类及有关参数见表9.12～表9.14。不同类别核医学工作场所的室内表面及装备结构要求见表9.15。

表9.12　临床核医学工作场所的具体分类

分类	操作最大量放射性核素的加权活度(MBq)
Ⅰ	>50 000
Ⅱ	50～50 000
Ⅲ	<50

资料来源：ICRP. 57. 1990、GBZ120-2006。

表9.13　核医学常用放射性核素的毒性权重因子

类别	放射性核素	核素的毒性权重因子
A	^{75}Se, ^{89}Sr, ^{125}I, ^{131}I	100
B	^{11}C, ^{13}N, ^{15}O, ^{18}F, ^{51}Cr, ^{67}Ge, ^{99m}Tc, ^{111}In, ^{113m}In, ^{123}I, ^{201}Tl	1
C	^{3}H, ^{14}C, ^{81m}Kr, ^{127}Xe, ^{133}Xe	0.01

资料来源：ICRP. 57,1900、GBZ120-2006。

表9.14　核医学不同操作性质的修正因子

操作方式和地区	操作性质修正因子
贮存	100
废物处理 闪烁法计数和显像 候诊区及诊断病床区 配药、分装及施给药	10
简单放射性药物制备 治疗病床区	1
复杂放射性药物制备	0.1

资料来源：ICRP 57,1990；GBZ120-2006。

表 9.15　不同类别核医学工作场所的室内表面及装备结构要求

场所分类	地面	表面	通风橱[a]	室内通风	管道	清洗及去污设备
Ⅰ	地板与墙壁接缝无缝隙	易清洗	需要	应设抽风机	特殊要求[b]	需要
Ⅱ	易清洗且不易渗透	易清洗	需要	有较好通风	一般要求	需要
Ⅲ	易清洗	易清洗	不必	一般自然通风	一般要求	只需清洗设备

a. 仅指实验室。

b. 下水道宜短，大水流管道应有标记以便维修检测。资料来源 ICRP 57，1990；GBZ120-2006。

9.3.3.2 核医学诊疗的剂量控制

放射性药物引入人体内进行的核医学诊断性检查会对人体内各组织、器官产生内照射。影响内照射剂量水平的因素可分为物理和生物等方面,包括核素种类、半衰期、射线类型、能量、化合物类型、摄入途径、人体解剖学特征、生理代谢过程等。与诊断性检查相比,核医学治疗所致患者和周围公众的剂量要大得多。核医学应用防护的对象包括患者、职业人员和公众,应特别关注孕妇、哺乳期妇女用药对胎儿与婴儿的健康影响,重视对接受放射性药物诊断性检查或治疗的患者进行监测与控制。

施行体内核医学检查和治疗时,一般用放射性活度施用量(A)与单位施用量所致患者的剂量(d)的乘积来估算患者不同器官的吸收剂量(D),即

$$D = A \times d$$

式中:D 为患者的吸收剂量(mGy);A 为放射性活度施用量(MBq);d 为单位施用量所致患者的剂量(mGy/MBq)。

1980 年代以来,ICRP 在其第 53 号、第 80 号与第 106 号等出版物中给出了核医学诊疗中施用放射性药物所致不同年龄人体各器官或组织的吸收剂量和有效剂量,并且随着研究的进展与新药物的出现不断更新和完善。这些出版物对保护易受辐射伤害的胎儿与婴幼儿提出了剂量控制建议。表 9.16 和表 9.17 分别列出了对哺乳期妇女在施用放射性药物后建议暂时中断哺乳的时间和对接受核素治疗的妇女提出的避孕时间建议。表 9.18 给出了接受一次核医学检查所致患者有效剂量范围的估计值。表 9.19~表 9.21 为控制核医学工作人员的受照剂量提供了有用数据。

表 9.16 哺乳期妇女施用放射性药物后建议中断哺乳的时间

放射性药物名称	中断哺乳时间	放射性药物名称	中断哺乳时间
^{14}C 标记物		I 标记物	
甘油三油酸酯	不需要中断	^{123}I-BMIPP	>3 周[c、d]
甘氨胆酸	不需要中断	^{123}I-HSA	>3 周[c、d]
碳酰胺	不需要中断	^{123}I-马尿酸盐	12 h
^{99m}Tc 标记物		^{123}I-IPPA	>3 周[c、d]
DISDA	一般不需要中断[a、b]	^{123}I-MIBG	>3 周[c、d]
DMSA	一般不需要中断[a、b]	^{123}I-NaI	>3 周[c、d]
DTPA	一般不需要中断[a、b]	^{125}I-HSA	>3 周[c]
ECD	一般不需要中断[a、b]	^{125}I-马尿酸盐	12 h

续表

放射性药物名称	中断哺乳时间	放射性药物名称	中断哺乳时间
MDP	一般不需要中断[a、b]	^{131}I-马尿酸盐	12 h
葡萄糖酸盐	一般不需要中断[a、b]	^{131}I-MIBG	>3 周[c]
葡庚糖酸盐	一般不需要中断[a、b]	^{131}I-NaI	>3 周[c]
HM-PAO	一般不需要中断[a、b]	其他	
硫化胶体	一般不需要中断[a、b]	^{11}C 标记物	一般不需要中断[e]
MAA	12 h	^{13}N 标记物	一般不需要中断[e]
MAG3	一般不需要中断[a、b]	^{15}O 标记物	一般不需要中断[e]
MIBI	一般不需要中断[a、b]	^{18}F-FDG	不需要中断
HAM	12 h	^{22}Na	>3 周[c]
高锝酸盐	12 h	^{51}Cr-EDTA	不需要中断
PYP	一般不需要中断[a、b]	^{67}Ga 柠檬酸盐	>3 周[c]
RBC(体内)	12 h	^{75}Se 标记物	>3 周[c]
RBC(体外)	一般不需要中断[a、b]	^{81m}Kr 气体	不需要中断
锝气体	一般不需要中断[a、b]	^{111}In-奥曲肽	不需要中断
替曲膦	一般不需要中断[a、b]	^{111}In-WBC	不需要中断
WBC	12 h	^{133}Xe	不需要中断
		^{201}Tl 氯化物	48 h

a. 中断(哺乳)并非至关重要。

b. 对绝大多数使用^{99m}Tc 作标记的复合物,当放射性药物中没有游离的高锝酸盐存在时, 4h 的间隔,等于放弃一次哺乳。

c. 至少 3 周(或者 504h), 但是维持哺乳是困难的。

d. 用^{123}I 作标记的所有物质(除了碘尿酸酶):为避免其他碘的同位素污染,必须超过 3 周。

e. 用^{11}C, ^{13}N 和 ^{15}O 标记的物质,由于物理半衰期很短,因此中断哺乳并非至关重要。

资料来源:ICRP 106,2008。

表 9.17 放射性同位素治疗之后确保胎儿受到的剂量不超过 1mGy 的避孕时间

核素及其形态	用于治疗的疾病	施予的总活度(MBq)	避免妊娠时间(月)
金[^{98}Au]胶体	恶性疾病	10 000	2
碘[^{131}I]化钠	甲状腺功能亢进症	800	4
碘[^{131}I]化钠	甲状腺癌	6 000	4
^{131}I-MIBG(间碘苄基胍)	嗜铬细胞瘤	7 500	3
磷[^{32}P]酸盐	真性红细胞增多症等	200	3
氯化锶[^{89}Sr]	骨转移癌	150	24
钇[^{90}Y]胶体	关节炎	400	0
钇[^{90}Y]胶体	恶性肿瘤	4 000	1
铒[^{169}Er]胶体	关节炎	400	0

资料来源:ICRP 94,2007。

表 9.18　核医学检查中成年患者一次检查所致的有效剂量范围

检查部位	检查类型	常用的放射性药物	施用活度[a]（MBq）	1MBq 所致有效剂量[b]（mSv/MBq）	有效剂量（mSv）
骨骼	骨骼显像	^{99m}Tc-磷(膦)酸盐化合物	740～1110	5.7×10^{-3}	4.22～6.33
心脏	心肌灌注显像(静态)	^{99m}Tc-MIBI	370～740	9×10^{-3}[c]	3.33～6.66
	心肌灌注显像(运动试验)	^{99m}Tc-MIBI	370～740	7.9×10^{-3}[c]	2.92～5.85
	心肌灌注显像	^{201}Tl	74～111	2.2×10^{-1}[c]	16.28～24.42
大脑	脑脊液显像	^{99m}Tc-DTPA	370(脑池注射)	6.6×10^{-3}	2.442
			185(腰部注射)	1.1×10^{-2}	2.035
	脑血流灌注显像	^{99m}Tc-HMPAO	555～740	9.3×10^{-3}[c]	5.162～6.882
甲状腺	甲状腺吸收	^{131}I(碘化物)	0.074～0.296	2.4×10^{1}(吸收 55%)	1.776～7.104
	甲状腺显像	$Na^{99m}TcO_4$	111～555	1.5×10^{-2}	1.665～8.325
肾脏	肾静态显像	^{99m}Tc-DMSA	185～370	1.6×10^{-2}	2.96～5.92
		^{99m}Tc-MAG_3	185～370	7×10^{-3}[c]	1.30～2.59
	肾动态显像	^{99m}Tc-DTPA	185～370	6.3×10^{-3}	1.17～2.33
		^{131}I-OIH	18.5	6.6×10^{-2}	1.22

续表

检查部位	检查类型	常用的放射性药物	施用活度[a]（MBq）	1MBq 所致有效剂量[b]（mSv/MBq）	有效剂量（mSv）
肺	肺通气单次吸入显像	^{133}Xe	370～740	1.9×10^{-4}	0.0703～0.141
	肺通气平衡期显像	^{133}Xe	370～740	8.0×10^{-4}	0.296～0.592
	肺通气显像	^{99m}Tc-DTPA	1110～1480	7.0×10^{-3}	7.77～10.4
	肺灌注显像	^{99m}Tc-MAA	111～185	1.5×10^{-2}	1.67～2.78
肝脏	肝静态显像	^{99m}Tc-硫胶体	74～296	1.4×10^{-2}	1.04～4.14
	肝血流灌注显像	^{99m}Tc-白蛋白	555～740	1.4×10^{-2}	7.77～10.36
脾脏	脾静态显像	^{99m}Tc-DRBC	37～111	4.1×10^{-2}	1.52～4.55
全身	（PET）肿瘤显像	^{18}F-FDG	185～444 [d]	1.9×10^{-2} [c]	3.52～8.44

a. 何广仁. 1995. 临床核医学（初版）。

b. 参见 ICRP 53，1988。

c. 参见 ICRP 80，1999。

d. 参见日本核医学会. 2010. FDG PET 、PET/CT 診療ガイドライン。

表 9.19 成人患者施用放射性药物所致周围剂量当量率

检查对象	放射性药物	用药量 MBq(mCi)	用药后经过时间	距离(cm)	周围剂量当量率 [μSv/h(mrem/h)]
骨	^{99m}Tc MDP	740(20)	0	100	9(0.9)
			1h	100	6.3(0.63)
			2h	100	4.7(0.47)
			3h	100	3.5(0.35)
肝	^{99m}Tc S colloid	150(4)	0	100	2(0.2)
血池	^{99m}Tc RBC	740(20)	0	100	14(0.14)
肿瘤	^{67}Ga citrate	110(3)	0	100	3.5(0.35)
造血灶刺激因子	^{111}In DTPA	19(0.5)	0	100	0.8(0.08)
心脏	^{201}Tl	740(20)	0	床侧	20(2)
心脏	^{99m}Tc HSA	190(5)	0	床侧	15(1.5)
骨	^{99m}Tc MDP	740(20)	0	床侧	25(2.5)
心脏	^{99m}Tc RBC	1000(27)	20 min	100	18(1.8)

资料来源：Bernard Shleien. 1998. Handbook of Health Physics and Radiological Health. 3rd ed。

表 9.20 甲状腺治疗施用 3.7GBq(100mCi)^{131}I 后不同时间所致不同距离的周围剂量率估计

(单位:μSv/h)

与患者距离(cm)	用药后经过时间(h)							
	0	6	12	18	24	36	48	72
10	16 000	7 311	5 087	4 950	4 612	3 450	2 855	750
30.5	1 891	1 511	1 051	1 023	953	713	590	155
100	216	173	120	117	109	81.4	67.4	17.7

资料来源: Bernard Shleien. 1998. Handbook of Health Physics and Radiological Health. 3rd ed。

表 9.21 护理施用 3.7GBq(100mCi)^{131}I 的治疗患者不同接触时间的累积剂量 (单位:μSv)

接触时间(min)	距离(cm)	部位	用药后经过时间(h)			
			0	24	48	72
1	10	手	267	77.1	47.7	12.5
	30.5	全身	31.5	15.9	9.8	2.6
	100	全身	3.6	1.8	1.1	0.3
5	10	手	333	385.5	238.5	62.5
	30.5	全身	158	79.6	49.3	12.9
	100	全身	18	9.1	5.6	1.5
15	10	手	4 000	1 157	716	188
	30.5	全身	473	238	148	38.6
	100	全身	54	27.2	16.8	4.4
30	10	手	8 000	2 313	1 432	375
	30.5	全身	945	545	295	77.2
	100	全身	108	54.4	33.6	8.8

资料来源: Bernard Shleien. 1998. Handbook of Health Physics and Radiological Health. 3rd ed。

9.4 放射诊断指导水平

放射诊断医师应当使用医疗照射指导水平指导医疗照射实践,控制照射剂量。X 射线影像诊断与核医学的诊断指导水平可以应通过广泛的质量调查数据推导,由相应的专业机构与审管部门根据规定的程序制定,并根据技术的进步不断对其进行修订。

当某种检查的剂量或活度超过相应指导水平时,采取行动改善优化程度,使在确保获得必需的诊断信息的同时尽量降低受检者的受照剂量;当剂量或活度显著低于相应的指导水平而照射又不能提供有用的诊断信息和给患者带来预期的医疗利益时,按需要采取纠正行动。同时,不应将所确定的医疗照射指导水平视为在任何情况下都能保证达到最佳性能的指南;实践中应用这些指导水平时应注意具体条件,如医疗技术水平、受检者的身体和年龄等。

9.4.1 X 射线诊断指导水平

《电离辐射防护与辐射源安全基本标准》(GB 18871-2002)附录 G 的表 G1.1~表 G1.4 分别提供了典型成年受检者接受不同程序的放射诊断检查的剂量指导水平,现以表 9.22~表 9.24 列出。

表 9.22 典型成年受检者 X 射线摄影的剂量指导水平

检查部位	投照方位	每次摄影入射体表剂量[a](mGy)
腰椎	AP	10
	LAT	30
	LSJ	40
腹部、胆囊(造影)、静脉、尿路(造影)	AP	10
骨盆	AP	10
髋关节	AP	10
胸	PA	0.4
	LAT	1.5
胸椎	AP	7
	LAT	20
牙齿	牙根尖周	7

续表

检查部位	投照方位	每次摄影入射体表剂量[a](mGy)
牙齿	AP	5
头颅	PA	5
	LAT	3

a. 入射受检者体表剂量系空气中吸收剂量(包括反散射)。这些值是针对通常片屏组合情况(相对速度200),如针对高速片屏组合(相对速度400~600),则表中数值应减少到1/3~1/2。

注:AP. 前后位投照;LAT. 侧位投照;LSJ. 腰骶关节投照;PA. 后前位投照。

资料来源:GB 18871-2002。

表 9.23　典型成年受检者 X 射线 CT 检查的剂量指导水平

检查部位	多层扫描平均剂量[a](mGy)
头	50
腰椎	35
腹部	25

a. 表列值是由水当量体模中旋转轴上的测量值推导的;体模长15cm,直径16cm(对头)和30cm(对腰椎和腹部)。

资料来源:GB18871-2002。

表 9.24　典型成年受检者乳腺 X 射线摄影的剂量指导水平

防散射滤线栅的应用	每次头尾投照的腺平均剂量[a](mGy)
无滤线栅	1
有滤线栅	3

a. 在一个50%腺组织和50%脂肪组织构成的4.5cm压缩乳腺上,针对胶片增感屏装置及用钼靶和钼过滤片的乳腺X射线摄影设备确定的。

资料来源:GB18871-2002。

9.4.2　核医学诊断指导水平

表9.25列出了典型成年受检者在各种核医学诊断中的活度指导水平。

表 9.25　典型成年受检者在各种核医学诊断中的活度指导水平

检查项目	放射性核素	化学形态	每次检查常用的最大活度(MBq)
骨			
骨显像	^{99m}Tc	MDP(亚甲基二膦酸盐)和磷酸盐化合物	600
骨断层显像	^{99m}Tc	MDP 和磷酸盐化合物	800
骨髓显像	^{99m}Tc	SC(标记的硫化胶体)	400
脑			
脑显像(静态的)	^{99m}Tc	TcO_4^-	500
	^{99m}Tc	DTPA(二乙三胺五乙酸),葡萄糖酸盐和葡庚糖酸盐	500
脑断层显像	^{99m}Tc	ECD(双半胱氨酸乙脂)	800
	^{99m}Tc	DTPA,葡萄糖酸盐和葡庚糖酸盐	800
	^{99m}Tc	HM-PAO(六甲基丙二胺肟)	500
脑血流	^{99m}Tc	HM-PAO,ECD	500

续表

检查项目	放射性核素	化学形态	每次检查常用的最大活度(MBq)
脑池造影	^{111}In	DTPA	40
泪腺　泪引流	^{99m}Tc	TcO_4^-	4
甲状腺			
甲状腺显像	^{131}I	碘化钠	20
	^{99m}Tc	TcO_4^-	200
甲状腺癌转移灶(癌切除后)	^{131}I	碘化钠	400
甲状旁腺显像	^{201}Tl	氯化亚铊	80
	^{99m}Tc	MIBI(甲氧基异丁基异腈)	740
肺			
肺通气显像	^{99m}Tc	DTPA 气溶胶	80
肺灌注显像	^{99m}Tc	HAM(人血清白蛋白)	100
	^{99m}Tc	MAA(大颗粒聚集白蛋白)	185

续表

检查项目	放射性核素	化学形态	每次检查常用的最大活度(MBq)
肺断层显像	^{99m}Tc	MAA	200
肝和脾			
肝和脾显像	^{99m}Tc	SC	150
胆道系统功能显像	^{99m}Tc	EHIDA(二乙基乙酰苯胺亚氨二乙酸)	185
脾显像	^{99m}Tc	标记的变性红细胞	100
肝断层显像	^{99m}Tc	SC	200
心血管			
首次通过血流检查	^{99m}Tc	TcO_4^-	800
	^{99m}Tc	DTPA	560
心和血管显像	^{99m}Tc	HAM	800
心血池显像	^{99m}Tc	标记的正常红细胞	800
心肌显像	^{99m}Tc	PYP(焦磷酸盐)	600

续表

检查项目	放射性核素	化学形态	每次检查常用的最大活度(MBq)
心肌断层显像	^{99m}Tc	MIBI	600
	^{201}Tl	氯化亚铊	100
	^{99m}Tc	膦酸盐和磷酸盐化合物	800
胃,胃肠道			
胃/唾液腺显像	^{99m}Tc	TcO_4^-	40
麦克尔憩室显像	^{99m}Tc	TcO_4^-	400
胃肠道出血	^{99m}Tc	SC	400
	^{99m}Tc	标记的正常红细胞	400
食管通过和胃食管反流	^{99m}Tc	SC	40
胃排空	^{99m}Tc	SC	12
肾,泌尿系统			
肾皮质显像	^{99m}Tc	DMSA(二巯基丁二酸)	160

续表

检查项目	放射性核素	化学形态	每次检查常用的最大活度(MBq)
	^{99m}Tc	葡庚糖酸盐	200
肾血流、功能显像	^{99m}Tc	DTPA	300
	^{99m}Tc	MAG_3(巯乙酰三甘肽)	300
	^{99m}Tc	EC(双半胱氨酸)	300
其他			
肿瘤或脓肿显像	^{67}Ga	柠檬酸盐	300
	^{201}Tl	氯化物	100
肿瘤显像	^{99m}Tc	DMSA,MIBI	400
神经外胚层肿瘤显像	^{123}I	MIBG(间碘苄基胍)	400
	^{131}I	MIBG	40
淋巴结显像	^{99m}Tc	标记的硫化锑胶体	370
脓肿显像	^{99m}Tc	HM-PAO 标记的白细胞	400
下肢深静脉显像	^{99m}Tc	标记的正常红细胞	每侧 185
	^{99m}Tc	大分子右旋糖酐	每侧 185

资料来源:GB18871-2002。

9.5 抚育者、照顾者与生物医学研究中志愿者的剂量约束

许可证持有者应对明知受照而自愿帮助护理、扶持与慰问或探视正在接受医疗照射的患者的人员受照剂量进行控制，使他们在患者诊断或治疗期间所受的剂量不超过5mSv。应将探视食入放射性物质的患者的儿童所受的剂量限制在1mSv以下。

生物医学研究中的志愿者接受的照射属于医疗照射，ICRP第103号出版物根据对社会的利益大小分别给出的剂量约束值为：较小的，<0.1mSv；居中的，0.1~1mSv；适中的，1~10mSv；相当大的，>10mSv。

9.6 接受放射性核素治疗的患者出院

接受放射性核素治疗的患者应在其体内的放射性物质的活度降至一定水平后才能出院，以控制其家庭与公众成员可能受到的照射。GB18871-2002规定，接受了碘-131治疗的患者，其体内的放射性活度降至低于400MBq之前不得出院。国际放射防护委员会第94号出版物列出了美国核管会有关患者出院的资料(表9.26)。

表9.26 患者出院的活度和剂量率(低于这些值可出院)

放射性核素	活度（GBq）	距患者体表1 m处的剂量率（mSv/h）
^{198}Au	3.5	0.21
^{67}Ga	8.7	0.18
^{123}I	6.0	0.26
^{131}I	1.2	0.07
^{111}In	2.4	0.2
^{32}P	–	–
^{186}Re	28	0.15
^{188}Re	29	0.20

续表

放射性核素	活度（GBq）	距患者体表1 m处的剂量率（mSv/h）
^{153}Sm	5.2	0.06
^{89}Sr	–	
^{99m}Tc	28	0.58
^{201}Tl	16	0.19
^{90}Y	–	
^{169}Yb	0.37	0.02

注:“–”为由于对公众造成的照射极小,没有给出数值。

资料来源:ICRP 94,2007。

对接受放射性药物治疗的患者,应对其家庭成员提供辐射防护的书面指导,仅当其家庭成员中的成人所受剂量不可能超过5mSv、其家庭成员中的婴儿和儿童以及其他公众所受剂量不可能超过1mSv时,才能允许患者出院。探视者和家庭成员所受剂量的估算方法以及剂量约束相对应的放射性药物施用量可参见GB16361-2012附录E。

（赵兰才　侯长松　编写,潘自强　审阅）

参考文献

何广仁. 1995. 临床核医学(初版). 北京:原子能出版社

黄海潮,魏木水,金益和,等. 2001. 福建省CT机应用质量检测与评价. 中国辐射卫生,10(2):117~118

冀维峰,周开健,孙克新,等. 2000. 河北省机CT机头部单层扫描剂量的调查与分析. 中国辐射卫生. 9(2):104~105

刘德明,刘怡刚,刘冉. 2006. 四川省CT机头部单层扫描剂量评价. 中华放射医学与防护杂志,26(1):82~83

潘自强,刘森林,等. 2010. 中国辐射水平. 北京:原子能出版社

日本アイソトープ協会. 1985. 医疗用アイソトープの取扱いと管理. 東京:丸善株式会社

王进,岳锡明,许翠珍. 2003. 江苏省CT机应用调查与分析. 中国辐射

卫生,12(1):45~46

王晓峰,吴毅,杜国生.2001. 北京地区CT机应用质量检测与分析. 中国辐射卫生,10(2)112~114

吴增汉,范荣,时劲松.2000. 广东省医用CT受检者剂量调查. 中国辐射卫生,9(3):154~155

杨芬芳,喻晓彩,刘汉钦,等.2000. 湖南省CT机性能检测结果与评价. 中华放射医学与防护杂志,20(3):198~199

赵兰才,金辉,侯长松.1998. CT剂量指数的测定与国际辐射防护安全标准适用性研究. 中国辐射卫生,8(3):145~146

中华人民共和国国家标准:X线诊断中受检者器官剂量的估算方法,GB 16137-1995. 1996. 北京:中国标准出版社

中华人民共和国国家标准:电离辐射防护与辐射源安全基本标准,GB 18871-2002. 2003. 北京:中国标准出版社

中华人民共和国国家标准:临床核医学的患者防护与质量控制规,GB16361-2012. 2013. 北京:中国标准出版社

中华人民共和国国家职业卫生标准:X、γ射线头部立体定向外科治疗放射卫生防护标准,GBZ 168-2005. 2006. 北京:人民卫生出版社

中华人民共和国国家职业卫生标准:临床核医学放射卫生防护标准,GBZ 120-2006. 2007. 北京:人民卫生出版社

中华人民共和国国家职业卫生标准:医疗照射放射防护基本要求,GBZ 179-2006. 2007. 北京:人民卫生出版社

中华人民共和国国家职业卫生标准:医用X射线CT机房的辐射屏蔽规范,GBZ/T180-2006. 2007. 北京:人民卫生出版社

中华人民共和国国家职业卫生标准:医用X射线诊断卫生防护标准,GBZ 130-2002. 2002. 北京:法律出版社

中华人民共和国国家职业卫生标准:医用γ射束远距治疗防护与安全标准,GBZ 161-2004. 2006. 北京:人民卫生出版社

中华人民共和国卫生部. 2006. 放射诊疗管理规定(卫生部令第46号发布)

中华人民共和国卫生行业标准:医用X射线诊断影像质量保证的一般要求,WS 76-2011. 2011. 北京:中国标准出版社

中华人民共和国医药行业标准:钴-60远距离治疗机,YY 0096-2009. 2010. 北京:中国标准出版社

Bernard Shleien, Lester A Slaback Jr, Brian Kent Birky. 1998. Handbook of Health Physics and Radiological Health. 3rd ed. Maryland:Williams&Wilkins

ICRP. 1987. Radiation Dose to Patients from Radiopharmaceuticals. ICRP

Publication 53

ICRP. 1998. Radiation Dose to Patients from Radiopharmaceuticals. ICRP Publication 80

ICRP. 2008. Radiation Dose to Patients from Radiopharmaceuticals. ICRP Publication 106

ICRP 第 103 号出版物. 2008. 潘自强,周永增,周平坤等译校. 国际放射防护委员会 2007 年建议书. 北京:原子能出版社

ICRP 第 57 号出版物. 1995. 龚德荫译. 医学和牙科工作人员的放射防护. 北京:原子能出版社

ICRP 第 94 号出版物. 2007. 刘长安,梁莉,郭鲜花等译. 非密封放射性核素治疗后患者的出院考虑. 北京:北京大学医学出版社

10

辐射环境保护

10.1 公众照射剂量限值和剂量约束值

10.1.1 公众照射剂量限值

《电离辐射防护与辐射源基本安全标准》(GB18871-2002)规定的公众照射剂量限值如下：

实践使公众中有关关键人群组的成员所受到的平均剂量估计值不应超过下述限值：

(1) 年有效剂量，1mSv。

(2) 特殊情况下，如果5个连续年的年平均剂量不超过1mSv/a，则某一单一年份的有效剂量可提高到5mSv。

(3) 眼晶状体的年当量剂量，15mSv。

(4) 皮肤的年当量剂量，50mSv。

10.1.2 剂量约束值

剂量约束是对源可能造成的个人剂量预先确定的一种限制，它是源相关的，被用作对所考虑的源进行防护和安全最优化时的约束条件。对于公众照射，剂量约束是公众成员从一个受控源的计划运行中接受的年剂量的上界。剂量约束所指的照射是任何关键人群组在受控源的预期运行过程中经所有照射途径所接受的年剂量之和。对每个源的剂量约束应保证关键人群组所受的来自所有受控源的剂量之和保持在剂量限值以内。

国际原子能机构在《放射性流出物排入环境的审管控制》(IAEA-WS-G-2.3)中指出，在确定剂量约束时，应考虑下列因素：

(1) 来自其他源和实践的剂量贡献,包括区域性和全球范围内实际估计未来可能存在的源和实践。

(2) 影响公众照射的任何条件可能发生合理可预期的改变,例如,源的特性和运行情况的改变,照射途径的改变,人群生活习惯和人口分布的改变,关键组的变动,或者环境弥散条件的改变。

(3) 任何不确定性,包括与照射评价有关的保守度,特别是当源和关键组在空间和时间上是相互隔开的情况下对照射的可能保守度的影响。

另外还应当考虑:

(4) 对源、实践或考虑中的工作所进行的任何通用的防护最优化的结果。

(5) 受到良好管理的同类实践或源的运行经验。

应考虑今后在同一场址上建造类似设施的可能性。例如,一旦一个反应堆已经在某一场址上建成,那么其他的反应堆也可能被建造,以形成一个反应堆群。类似的考虑也可应用于其他设施。例如,研究实验室或医院可以在一个场址上扩建。

表 10.1 列出了部分国家通常使用的公众剂量约束上限值,表 10.2 列出了我国部分核设施公众剂量约束上限值。需要指出的是,这些剂量约束值都是对整个厂址而言的。如果一个厂址有多个核设施,为了便于对每个核设施或每类核设施进行辐射防护最优化,通常在剂量约束值上限值的范围内对一个厂址内的每个核设施或每类核设施进行剂量约束值分配。

表 10.1 部分国家公众剂量约束上限值

国家	公众剂量约束(mSv/a)	源
阿根廷	0.3	核燃料循环设施
比利时	0.25	核反应堆
中国	0.25	核电厂
意大利	0.1	压水堆
卢森堡	0.3	核燃料循环设施
荷兰	0.3	核燃料循环设施

续表

国家	公众剂量约束(mSv/a)	源
西班牙	0.3	核燃料循环设施
瑞典	0.1	核动力堆
乌克兰	0.08	核动力堆
	0.2	核燃料循环设施
英国	0.3	核燃料循环设施
美国	0.25	核燃料循环设施

资料来源:放射性流出物排入环境的审管控制(IAEA-WS-G-2.3)。

表 10.2 我国部分核设施公众剂量约束上限值

辐射源(核设施)	公众剂量约束上限值(mSv/a)	备注
铀矿冶设施	0.50	铀矿冶辐射防护和环境保护规定(GB23727-2009)
铀加工与燃料建造设施	0.20	铀加工与燃料建造设施辐射防护规定(EJ1056-2005)
核动力厂	0.25	核动力厂环境辐射防护规定(GB6249-2011)
综合性核设施厂址或具体核设施		参考有关国标,由国家环境保护主管部门在每个具体核设施《环境影响报告书》批复中明确

10.2 气态和液态流出物排放控制

10.2.1 流出物排放控制和剂量约束的关系

核设施对周围公众的辐射影响主要来自气态和液态流出物排放。气态和液态流出物年排放总量的控制和剂量约束值的关系见图 10.1。

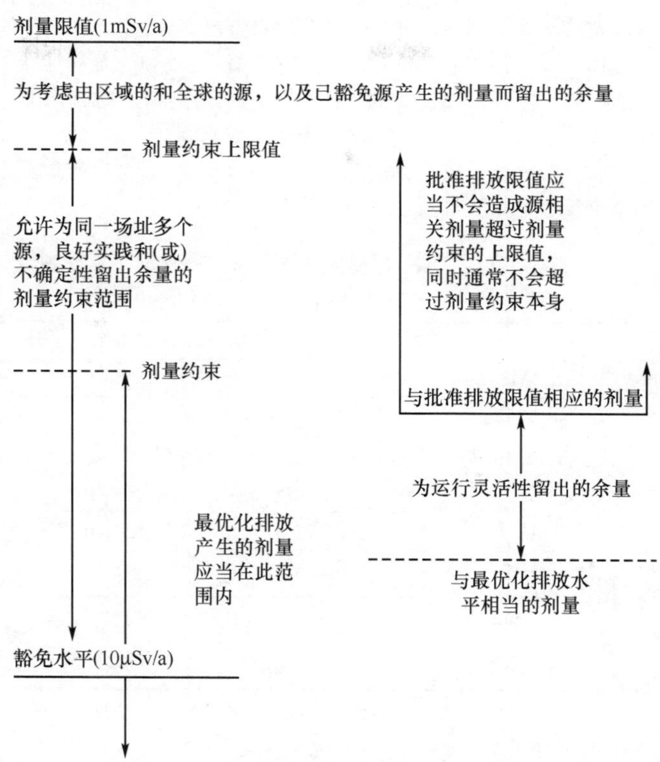

图 10.1　流出物排放控制和剂量约束的关系

资料来源:放射性流出物排入环境的审管控制(IAEA-WS-G-2.3)

10.2.2　气态和液态流出物排放标准

表 10.3 列出了我国核动力厂气载流出物和液态流出物放射性年排放总量控制值,表 10.4 列出了各类核设施和其他有放射性排放的设施液态流出物放射性排放浓度控制标准。对于某些没有受纳水体的核技术利用设施,由于排放总量很少,在监管部门审批后排入普通下水道。GB18871-2002 在 8.6.2 节有如下规定:

不得将放射性废液排入普通下水道,除非经审管部门确认是满足下列条件的低放废液,方可直接排入流量大于 10 倍排

放流量的普通下水道,并应对每次排放做好记录:

(1) 每月排放的总活度不超过 10 ALI_{min}(ALI_{min}是相应于职业照射的食入和吸入 ALI 值中的较小者,其具体数值可按 GB18871-2002 B1.3.4 和 B1.3.5 条的规定获得)。

(2) 每一次排放的活度不超过 1 ALI_{min},并且每次排放后用不少于 3 倍排放量的水进行冲洗。

表 10.3 核动力厂气载和液态流出物放射性年排放总量控制值

(单位:Bq/a)

		轻水堆	重水堆
气载放射性流出物	惰性气体	6×10^{14}	
	碘	2×10^{10}	
	粒子(半衰期≥8d)	5×10^{10}	
	碳-14	7×10^{11}	1.6×10^{12}
	氚	1.5×10^{13}	4.5×10^{14}
液态放射性流出物	氚	7.5×10^{13}	3.5×10^{14}
	碳-14	1.5×10^{11}	2×10^{11}(除氚外)
	其余核素	5.0×10^{10}	

注:(1) 表中的总量限值适用于 3000MW 热功率的反应堆;对于热功率大于或小于 3000MW 的反应堆,应根据其功率适当调整。1000MW 电功率核电机组的反应堆热功率大致为 3000MW。

(2) 对于同一堆型的多堆厂址,所有机组的年总排放量应控制在表列规定值的 4 倍以内。对于不同堆型的多堆厂址,所有机组的年总排放量控制值则由审管部门批准。

(3) 营运单位应针对核动力厂厂址的环境特征及放射性废物处理工艺技术水平,遵循可合理达到的尽量低的原则,向审管部门定期申请或复核(首次装料前提出申请,以后每隔 5 年复核一次)放射性流出物排放量。申请的放射性流出物排放量不得高于放射性排放量设计目标值,并经审管部门批准后实施。

(4) 核动力厂的年排放总量应按季度和月控制,每个季度的排放总量不应超过所批准的年排放总量的 1/2,每个月的排放总量不应超过所批准的年排放总量的 1/5。若超过,则必须迅速查明原因,采取有效措施。

(5) 滨河、滨湖或滨水库核电厂,可以结合受纳水域的特性,制定更合理的排放方式,报批后实施。

资料改编自:核动力厂环境辐射防护规定(GB 6249-2011)、核电厂放射性液态流出物排放技术要求(GB 14587-2011)。

表 10.4 液态流出物放射性排放浓度控制标准

<table>
<tr><th>设施</th><th>水体</th><th>取样处</th><th>核素</th><th>浓度标准</th></tr>
<tr><td rowspan="4">核动力厂[a]</td><td>滨海</td><td>系统排放口</td><td>除 ^{3}H、^{14}C 外其他放射性核素</td><td>1000Bq/L</td></tr>
<tr><td rowspan="3">滨河、滨湖或滨水库</td><td>系统排放口</td><td>除 ^{3}H、^{14}C 外其他放射性核素</td><td>100Bq/L</td></tr>
<tr><td rowspan="2">电厂排放口下游1km</td><td>总 β 放射性</td><td>1Bq/L</td></tr>
<tr><td>^{3}H</td><td>100Bq/L</td></tr>
<tr><td rowspan="15">铀矿冶设施[b]</td><td rowspan="10">有稀释能力的受纳水体(稀释倍数5倍以上)</td><td rowspan="5">废水排放口处</td><td>U</td><td>0.3mg/L</td></tr>
<tr><td>^{226}Ra</td><td>1.1Bq/L</td></tr>
<tr><td>^{230}Th</td><td>1.85Bq/L</td></tr>
<tr><td>^{210}Pb</td><td>0.5Bq/L</td></tr>
<tr><td>^{210}Po</td><td>0.5Bq/L</td></tr>
<tr><td rowspan="5">第一取水点处</td><td>U</td><td>0.05mg/L</td></tr>
<tr><td>^{226}Ra</td><td>1.1Bq/L</td></tr>
<tr><td>^{230}Th</td><td>1Bq/L</td></tr>
<tr><td>^{210}Pb</td><td>0.1Bq/L</td></tr>
<tr><td>^{210}Po</td><td>0.1Bq/L</td></tr>
<tr><td rowspan="5">没有受纳水体</td><td rowspan="5">废水排放口处</td><td>U</td><td>0.05mg/L</td></tr>
<tr><td>^{226}Ra</td><td>1.1Bq/L</td></tr>
<tr><td>^{230}Th</td><td>1Bq/L</td></tr>
<tr><td>^{210}Pb</td><td>0.1Bq/L</td></tr>
<tr><td>^{210}Po</td><td>0.1Bq/L</td></tr>
</table>

续表

设施	水体	取样处	核素	浓度标准
铀加工与燃料制造设施[c]			总 U	100μg/L
有放射性流出物的设施[d]			总 α 放射性	1Bq/L
			总 β 放射性	10Bq/L

a. 根据核动力厂环境辐射防护规定(GB6249-2011)、核电厂放射性液态流出物排放技术要求(GB14587-2011)整理。

b. 取自铀矿冶辐射防护和环境保护规定(GB23727-2009),应每槽监测。

c. 取自铀加工与燃料建造设施辐射防护规定(EJ1056-2005)。

d. 取自污水综合排放标准(GB8978-1996)。本标准是通用标准,有专门标准的应首先执行专门标准。

10.3 流出物监测和环境监测

10.3.1 核与辐射设施流出物监测方案

不同核与辐射设施的流出物监测方案是不同的。表 10.5 给出了核电厂流出物排放的一般监测方案。

表 10.5 核电厂流出物一般监测方案

监测对象		排放方式	监测方式
气载放射性流出物	惰性气体	连续排放 约定性排放	在线连续监测(报警,联锁) 定期取样,核素分析(γ 谱)
	气溶胶		在线连续监测(报警) 连续取样,定期测量(总 β、γ 谱)
	碘		在线连续监测(报警) 连续取样,定期测量(总 γ、γ 谱)
	氚		连续取样,定期测量
	^{14}C		连续取样,定期测量
液态放射性流出物		槽式排放	取样分析测量(总 β 或总 γ、γ 谱,^{3}H、^{14}C、^{90}Sr)在线连续监测(报警,联锁)

10.3.2 核与辐射设施辐射环境监测方案

核与辐射设施的辐射环境监测方案与流出物排放情况和厂址环境特征密切相关。核电厂的环境监测设施一般包括:环境实验室、厂区辐射与气象监测系统及应急监测车等。《辐射环境监测技术规范》(HJ/T61-2001)中列出了核设施、核技术利用设施和放射性物质运输的环境监测方案,但目前的实践一般都高于HJ/T61-2001规定的要求。表10.6给出了不同核与辐射设施辐射环境监测的一般范围。表10.7给出了辐射环境监测常用仪器、测量方法和典型探测限。

表10.6 不同核与辐射设施辐射环境监测的一般范围

	核动力厂	后处理设施	其他核设施	核技术利用设施
监测范围	环境γ辐射水平,厂址半径50km; 环境介质,厂址半径20~30km	环境γ辐射水平,厂址半径50km; 环境介质,厂址半径30km	一般为厂址半径10km	工作场所半径50~500m

资料改编自:《环境核辐射监测规定》(GB12379-90)、《辐射环境监测技术规范》(HJ/T61-2001)。

10.4 饮用水水质放射性标准

本节列出了我国和世界卫生组织的饮用水水质放射性指标,见表10.8。图10.2给出了世界卫生组织对饮用水中放射性核素的筛选水平和指导水平应用程序。表10.9给出了世界卫生组织饮用水水质标准中的指导水平。需要说明的是,世界卫生组织早期的饮用水标准中总α放射性筛选水平为0.1Bq/L,我国有关水质标准中总α放射性指导值也是0.1Bq/L。2005年,世界卫生组织将总α放射性筛选水平放宽到0.5Bq/L,我国在2006年修订生活饮用水标准时采用了世界卫生组织的新标准,但其他水质标准没有及时修订,因此总α放射性水平仍是

表 10.7　辐射环境监测常用仪器、测量方法和典型探测下限

测量项目/介质		分析测量方法	测量仪器	测量方法标准	典型探测下限
环境γ辐射剂量率	实时连续监测	高压电离室，γ辐射剂量率测量	γ剂量率仪，热释光剂量率仪	ET/J 379-1989 GB/T 14583-1993 GB 8998-1988 GB10264-1988	1×10^{-8}Gy/h
	瞬时测量	闪烁体剂量率仪测量			1×10^{-8}Gy/h
	累积剂量	热释光 LiF(Mg、Cu、P)测量			1×10^{-5}Gy
^{3}H	水中	蒸馏法制样+碱式电解浓缩+液闪计数法	液闪谱仪	GB 12375-1990 EJ/T 558-1991	5×10^{-1}Bq/L
	牛奶				2 Bq/L
总α、总β	气溶胶	蒸发(灰化)制样，总α、总β计数法	低本底α/β测量仪	EJ/T 1075-1998 EJ/T 900-1994 GB/T 5750. 13-06	α：1×10^{-4} Bq/m^{3} β：5×10^{-5} Bq/m^{3}
	沉降灰				α：2×10^{-1}Bq/(月·m^{2}) β：2×10^{-2}Bq/(月·m^{2})
	土壤				α：2×10^{2}Bq/kg β：2×10^{1}Bq/kg
	水				α：2×10^{-2} Bq/L β：5×10^{-2} Bq/L

续表

测量项目/介质		分析测量方法	测量仪器	测量方法标准	典型探测下限
总α、总β	生物	铁明矾-氯化钡沉淀法,总β计数测量	低本底 α/β 测量仪	EJ/T 1075-1998 EJ/T 900-1994 GB/T 5750. 13-06	5 Bq/kg(灰)
	海水				3 Bq/m^3
γ谱分析	气溶胶	滤纸采样,γ能谱分析	γ谱仪	GB/T 11713-1989 GB 16140-1995 GB/T 11743-1989 GB/T 16145-1995	$8\times10^{-6} Bq/m^3$(^{137}Cs)
	生物	灰化法,γ能谱分析			2 Bq/kg(灰)(^{137}Cs)
	土壤	烘干,γ能谱分析			5×10^{-1} Bq/kg(干)(^{137}Cs)
	淡水	蒸发法,γ能谱分析			4 Bq/m^3(^{137}Cs)
	海水	亚铁氰化钴钾沉淀法,γ能谱分析*			2 Bq/m^3(^{137}Cs)
^{90}Sr分析	气溶胶	二(乙基己基)磷酸萃取色层法 发烟硝酸法	低本底 α/β 测量仪	GB/T 6766-1986 GB 11222. 1-1989 EJ/T 1035-1996	2×10^{-6} Bq/m^3
	水				1×10^{-3} Bq/L
	沉降灰				1×10^{-2} Bq/(月·m^2)
	生物灰				8×10^{-4} Bq/g 灰

续表

测量项目/介质		分析测量方法	测量仪器	测量方法标准	典型探测下限
^{90}Sr 分析	土壤	二(乙基己基)磷酸萃取色层法 发烟硝酸法	低本底 α/β 测量仪	GB/T 6766-1986 GB 11222. 1-1989 EJ/T 1035-1996 GB14883. 3-94	3×10^{-1} Bq/kg
	沉积物				8×10^{-5} Bq/g 干
	食品				2×10^{-2} Bq/g 灰
^{137}Cs 分析	水	磷钼酸铵-碘铋酸铯法	低本底 α/β 测量仪	GB 6767-1986 GB 11221-1989 GB14883. 10-94	2×10^{-3} Bq/L
	植物				2×10^{-2} Bq/g 灰
	肉类				2×10^{-2} Bq/g 灰
	牧草				3×10^{-1} Bq/kg
	牛奶				3×10^{-2} Bq/L
^{131}I 分析	空气	活性炭盒采样,γ 能谱分析	γ 谱仪,低本底 α/β 测量仪	GB/T14584-1993 GB/T 13273-1991 GB/T 14674-1993 GB 14883. 9-94	3×10^{-3} Bq/L
	水	碘化银沉淀法			3×10^{-3} Bq/L
	牛奶				7×10^{-3} Bq/kg
	植物				1×10^{-2} Bq/kg

续表

测量项目/介质		分析测量方法	测量仪器	测量方法标准	典型探测下限
U 分析	空气	TBP 萃取荧光法 分光光度法 激光液体荧光法 固体荧光法	分光光度计 微量铀分析仪	GB 12377-1990 GB 12378-1990 GB 11220. 1-1989 GB 11220. 2-1989 GB 11223. 1-1989 GB 11223. 2-1989 GB 6768-1986 GB14883. 7-1994	7×10^{-10}g/m^3
	土壤				1×10^{-2}μg/g
	生物				3×10^{-8}g/g 灰
	水				1×10^{-10}g/ml
	食品				2×10^{-8} Bq/g 灰
Th 分析	水	分光光度法	分光光度计	EJ349. 1-1988～ EJ 349. 4-1988 GB14883. 7-94	1×10^{-2}μg/L
	土壤				1×10^{-1}μg/g
	食品				1×10^{-8} Bq/g 灰
Pu 分析	水	萃取色层法离子交换法	α 谱仪，低本底 α/β 测量仪	GB/T 16141-1995 GB 11225-1989 GB 11219. 1-1989 GB 11219. 2-1989 GB14883. 8-1994	1×10^{-5}Bq/L
	土壤				2×10^{-2}Bq/kg
	生物				1×10^{-5}Bq/g 灰
	食品				7×10^{-4} Bq/g 灰

续表

测量项目/介质		分析测量方法	测量仪器	测量方法标准	典型探测下限
Am 分析	水	放化分离-α 计数法 α 能谱法	α 谱仪，低本底 α/β 测量仪	WS/T 234-2002	2×10^{-5} Bq/L
	土壤				2×10^{-2} Bq/kg
	食品				3×10^{-5} Bq/g 灰
Ra 分析	水	氢氧化铁-硫酸钙载带射气闪烁法 硫酸钡共沉淀闪烁法放化分离 α 计数法	氡钍分析仪，α/β 测量仪	GB 11214-89 GB11218-89 GB14883. 6-94 EJ/T 1117-2000	8×10^{-3} Bq/L
	土壤				1 Bq/kg
	食品				7×10^{-3} Bq/g 灰
Rn 分析	空气	径迹蚀刻法	显微镜，γ 谱仪，低本底 α/β 测量仪	GB/T 14582-1993 GBZ/T182-2006	2×10^{3} Bq · h/m^3
		活性炭法			6 Bq/m^3
		双滤膜法			3 Bq/m^3
		气球法			2 Bq/m^3
	水	硫酸钡共沉淀闪烁法	氡钍分析仪	EJ/T 1113-2001 GB 8538-1995	3×10^{-3} Bq/L

续表

测量项目/介质		分析测量方法	测量仪器	测量方法标准	典型探测下限
^{210}Po 分析	水	电镀制样法	α 谱仪	GB/T16141-1995	1×10^{-3} Bq/L
	土壤			GB12376-1990	3×10^{-4} Bq/g
	食品			GB14883. 5-1994	0. 8 Bq/g 灰
^{210}Pb 分析	水	萃取电镀制样法	α 谱仪	GB/T16141-1995 EJ/T 859-1994	1×10^{-2} Bq/L
^{14}C 分析	空气	$CaCO_3$ 沉淀,液闪计数法	液闪谱仪	EJ/T 1008-1996	0. 04 Bq/m^3 空气

注:表内所示典型探测下限是根据测量方法标准及国内核设施环境影响报告书中相关数据整理,代表国内现有环境放射性测量的基本水平。探测下限与测量仪器的效率、仪器的本底计数率、样品取样量和测量时间等参数相关,针对不同的测量目的和测量要求,实际测量中的探测下限会跟本表所示典型探测下限有所差异,通常本底调查中的探测下限应优于本表的给定值。本表仅供参考。

0.1Bq/L。在我国生活饮用水卫生标准(GB5749-2006)中明确说明,当放射性指标超过指导值时,应进行核素分析和评价,判断能否饮用。因此,我国的饮用水放射性指导值等同于世界卫生组织饮用水标准中的筛选水平,在实际应用中可参考使用图10.2所示的世界卫生组织对饮用水中放射性核素筛选水平和指导水平应用程序。

表 10.8 饮用水水质标准中的放射性指标

<table>
<tr><td rowspan="2">生活饮用水卫生标准(GB5749-2006)</td><td rowspan="2">指导值</td><td>总 α 放射性</td><td>0.5Bq/L</td></tr>
<tr><td>总 β 放射性</td><td>1Bq/L</td></tr>
<tr><td rowspan="3">世界卫生组织饮用水水质标准(第四版,2011)</td><td rowspan="2">筛选水平</td><td>总 α 放射性</td><td>0.5Bq/L</td></tr>
<tr><td>总 β 放射性</td><td>1Bq/L</td></tr>
<tr><td colspan="2">指导水平</td><td>0.1mSv/a</td></tr>
</table>

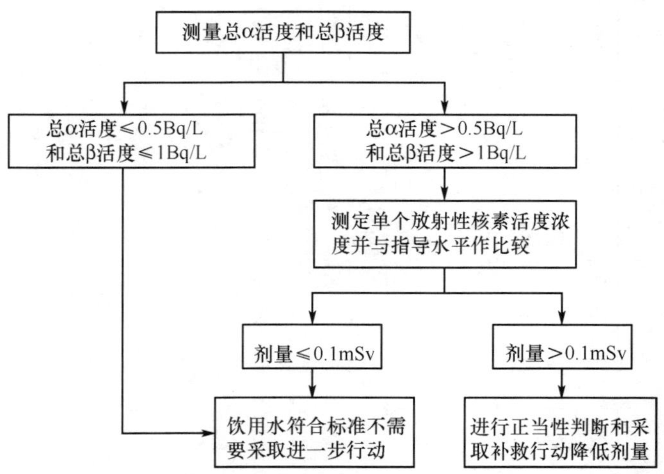

图 10.2 世界卫生组织饮用水水质标准中饮用水中放射性核素的筛选水平和指导水平应用程序

表 10.9　世界卫生组织饮用水水质标准中的指导水平

（单位：Bq/L）

核素	指导水平[a]	核素	指导水平[a]	核素	指导水平[a]
^{3}H	10 000	^{89}Sr	100	^{129}Te	1000
^{7}Be	10 000	^{90}Sr	10	^{129m}Te	100
^{14}C	100	^{90}Y	100	^{131}Te	1000
^{22}Na	100	^{91}Y	100	^{131m}Te	100
^{32}P	100	^{93}Zr	100	^{132}Te	100
^{33}P	1000	^{95}Zr	100	^{125}I	10
^{35}S	100	^{93m}Nb	1000	^{126}I	10
^{36}Cl	100	^{94}Nb	100	^{129}I	1000
^{45}Ca	100	^{95}Nb	100	^{131}I	10
^{47}Ca	100	^{93}Mo	100	^{129}Cs	1000
^{46}Sc	100	^{99}Mo	100	^{131}Cs	1000
^{47}Sc	100	^{96}Tc	100	^{132}Cs	100
^{48}Sc	100	^{97}Tc	1000	^{134}Cs	10
^{48}V	100	^{97m}Tc	100	^{135}Cs	100
^{51}Cr	10 000	^{99}Tc	100	^{136}Cs	100
^{52}Mn	100	^{97}Ru	1000	^{137}Cs	10
^{53}Mn	10 000	^{103}Ru	100	^{131}Ba	1000
^{54}Mn	100	^{106}Ru	10	^{140}Ba	100
^{55}Fe	1000	^{105}Rh	1000	^{140}La	100
^{59}Fe	100	^{103}Pd	1000	^{139}Ce	1000
^{56}Co	100	^{105}Ag	100	^{141}Ce	100
^{57}Co	1000	^{110m}Ag	100	^{143}Ce	100
^{58}Co	100	^{111}Ag	100	^{144}Ce	10
^{60}Co	100	^{109}Cd	100	^{143}Pr	100
^{59}Ni	1000	^{115}Cd	100	^{147}Nd	100
^{63}Ni	1000	^{115m}Cd	100	^{147}Pm	1000
^{65}Zn	100	^{111}In	1000	^{149}Pm	100
^{71}Ge	10 000	^{114m}In	100	^{151}Sm	1000
^{73}As	1000	^{113}Sn	100	^{153}Sm	100
^{74}As	100	^{125}Sn	100	^{152}Eu	100
^{76}As	100	^{122}Sb	100	^{154}Eu	100
^{77}As	1000	^{124}Sb	100	^{155}Eu	1000
^{75}Se	100	^{125}Sb	100	^{153}Gd	1000
^{82}Br	100	^{123m}Te	100	^{160}Tb	100
^{86}Rb	100	^{127}Te	1000	^{169}Er	1000
^{85}Sr	100	^{127m}Te	100	^{171}Tm	1000

续表

核素	指导水平[a]	核素	指导水平[a]	核素	指导水平[a]
^{175}Yb	1000	^{225}Ra	1	^{239}Pu	1
^{182}Ta	100	^{225}Ra	1	^{240}Pu	1
^{181}W	1000	^{226}Ra[b]	1	^{241}Pu	10
^{185}W	1000	^{228}Ra[b]	0.1	^{242}Pu	1
^{186}Re	100	^{227}Th[b]	10	^{244}Pu	1
^{185}Os	100	^{228}Th[b]	1	^{241}Am	1
^{191}Os	100	^{229}Th	0.1	^{242}Am	1000
^{193}Os	100	^{230}Th[b]	1	^{242m}Am	1
^{190}Ir	100	^{231}Th[b]	1000	^{243}Am	1
^{192}Ir	100	^{232}Th[b]	1	^{242}Cm	10
^{191}Pt	1000	^{234}Th[b]	100	^{243}Cm	1
^{193m}Pt	1000	^{230}Pa	100	^{244}Cm	1
^{198}Au	100	^{231}Pa[b]	0.1	^{245}Cm	1
^{199}Au	1000	^{233}Pa	100	^{246}Cm	1
^{197}Hg	1000	^{230}U	1	^{247}Cm	1
^{203}Hg	100	^{231}U	1000	^{248}Cm	0.1
^{200}Tl	1000	^{232}U	1	^{249}Bk	100
^{201}Tl	1000	^{233}U	1	^{246}Cf	100
^{202}Tl	1000	^{234}U[b]	10	^{248}Cf	10
^{204}Tl	100	^{235}U[b]	1	^{249}Cf	1
^{203}Pb	1000	^{236}U[b]	1	^{250}Cf	1
^{206}Bi	100	^{237}U	100	^{251}Cf	1
^{207}Bi	100	^{238}U[b,c]	10	^{252}Cf	1
^{210}Bi[b]	100	^{237}Np	1	^{253}Cf	100
^{210}Pb[b]	0.1	^{239}Np	100	^{254}Cf	1
^{210}Po[b]	0.1	^{236}Pu	1	^{253}Es	10
^{223}Ra[b]	1	^{234}Pu	1000	^{254}Es	10
^{224}Ra[b]	1	^{238}Pu	1	^{254m}Es	100

a. 表中的指导水平，根据对数表示的平均值四舍五入到整数（如对计算值小于 3×10^{n} 和大于 $3\times10^{n-1}$，则数值取 10^{n}）。

b. 指天然放射性核素。

c. 指饮用水中铀-238 的暂定准则值，根据对肾脏的化学毒性规定为 15μg/L。

资料来源：世界卫生组织饮用水水质标准. 第四版.2011。

10.5 食品中放射性核素浓度限值标准

本节列出了我国现行的食品中放射性物质限制浓度标准(GB14882-94)和国际粮农组织、世界卫生组织联合食品法典委员会出版的关于因核或辐射紧急情况所致可能含有放射性物质的国际贸易食品中所含放射性核素的指导水平(CAC/GL5-2006),见表10.10和表10.11,也列出了世界上部分国家适用于核或辐射紧急情况对可能含有放射性物质食品国内监管的放射性核素指标值,见表10.12。

需要说明的是,表10.11和表10.12中列出的国际组织和世界各国的食品中放射性核素指标值,只适用于核或辐射紧急情况对可能含有放射性物质食品的国际或国内贸易监管。世界各国和国际组织均没有对正常情况下食品中放射性核素浓度进行规定。我国1994年发布的GB14882-94中规定的控制限值,依据公众年个人剂量1mSv推导。

表10.10 食品中放射性核素限制浓度[a]

品种	^{3}H	^{89}Sr	^{90}Sr	^{131}I
粮食	2.1×10^{5}	1.2×10^{3}	9.6×10^{1}	1.9×10^{2}
薯类	7.2×10^{4}	5.4×10^{2}	3.3×10^{1}	8.9×10^{1}
蔬菜及水果	1.7×10^{5}	9.7×10^{2}	7.7×10^{1}	1.6×10^{2}
肉鱼虾类	6.5×10^{5}	2.9×10^{3}	2.9×10^{2}	4.7×10^{2}
鲜奶	8.8×10^{4}	2.4×10^{2}	4.0×10^{2}	3.3×10^{1}

品种	^{137}Cs	^{147}Pm	^{235}Pu
粮食	2.6×10^{2}	1.0×10^{4}	3.4
薯类	9.0×10^{1}	3.7×10^{3}	1.2
蔬菜及水果	2.1×10^{2}	8.2×10^{3}	2.7
肉鱼虾类	8.0×10^{2}	2.4×10^{4}	10.0
鲜奶	3.3×10^{2}	2.2×10^{3}	2.6

续表

品种	^{210}Po	^{226}Ra	^{223}Ra	天然钍	天然铀
粮食	6.4	1.4×10	6.9	1.2	1.9
薯类	2.8	4.7	2.4	4.0×10^{-1}	6.4×10^{-1}
蔬菜及水果	5.3	1.1×10	5.6	9.6×10^{-1}	1.5
肉鱼虾类	1.5×10	3.8×10	2.1×10	3.6	5.4
鲜奶	1.3	3.7	2.8	7.5×10^{-1}	5.2×10^{-1}

a.本表天然铀和天然钍列中鲜奶的单位是mg/L,其余食品的单位是mg/kg;其余放射性核素列中鲜奶的单位为Bq/L。表中除上述以外的单位均为Bq/kg。奶粉可折算成鲜奶控制,1kg全脂奶粉相当于7L鲜奶。

资料来源:GB14882-1994.食品中放射性物质限制浓度标准。

表10.11 食品中放射性核素分组和指导水平 (单位:Bq/kg)

核素	婴儿食品	其他食品
^{241}Am, ^{238}Pu, ^{239}Pu, ^{240}Pu	1	10
^{90}Sr, ^{106}Ru, ^{129}I, ^{131}I, ^{235}U	100	100
$^{35}S^{a}$, ^{60}Co, ^{89}Sr, ^{103}Ru, ^{134}Cs, ^{137}Cs, ^{144}Ce, ^{192}Ir	1000	1000
$^{3}H^{b}$, ^{14}C, ^{99}Tc	1000	10000

a.代表有机结合硫的数值。

b.代表有机结合氚的数值。

注:本表所列数据是国际粮农组织、世界卫生组织联合食品法典委员会出版的关于因核或辐射紧急情况所致可能含有放射性物质的国际贸易食品中所含放射性核素的指导水平。采用的剂量限值是一年内1mSv。

资料来源:国际食品法典委员会(CAC)的法典标准《食品和饲料中污染物和毒素法典通用标准》(CODEX STAN 193-1995)最新修订版的《核或放射紧急情况污染后进入国际贸易的食品中放射性核素的指导水平》(CAC/GL5-2006)。

表10.12 各国或地区食品中放射性核素指标值(单位:Bq/kg)

核素	婴儿食品、奶类						
	美国	日本	欧盟		加拿大	中国香港	中国台湾
			乳制品	婴儿食品			
^{3}H	—	—	—	—	—	1000	—

续表

<table>
<tr><th rowspan="3">核素</th><th colspan="7">婴儿食品、奶类</th></tr>
<tr><th rowspan="2">美国</th><th rowspan="2">日本</th><th colspan="2">欧盟</th><th rowspan="2">加拿大</th><th rowspan="2">中国香港</th><th rowspan="2">中国台湾</th></tr>
<tr><th>乳制品</th><th>婴儿食品</th></tr>
<tr><td>^{60}Co</td><td>—</td><td>—</td><td>—</td><td>—</td><td>—</td><td>1000</td><td>—</td></tr>
<tr><td>^{89}Sr</td><td>—</td><td>—</td><td>—</td><td>—</td><td>300</td><td>1000</td><td>1000</td></tr>
<tr><td>^{90}Sr</td><td>160</td><td>—</td><td>125</td><td>75</td><td>30</td><td>100</td><td>100</td></tr>
<tr><td>^{103}Ru</td><td>6800</td><td>—</td><td>—</td><td>—</td><td>1000</td><td>1000</td><td>1000</td></tr>
<tr><td>^{106}Ru</td><td>450</td><td>—</td><td>—</td><td>—</td><td>100</td><td>100</td><td>100</td></tr>
<tr><td>^{131}I</td><td>170</td><td>300</td><td>500</td><td>150</td><td>100</td><td>100</td><td>55</td></tr>
<tr><td>^{134}Cs</td><td rowspan="2">1200</td><td rowspan="2">50</td><td rowspan="2">50</td><td rowspan="2">50</td><td>300</td><td>1000</td><td rowspan="2">200</td></tr>
<tr><td>^{137}Cs</td><td>300</td><td>1000</td></tr>
<tr><td>^{238}Pu</td><td rowspan="3">2</td><td rowspan="3">1</td><td rowspan="3">20</td><td rowspan="3">1</td><td>1</td><td>1</td><td>1</td></tr>
<tr><td>^{239}Pu</td><td>1</td><td>1</td><td>1</td></tr>
<tr><td>^{241}Am</td><td>1</td><td>1</td><td>1</td></tr>
<tr><td>^{234}U</td><td>—</td><td rowspan="2">20</td><td>—</td><td>—</td><td>—</td><td>—</td><td>—</td></tr>
<tr><td>^{238}U</td><td>—</td><td>—</td><td>—</td><td>—</td><td>—</td><td>—</td></tr>
</table>

<table>
<tr><th rowspan="3">核素</th><th colspan="7">其他食品</th></tr>
<tr><th rowspan="2">美国</th><th rowspan="2">日本</th><th colspan="2">欧盟</th><th rowspan="2">加拿大</th><th rowspan="2">中国香港</th><th rowspan="2">中国台湾</th></tr>
<tr><th>乳制品</th><th>婴儿食品</th></tr>
<tr><td>^{3}H</td><td>—</td><td>—</td><td>—</td><td></td><td>—</td><td>10000</td><td>—</td></tr>
<tr><td>^{60}Co</td><td>—</td><td>—</td><td>—</td><td></td><td>—</td><td>1000</td><td>—</td></tr>
<tr><td>^{89}Sr</td><td>—</td><td>—</td><td>—</td><td></td><td>1000</td><td>1000</td><td>1000</td></tr>
<tr><td>^{90}Sr</td><td>160</td><td>—</td><td>750</td><td></td><td>100</td><td>100</td><td>100</td></tr>
<tr><td>^{103}Ru</td><td>6800</td><td>—</td><td>—</td><td></td><td>1000</td><td>1000</td><td>1000</td></tr>
<tr><td>^{106}Ru</td><td>450</td><td>—</td><td>—</td><td></td><td>300</td><td>100</td><td>100</td></tr>
<tr><td>^{131}I</td><td>170</td><td>2000</td><td>2000</td><td></td><td>1000</td><td>100</td><td>100</td></tr>
<tr><td>^{134}Cs</td><td rowspan="2">1200</td><td rowspan="2">100</td><td rowspan="2">50</td><td></td><td>1000</td><td>1000</td><td rowspan="2">600</td></tr>
<tr><td>^{137}Cs</td><td></td><td>1000</td><td>1000</td></tr>
<tr><td>^{238}Pu</td><td rowspan="3">2</td><td rowspan="3">10</td><td rowspan="3">80</td><td></td><td>10</td><td>10</td><td>10</td></tr>
<tr><td>^{239}Pu</td><td></td><td>10</td><td>10</td><td>10</td></tr>
<tr><td>^{241}Am</td><td></td><td>10</td><td>10</td><td>10</td></tr>
<tr><td>^{234}U</td><td>—</td><td rowspan="2">100</td><td>—</td><td></td><td>—</td><td>—</td><td>—</td></tr>
<tr><td>^{238}U</td><td>—</td><td>—</td><td></td><td>—</td><td>—</td><td>—</td></tr>
</table>

(刘新华　编写，康玉峰　审阅)

参考文献

中华人民共和国国防科学技术工业委员会. 2005. 铀加工与燃料建造设施辐射防护规定. EJ1056-2005. 北京:中国标准出版社

中华人民共和国国家环境保护局. 1996. 核设施流出物监测的一般规定. GB11217-89. 北京:中国标准出版社

中华人民共和国国家环境保护局. 1996. 污水综合排放标准. GB8978-1996. 北京:中国标准出版社

中华人民共和国国家环境保护局. 1997. 海水水质准. GB 3097-1997. 北京:中国环境科学出版社

中华人民共和国国家环境保护总局. 2001. 辐射环境监测技术规范. HJ/T61-2001. 北京:中国环境科学出版社

中华人民共和国国家技术监督局. 1990. 环境核辐射监测规定. GB12379-90. 北京:中国标准出版社

中华人民共和国国家技术监督局. 1994. 地下水质量标准. GB/T14848-94. 北京:中国标准出版社

中华人民共和国国家质量监督检验检疫总局. 2002. 电离辐射防护与辐射源安全基本标准. GB18871-2002. 北京:中国标准出版社

中华人民共和国国家质量监督检验检疫总局. 2009. 铀矿冶辐射防护和环境保护规定. GB23727-2009. 北京:中国标准出版社

中华人民共和国环境保护部. 2011. 核电厂放射性液态流出物排放技术要求. GB14587-2011. 北京:中国环境科学出版社

中华人民共和国环境保护部. 2011. 核动力厂环境辐射防护规定. GB6249-2011. 北京:中国标准出版社

中华人民共和国建设部. 2005. 城市供水水质标准. CJ/T206-2005. 北京:中国标准出版社

中华人民共和国卫生部. 1994. 食品中放射性物质限制浓度标准. GB14882-1994. 中国标准出版社

中华人民共和国卫生部. 2006. 生活饮用水卫生标准. GB5749-2006. 北京:中国标准出版社

International Atomic Energy Agency. 2000. IAEA-WS-G-2. 3. 放射性流出物排入环境的审管控制

Codex Alimentarius Commission. Codex general standard for contaminants and toxins in foods, CODEX STAN 193-1995, Adopted 1995; Revised 1997, 2006, 2008, 2009; Amended 2009, 2010

11 放射性废物管理

11.1 放射性废物管理的基本原则

放射性废物管理的目标是保护现代和未来的人体健康和环境而又不给后代带来不适当的负担。1996 年 IAEA 安全丛书 No. 111-F 规定了以下 9 条基本原则:

原则 1:保护人体健康

放射性废物管理必须确实保护人类健康达到可接受水平。

原则 2:保护环境

放射性废物管理必须确实保护环境达到可接受的水平。

原则 3:超越国境的考虑

放射性废物管理必须考虑超越国界对人类健康和环境可能的影响。

原则 4:保护后代

放射性废物管理必须保证对后代预期的健康影响不大于当今可接受的水平。

原则 5:不给后代增加不适当的负担

放射性废物管理必须确保不给后代造成不适当的负担。

原则 6:建立国家法律框架

放射性废物管理必须在适当的国家法律框架内进行,包括明确职责和规定独立的管理职能。

原则 7:控制放射性废物的产生

放射性废物的产生必须可合理达到的最少化。

原则 8:废物产生和管理间的相依性

放射性废物管理必须考虑产生和管理各步骤间的相互依赖关系。

原则 9:确保设施寿期内的安全

必须确保放射性废物管理设施在使用寿期内的安全。

11.2 豁免、排除和解控

11.2.1 豁免、排除和解控的概念

在辐射防护管理体系中,为了区分哪些辐射源或实践需要监管,哪些辐射源或实践不需要监管,引入了排除、豁免和解控三个基本概念。

豁免,系指监管机构根据某个辐射源或某项实践引起的照射(包括潜在照射)太小以致没有正当理由适用辐射监管控制,因而判定该辐射源或该项实践不必受辐射监管的某些和所有方面的控制。就其本质而言,豁免可以被看作是监管机构准予的一种普遍认可,这种认可一旦发出,就是允许该辐射源或实践免除本来应该适用的那些辐射防护要求的约束,特别是与通知和批准有关的那些要求。《电离辐射防护与辐射源安全基本标准》(GB18871-2002)给出的豁免定义为:实践和实践中的源经确认符合规定的豁免要求或水平并经监管部门同意后被本标准的要求所豁免。需要指出的是,国家标准或监管部门规定的豁免水平,应被看作是监管机构准予的一种普遍认可。只要实践中的源是正当的,且低于豁免水平,就应该被豁免。监管机构仅需核实是否低于豁免水平,而不应该重新审查豁免水平。豁免是辐射防护管理体系的重要组成部分。这里的辐射防护管理体系不包括食品和饮用水的辐射安全管理。

排除,系指某一特定类别的照射由于被认为不应当受到辐射监管控制因而故意不包括在辐射监管控制体系的范围之内。排除特指那些本质上不能通过实施国家辐射防护基本安全标准的要求对照射的大小或可能性进行控制的照射情况,包括不可控制的照射和无论其大小如何均难于控制的。不可控制的照射是指在任何可以想象的环境下监管行动均不可能限制的,例如进入人体内的放射性核素^{40}K产生的照射。难以控制的照射是指控制明显是不切实际的,如地面宇宙射线的照射。

排除和豁免一起用作确定辐射防护管理体系的性质和适用范围。排除和豁免的区别不是绝对的。排除的概念仅适用于天然照射;豁免概念既可以适用于人工放射性核素引起的照射,也可以适用于天然照射。

解控,系指获准的实践范围内的放射性物质或放射性物体不再受监管机构的任何进一步监管控制。由于获准的实践是接受辐射监管控制的,因此解控是指监管部门按规定解除对已批准进行的实践中的放射性材料或物品的管理控制。解控旨在确定哪些受到监管控制的放射性材料或物品能够撤销这些控制。解控应获得监管部门的批准。GB18871-2002 中规定,"已通知或已获准实践中的源(包括物质、材料和物品),如果符合审管部门规定的清洁解控水平,则经审管部门认可,可以不再遵循本标准的要求,即可以将其解控"。

11.2.2　豁免准则

GB18871-2002 附录 A 规定:

如果审管部门确认某项实践是正当的,并确认该实践中的源满足本附录所规定的豁免准则或豁免水平,或满足审管部门根据这些豁免准则所规定的其他豁免水平,则该实践和该实践中的源可以被本标准的要求所豁免。

豁免的一般准则是:

(1) 被豁免实践或源对个人造成的辐射危险足够低,以至于再对它们加以管理是不必要的。

(2) 被豁免实践或源所引起的群体辐射危险足够低,在通常情况下再对它们进行管理控制是不值得的。

(3) 被豁免实践和源具有固有安全性,能确保上述准则(1)和(2)始终得到满足。

如果经审管部门确认在任何实际可能的情况下下列准则均能满足,则可不作更进一步的考虑而将实践或实践中的源予以豁免:

(1) 被豁免实践或源使任何公众成员一年内所受的有效剂量预计为 10μSv 量级或更小。

(2) 实施该实践一年内所引起的集体有效剂量不大于

1 人 · Sv,或防护的最优化评价表明豁免是最优选择。

GB18871-2002 在 4. 2. 4. 2 规定,对于尚未被证明为正当的实践不应予以豁免。

GB18871-2002 附录 A 规定,对于符合下列条件的内装超过表 A1 的放射性物质的设备,可以给予有条件的豁免:

(1) 具有审管部门认可的型式。

(2) 其放射性物质呈密封源形式,能有效地防止与放射性物质的任何接触或能有效地防止放射性物质的泄漏。

(3) 正常运行操作条件下,在距设备的任何可达表面 0. 1m 处所引起的周围剂量当量率或定向剂量当量率不超过 1μSv/h。

(4) 审管部门已明确规定了处置时必须满足的条件。

11. 2. 3 豁免源

根据豁免准则,GB18871-2002 在附录 A 规定符合下列条件并具有审管部门认可的型式的辐射发生器和符合下列条件的电子管件(如显象用阴极射线管)可被豁免:

(1) 正常运行操作条件下,在距设备的任何可达表面 0. 1m 处所引起的周围剂量当量率或定向剂量当量率不超过 1μSv/h。

(2) 所产生辐射的最大能量不大于 5keV。

11. 2. 4 豁免水平

根据豁免准则,GB18871-2002 在附录 A 规定,在任何时间段内在进行实践的场所存在的给定核素的总活度或在实践中使用的给定核素的活度浓度不超过 GB18871-2002 表 A1 所给出的或辐射监管部门所规定的豁免水平可被豁免。但是,GB18871-2002 表 A1 中给出的豁免水平,仅适用于少量放射性物料,如小量放射性物质和源的工业应用、实验室应用和医学应用等。GB18871-2002 附录 A 还规定,在某些情况下,还可以要求采用更严格的豁免水平。如对于大量放射性物料,参考国际原子能机构《豁免、排除和解控概念的适用》(IAEA-RS-G-1. 7)制定的国家标准《可免于辐射防护监管的物料中放射性核素活度》(GB

27742-2011)给出了各核素的豁免水平。适用于大量和少量放射性物料的常用核素豁免水平列在表11.1中。

GB 27742-2011还规定了天然放射性核素的排除水平。在考虑联合国辐射效应科学委员会(UNSCAER,2000)提供的全世界土壤中活度浓度分布上端值的基础上,确定天然放射性核素的排除水平为1Bq/g。这里的天然放射性核素是指以^{238}U、^{235}U和^{232}Th为母核的、处于永久平衡的衰变链中的任何一个核素,即包括物料中链首天然放射性核素^{238}U、^{235}U和^{232}Th,分段链的链首核素^{226}Ra,以及它们衰变链中的每一个衰变子体核素。在不考虑氡的贡献情况下,该浓度引起的个人剂量不大可能超过1mSv/a。

表11.1　常用放射性核素的豁免活度浓度和豁免活度

核素	活度浓度[a](Bq/g)	活度浓度[b](Bq/g)	活度[b](Bq)
^{3}H	1 E+02	1 E+06	1 E+09
^{7}Be	1 E+01	1 E+03	1 E+07
^{14}C	1 E+00	1 E+04	1 E+07
^{15}O		1 E+02	1 E+09
^{18}F	1 E+01	1 E+01	1 E+06
^{22}Na	1 E-01	1 E+01	1 E+06
^{32}P	1 E+03	1 E+03	1 E+05
^{41}Ar		1 E+02	1 E+09
^{51}Cr	1 E+02	1 E+03	1 E+07
^{54}Mn	1 E-01	1 E+01	1 E+06
^{55}Fe	1 E+03	1 E+04	1 E+06
^{59}Fe	1 E+00	1 E+01	1 E+06
^{57}Co	1 E+00	1 E+02	1 E+06
^{58}Co	1 E+00	1 E+01	1 E+06
^{60}Co	1 E-01	1 E+01	1 E+05
^{63}Ni	1 E+02	1 E+05	1 E+08
^{85}Kr		1 E+05	1 E+04

续表

核素	活度浓度[a](Bq/g)	活度浓度[b](Bq/g)	活度[b](Bq)
^{85m}Kr		1 E+03	1 E+10
^{87}Kr		1 E+02	1 E+09
^{88}Kr		1 E+02	1 E+09
^{89}Sr	1 E+03	1 E+03	1 E+06
^{90}Sr	1 E+00	1 E+02	1 E+04
^{90}Y	1 E+03	1 E+03	1 E+05
^{95}Zr	1 E+00	1 E+01	1 E+06
^{95}Nb	1 E+00	1 E+01	1 E+06
^{99}Mo	1 E+01	1 E+02	1 E+06
^{99m}Tc	1 E+02	1 E+02	1 E+07
^{103}Ru	1 E+00	1 E+02	1 E+06
^{106}Ru	1 E−01	1 E+02	1 E+05
^{110m}Ag	1 E−01	1 E+01	1 E+06
^{109}Cd	1 E+00	1 E+04	1 E+06
^{111}In	1 E+01	1 E+02	1 E+06
^{113m}In	1 E+02	1 E+02	1 E+06
^{124}Sb	1 E+00	1 E+01	1 E+06
^{125}Sb	1 E−01	1 E+02	1 E+06
^{132}Te	1 E+00	1 E+02	1 E+07
^{123}I	1 E+02	1 E+02	1 E+07
^{125}I	1 E+02	1 E+03	1 E+06
^{129}I	1 E−02	1 E+02	1 E+05
^{131}I	1 E+01	1 E+02	1 E+06
^{132}I	1 E+01	1 E+01	1 E+05
^{133}I	1 E+01	1 E+01	1 E+06
^{134}I	1 E+01	1 E+01	1 E+05
^{135}I	1 E+01	1 E+01	1 E+06
^{133}Xe		1 E+03	1 E+04
^{135}Xe		1 E+03	1 E+10

续表

核素	活度浓度[a](Bq/g)	活度浓度[b](Bq/g)	活度[b](Bq)
^{134}Cs	1 E−01	1 E+01	1 E+04
^{136}Cs	1 E+00	1 E+01	1 E+05
^{137}Cs	1 E−01	1 E+01	1 E+04
^{140}Ba	1 E+00	1 E+01	1 E+05
^{140}La	1 E+00	1 E+01	1 E+05
^{141}Ce	1 E+02	1 E+02	1 E+07
^{143}Ce	1 E+01	1 E+02	1 E+06
^{144}Ce	1 E+01	1 E+02	1 E+05
^{143}Pr	1 E+03	1 E+04	1 E+06
^{147}Pm	1 E+03	1 E+04	1 E+07
^{154}Eu	1 E−01	1 E+01	1 E+06
^{170}Tm	1 E+02	1 E+03	1 E+06
^{192}Ir	1 E+00	1 E+01	1 E+04
^{201}Tl	1 E+02	1 E+02	1 E+06
^{210}Pb		1 E+01	1 E+04
^{210}Po		1 E+01	1 E+04
^{220}Rn		1 E+04	1 E+07
^{222}Rn		1 E+01	1 E+08
^{226}Ra		1 E+01	1 E+04
^{228}Ra		1 E+01	1 E+05
^{228}Th		1 E+00	1 E+04
^{230}Th		1 E+00	1 E+04
^{232}Th		1 E+00	1 E+03
^{天然}Th		1 E+00	1 E+03
^{234}U		1 E+01	1 E+04
^{235}U		1 E+01	1 E+04
^{238}U		1 E+01	1 E+04
^{天然}U		1 E+00	1 E+03
^{237}Np	1 E+00	1 E+00	1 E+03

续表

核素	活度浓度[a](Bq/g)	活度浓度[b](Bq/g)	活度[b](Bq)
^{239}Np	1 E+02	1 E+02	1 E+07
^{238}Pu	1 E-01	1 E+00	1 E+04
^{239}Pu	1 E-01	1 E+00	1 E+04
^{240}Pu	1 E-01	1 E+00	1 E+03
^{241}Pu	1 E+01	1 E+02	1 E+05
^{242}Pu	1 E-01	1 E+00	1 E+04
^{241}Am	1 E-01	1 E+00	1 E+04
^{242}Am	1 E+03	1 E+03	1 E+06
^{244}Cm	1 E+00	1 E+01	1 E+04
^{252}Cf	1 E+00	1 E+01	1 E+04

a.豁免活度浓度摘自《可免于辐射防护监管的物料中放射性核素活度》(GB 27742-2011)。

b.摘自《电离辐射防护与辐射源安全基本标准》(GB18871－2002)。GB 18871-2002 中给出了^{40}K豁免活度浓度,但目前不予执行,因此在本手册中不出现。

对于天然放射性核素^{40}K,尽管 IAEA-RS-G-1.7 给出的排除水平为 10Bq/g,但考虑到^{40}K的天然丰度比较高,钾肥的使用不应受到控制以及 K 元素在人体内的代谢情况,GB27742-2011 规定不对其进行控制。

11.2.5 解控水平

GB18871-2002 规定:除非审管部门另有规定,否则清洁解控水平的确定应考虑本标准附录 A(标准的附录)所规定的豁免准则, 并且所定出的清洁解控水平不应高于本标准附录 A (标准的附录) 中规定的或审管部门根据该附录规定的准则所建立的豁免水平。

GB18871-2002 规定:工作场所中的某些设备与用品,经去污使其污染水平降低到 GB18871-2002 表 B11(本手册表 8.2)中所列设备类的控制水平的 1/50 以下时,经审管部门或审管部门授权的部门确认同意后,可当作普通物品使用。

GB/T 17567-2009 规定的核设施中某些金属的解控水平见表 11. 2。

表 11. 2 核设施的钢铁、铝、镍和铜再循环、再利用的清洁解控水平 （单位：Bq/g）

A. 污染钢铁再循环、再利用的清洁解控水平值

核素	^{54}Mn	^{55}Fe	^{60}Co	^{63}Ni	^{65}Zn	^{90}Sr	^{94}Nb
解控水平	4×10^{-1}	1×10^{4}	1×10^{-1}	1×10^{4}	6×10^{-1}	9×10^{1}	2×10^{-1}
核素	^{99}Tc	^{137}Cs	^{152}Eu	^{239}Pu	^{241}Pu	^{241}Am	^{238}U[a]
解控水平	2×10^{3}	5×10^{-1}	4×10^{-1}	3×10^{-1}	1×10^{1}	3×10^{-1}	4.0×10^{0}

B. 污染铝再循环、再利用的清洁解控水平值

核素	^{54}Mn	^{55}Fe	^{60}Co	^{63}Ni	^{65}Zn	^{90}Sr	^{94}Nb
解控水平	1×10^{0}	2×10^{3}	3×10^{-1}	4×10^{4}	2×10^{0}	2×10^{2}	5×10^{-1}
核素	^{99}Tc	^{137}Cs	^{152}Eu	^{239}Pu	^{241}Pu	^{241}Am	^{238}U[a]
解控水平	9×10^{3}	1×10^{0}	1×10^{0}	1×10^{0}	7×10^{1}	2×10^{0}	2×10^{1}

C. 污染镍再循环、再利用的清洁解控水平值

核素	^{54}Mn	^{55}Fe	^{60}Co	^{63}Ni	^{65}Zn	^{90}Sr	^{94}Nb
解控水平	2×10^{0}	8×10^{4}	6×10^{-1}	2×10^{5}	3×10^{0}	1×10^{3}	9×10^{-1}
核素	^{99}Tc	^{137}Cs	^{152}Eu	^{239}Pu	^{241}Pu	^{241}Am	^{238}U[a]
解控水平	4×10^{4}	2×10^{0}	2×10^{0}	7×10^{0}	4×10^{2}	9×10^{0}	1×10^{2}

D. 污染铜再循环、再利用的清洁解控水平值

核素	^{54}Mn	^{55}Fe	^{60}Co	^{63}Ni	^{65}Zn	^{90}Sr	^{94}Nb
解控水平	7×10^{0}	5×10^{4}	2×10^{0}	7×10^{4}	1×10^{1}	4×10^{2}	4×10^{0}
核素	^{99}Tc	^{137}Cs	^{152}Eu	^{239}Pu	^{241}Pu	^{241}Am	^{238}U[a]
解控水平	9×10^{3}	9×10^{0}	9×10^{0}	1×10^{0}	7×10^{1}	2×10^{0}	2×10^{1}

a. 只包括^{234}Th 和^{234}Pa 两个短寿命子体。

资料来源：核设施的钢铁、铝、镍和铜再循环、再利用的清洁解控水平（GB/T 17567-2009）。

11.3 放射性废物分类

放射性废物的许多性质都可以作为分类依据，例如：①按废物的物理、化学形态分类；②按放射性水平分类；③按放射性废物来源分类；④按半衰期分类；⑤按辐射类型分类；⑥按处置方式分类；⑦按毒性分类；⑧按释热性分类等。表 11.3 给出了我国现行放射性废物分类。这种放射性废物分类与 IAEA 以前的分类方法是一致的。

表 11.3 我国放射性废物的分类

类别	级别	名称	放射性活度浓度
气载废物	Ⅰ	低放废气	浓度≤4×10^{7} Bq/m^3
	Ⅱ	中放废气	浓度>4×10^{7} Bq/m^3
液体废物	Ⅰ	低放废液	浓度≤4×10^{6} Bq/L
	Ⅱ	中放废液	4×10^{6} Bq/L<浓度≤4×10^{10} Bq/L
	Ⅲ	高放废液	浓度>4×10^{10} Bq/L
固体废物	半衰期≤60d(包括^{125}I)		
	Ⅰ	低放废物	比活度≤4×10^{6} Bq/kg
	Ⅱ	中放废物	比活度>4×10^{6} Bq/kg
	60d<半衰期≤5a(包括^{60}Co)		
	Ⅰ	低放废物	比活度≤4×10^{6} Bq/kg
	Ⅱ	中放废物	比活度>4×10^{6} Bq/kg
	5a<半衰期≤30a(包括^{137}Cs)		
	Ⅰ	低放废物	比活度≤4×10^{6} Bq/kg
	Ⅱ	中放废物	4×10^{6} Bq/kg<比活度≤4×10^{11} Bq/kg，且释热率≤2kW/m^3
	Ⅲ	高放废物	比活度>4×10^{11} Bq/kg，或释热率>2kW/m^3
	半衰期>30a(不包括 α 废物)		
	Ⅰ	低放废物	比活度≤4×10^{6} Bq/kg

续表

类别	级别	名称	放射性活度浓度
固体废物	Ⅱ	中放废物	比活度>4×10^{6} Bq/kg,且释热率≤$2kW/m^3$
	Ⅲ	高放废物	比活度>4×10^{10} Bq/kg,或释热率>$2kW/m^3$
	α 废物		
	含有半衰期大于 30a 的 α 辐射核素,单个货包中 α 比活度>4×10^{6} Bq/kg,多个货包平均 α 比活度>4×10^{5} Bq/kg		
豁免废物	对公众成员照射所造成的剂量值<0. 01mSv/a,对公众的集体剂量≤1 人 · Sv/a 的含极少量放射性核素的废物		

资料来源:放射性废物的分类. GB 9133-1995。

目前世界各国的放射性废物分类不完全一致。IAEA 以前的废物分类没有涵盖所有的放射性废物,也没有和放射性废物处置直接关联。因此,IAEA 在 2009 年出版的《放射性废物分类》(IAEA GSG-1)中,提出了一套涵盖所有放射性废物来源的分类方法,并指导放射性废物处置。该分类方法主要针对放射性固体废物,考虑到液体或气体废物转化成固体废物形式以适合处置等方面,基本分类原则也可以用于液体和气体废物的管理中。

IAEA 给出的 6 种放射性废物分类简要描述如下:

(1) 豁免废物(EW):这类废物低于清洁解控水平,并且免受辐射防护监管控制。

(2) 极短寿命废物(VSLW):这类废物可在一个长达几年的时间里贮存衰变,并最终符合监管机构批准的无须控制的处置、使用或排放的要求,而无须监管控制。这类废物主要含有极短半衰期核素的废物。

(3) 极低放废物(VLLW):这类废物高于清洁解控水平,但并不需要高级别的限制和隔离,而可以在近地表填埋场形式的设施中处置,对其进行有限的监管控制。这种填埋场形式的设施可能还含有其他有害的废物。代表性的废物包括低活度浓度的土壤和碎石。在极低放废物中,长寿命的放射性核素浓度一般非常有限。

(4) 低放废物(LLW):高于清洁水平,但含有一定量长寿

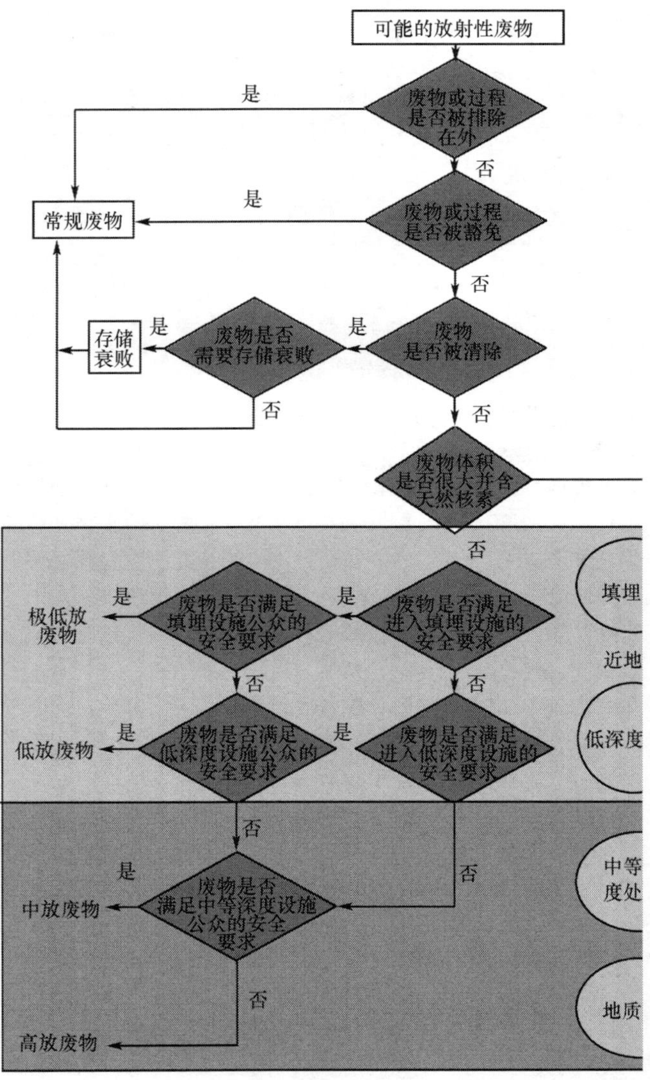

图 11-1　IAEA 放射性废物分类

是
处置
表
处置
深
置
处置
废物是否满足进入填埋设施的安全要求
是
废物是否满足填埋设施公众的安全要求
是
极低放NORM废物
否
否
废物是否满足进入尾渣处理设施的安全要求
是
废物是否满足尾渣处理设施公众的安全要求
是
低放NORM废物
否
否
中放NORM废物

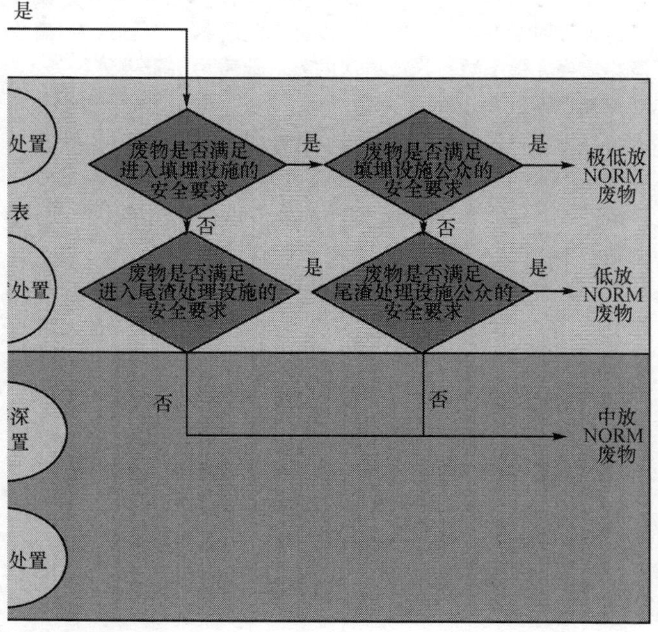

使用方法说明

命核素的废物。这类废物需要强行隔离和限制长达几百年的时间,适合于在近地表处置场中处置。这类废物涵盖了范围很广的放射性废物。低放废物可包括较高水平活度浓度的短寿命核素以及相对较低水平活度浓度的长寿命核素的废物。

(5) 中放废物(ILW):由于其含有长寿命核素,需要采取比近地表处置更高程度的限制与隔离。然而,对于在储存和处置期间的散热,中放废物无须或者仅需有限的控制。中放废物可能含有长寿命核素,尤其是 α 放射性核素,其在常规控制期间无法衰减到近地表处置可接受的活度浓度水平。因此,这类废物需要更深层的处置,从几十米到几百米,即中等深度地质处置。

(6) 高放废物(HLW):指活度浓度高到足以在衰变过程中产生大量的热或含有大量长寿命核素,以至于在对处置设施进行设计时需要对上述因素加以考虑的废物。一般认为,高放废物需要在地下数百米或更深的稳定地质构造带中进行处置,即深地质处置。

每种重要核素所允许的活度的数值将在具体处置设施安全评价的基础上得以确定。

图 11.1 给出了放射性废物分类方法使用说明。目前,我国正参考 IAEA 的放射性废物分类修订 GB9133。

需要说明的是,IAEA 在 1994 年发布的《放射性废物分类》(IAEA SS 111-G-1.1)中就已经明确指出,含长寿命 α 放射性核素的废物,当其活度浓度大于 400Bq/g(多个货包)或 4000Bq/g 时(单个货包),即我国现行分类中的 α 废物,应进行几百米深度的地质处置。因此,中等深度地质处置并非新概念,也非新要求。目前,我国正在积极研究和实施中放废物(IAEA 新分类,包括 α 废物)的中等深度地质处置。

11.4 废物最小化的概念及应用

放射性废物最小化是从核设施的设计到退役活动的各个阶段,通过减少废物的产生,再循环再利用或者废物处理的方法,使得在考虑了一次废物和二次废物的情况下,将废物的数量和活度减小至可合理达到的最低水平。

废物最小化指标包括活度和体积两个指标。通常意味着减少废物的数量,可能包括或许不包括废物总活度的降低。在实施中,需要把二次废物与一次废物同样地对待。强调可合理达到的最低水平,而不单纯追求绝对低的水平,应把经济和其他因素包括在内。

世界各国近年来在废物最小化方面取得了良好的成果。表11.4给出了1980~2000年美国PWR核电厂单台机组固体废物产生量。

表11.4 1980~2000年美国PWR核电厂单台机组固体废物产生量 (单位:m^3/a)

年份	1980	1982	1984	1986	1988	1990	1992
废物量	500	360	358	198	128	95	87
年份	1994	1996	1997	1998	1999	2000	
废物量	46	36	18	21	22	20	

近年来,我国在废物最小化方面开展了许多工作,主要实践如下:

(1) 研究制定废物最小化导则,确定核电厂固体废物目标值。

(2) 改进反应堆设计,减少^{110m}Ag产生量。

(3) 综合优化液态流出物排放量和固体废物产生量,合理确定液态流出物排放浓度。

(4) 合理选择废物处理工艺,建设厂址废物处理设施。

(5) 改进废物处理系统设计,降低水泥固化体增容比。

(6) 改进废物包装体,降低废物包体积。

(7) 推广焚烧装置的应用,实现可燃废物的高减容。

(8) 强化管理,减少防护用品和洗澡水用量。

(9) 强化分拣,对可通过暂存衰变达到解控水平的废物及时解控。

(10) 改进处置场设计,提高处置场接收废物的表面剂量率标准。

正在制定的《核电厂放射性废物最小化导则》规定了核电厂设计、建造、运行和退役各个阶段的废物最小化要求,提出了核电厂单台机组预期待处置放射性固体废物年产生量目标值。

目前我国有多个核电厂正在建设厂址废物处理设施(SRTF),各种先进的固体废物处理、处置技术有可能得到应用。表 11.5 给出了常用废物处理、处置技术的特点和适用范围。

表 11.5　常用固体废物处理、处置技术

序号	技术名称	适用处理的废物	技术特点	推荐建造方式
1	固体废物分类和分拣	主要适用于各类干废物	通过高效的检测设备快速确定废物特性	废物产生地和废物处理设施
2	焚烧	可燃干废物(包括 PE、废纸、木头、棉织品、少量 PVC、低放废树脂)、废油、废有机溶剂等	减容、减重比高,产生二次废物少,废物无机化	多堆厂址及核电厂集中区域,推荐在废物处理中心设置焚烧设施
3	超级压实	适用于干废物、低活度的废过滤器芯、焚烧灰、干燥的废树脂等	处理工艺简单,减容比随废物特性不同有差别	废物处理设施
4	高效固化	废树脂、浓缩液	废物减容比高	废物处理设施
5	废物固定	污染金属、废过滤器芯、废液处理产生的废膜、超级压实产生的废物饼块	工艺简单,使废物固定在混凝土胶结材料中,废物有不同程度的增容	废物处理设施
6	干燥	废树脂、浓缩液、泥浆、废过滤器芯、湿抹布、吸水材料,被废水浸湿的其他干废物	使废物含水率满足处置要求,可直接装入包装容器或高整体容器中送处置场处置	废物处理设施

续表

序号	技术名称	适用处理的废物	技术特点	推荐建造方式
7	高整体容器包容	废树脂、浓缩液干燥后形成的盐、废过滤器芯、焚烧灰等	废物增容小、处理工艺简单。高整体容器可基本保证300年的有效包容	废物处理设施
8	湿法氧化	废树脂及有机物	废物无机化后的蒸发残渣经高效固化后形成稳定的废物体。废物减容比较高，尾气处理较简单	废物处理设施
9	去污	污染设备、管道、工具、地面、墙面	防止污染扩散，可回收利用被放射性污染的工具和材料(包括零部件)，实现废物污染水平的降级或清洁解控	污染设施现场或核电厂专设去污设施
10	金属熔炼	低水平放射性污染金属	可实现无条件或有条件再利用	区域金属熔炼设施
11	清洁解控	轻微污染的金属、保温材料、混凝土等	减少需处置的放射性废物量	废物收集点或废物贮存设施
12	极低放废物填埋	极低放废物	降低近地表处置的放射性废物量	极低放废物填埋场或危险废物处置场
13	防护服降解技术	用降解材料制成的连体服、内衣、鞋套、手套、袜子、薄膜、拖布、抹布、废物袋等	减少需作为放射性废物处理的干废物量	废物处理设施

11.5 退役和环境整治

11.5.1 退役目标和退役策略

11.5.1.1 退役目标

核设施退役是对使用期满或因其他原因退出服役的核设施所采取的行动,使工作人员和公众以及环境不受放射性与非放射性的危害。

退役的最终目标是无限制开放或使用场址,这个定义不适用于废物处置场或一些铀矿设施的关闭。有些核设施或者他的某些部分,经监管部门批准,进入到一个新的或者现存的核设施中,它所处的场址仍然在监管控制之下,也可以认为该核设施完成了退役。

11.5.1.2 剂量约束值的确定

根据退役目标,确定退役终态剂量约束值。对于无限制开放,应根据无限制开放后场址的使用情况和周围的环境特征制定恰当的公众剂量约束值,并且应小于该设施正常运行时的公众剂量约束值。对于有限制开放,应根据有限制开放使用的具体情况制定恰当的公众剂量约束值,并且应小于该设施正常运行时的职业照射剂量约束值。

根据退役的具体操作过程,确定适当的退役期间的职业照射和公众剂量约束值。

根据退役期间发生事故的可能性及其后果,确定适当的职业照射和公众的事故剂量控制值。

根据退役终态剂量约束值和退役后可能的照射途径,确定土壤中剩余放射性水平。

11.5.1.3 退役策略

核设施退役可以考虑的退役策略有:立即拆除、延缓拆除和就地埋葬。核设施退役采取什么策略,取决于以下三大因素:

(1) 政治/地理/社会因素,包括:

1）环保要求，国家退役方针和退役目标。

2）有关法规标准的要求，包括豁免、清洁解控和再循环再利用限值等。

3）监督、检测、维护和监管要求。

4）核设施所处地理位置、土地使用、人口和经济发展前景等。

5）社会和公众的态度，可接受性和支持程度。

（2）技术因素，包括：

1）退役设施的规模、污染程度与放射性水平。

2）去污、切割拆卸和场址清污技术是否具备或可以获得。

3）受照剂量限制。

4）废物处理、整备、贮存、运输和处置条件。

5）所需要的研究开发工作等。

（3）经济因素，包括：

1）代价-利益分析。

2）经费估算和筹资方式。

3）贴现、通货膨胀等。

11.5.2 便于退役

对新建核设施在设计阶段就应考虑退役的要求，现有核设施也应尽可能早地考虑退役的要求。在反应堆寿期内对便于退役考虑得越晚，退役就可能变得越困难和越费钱。其原因可能是由于缺乏足够的记录和资料、需要安装或改进设备、增加了退役活动的复杂性，以及由于设计妨碍退役而导致的不必要剂量。《核动力厂和研究堆的退役》(IAEA-WS-G-2.1)和《核燃料循环设施的退役》(IAEA-WS-G-2.4)对设计、建造和运行阶段便于退役的考虑进行了原则规定。

11.5.2.1 设计和建造阶段便于退役的考虑

为方便退役，在设计和建造阶段应考虑设计的特点。

对于核动力厂和研究堆：

（1）仔细选择材料，以①减少活化；②把活化的腐蚀产物的散布减到最少；③确保表面容易去污；④尽量少使用可能有害的物质(例如油、易燃材料、有害化学材料以及含纤维的绝缘物)。

(2) 优化动力厂的设计、布局和进入路径,以便于:①移走大的部件;②容易拆开并遥控移走严重活化的部件;③将来安装去污设备和废物操作设备;④对管道和下水道这类预埋部件的去污或移走;⑤对设施内的放射性物质进行控制。

对于核燃料循环设施:

(1) 远距离维护和监测的能力。

(2) 工艺功能的区室化。

(3) 可能存在液体的工艺室和工艺区的保护层和衬里。

(4) 对高放射性废液贮存的有限依靠。

(5) 容易接近工艺设备、构筑物、系统和部件。

(6) 材料或设备容易移出和(或)去污。

(7) 内在的去污机制。

(8) 减少废物量的可能工艺过程。

(9) 工艺设备的配置、尺寸定位和平面布置。

(10) 运行产生的废物或临时贮存的废物的可回取性。

(11) 提升和搬运设备。

(12) 通风和排出流系统。

(13) 便于拆除不易去污的构筑物、系统、设备和部件的模块构造(例如容易分离的机械和电子部件)。

11.5.2.2 运行阶段便于退役的考虑

(1) 通过在设施的整个寿期内进行规划和准备工作可以使退役变得方便。这项工作的目标应该是使退役活动对最终利用的影响和环境的影响最小化。

(2) 作为便于退役的一个重要因素,应该保存设施的竣工图和从运行阶段开始的相关知识。能够从运行阶段保留多少有经验人员和记录,将直接影响退役的进展。退役的延迟将增加重要人员和信息损失的可能。

11.5.3 核设施退役计划

《核动力厂辐射防护规定》(GB6249-2011)中规定:在核动力厂设计时,应考虑未来利于实施退役的要求,制订初步退役计划,并在核动力厂的运行过程中对初步退役计划定期修订。核动力厂退役前,应制订详细的退役计划。经批准后,按退役计划有步骤地实施安全退役。应记录和保存核动力厂辐射本底、设计和建造资料、反应堆运行历史(特别是事件及事件的处理情况)、核动力厂设计修改和维护情况,便于退役计划的制订和实施。在退役过程中和退役后,应加强辐射防护、废物管理、环境监测工作。

初步退役计划的详细程度必然低于最终退役计划,但应该以概念方式考虑最终退役计划中的很多方面。证明退役可行性的通用研究可能足以满足编制初步退役计划的需要,特别是采取标准化设计的核设施。初步退役计划应该根据法规标准的要求说明退役费用和筹措资金的方法。

在运行期间,应该根据退役技术的进展、可能发生的事件(包括异常事件)、政策和法规标准的修订,在合适情况下还应根据费用概算和财政储备,来审查和更新退役计划,并使其更全面。应该根据安全考虑、运行经验和反映技术改进的信息来不断完善退役计划。在运行阶段修订退役计划时,应该反映核动力厂运行期间系统和结构所有的重大变化。

在确定核动力厂和研究堆最终关闭的时间进程时,应该开始对退役做详细研究并最终确定方案,提交一份包含最终退役计划的申请书,供监管机构审查和批准。在退役过程中退役计划可能要求修订或进一步完善,从而可能要求进一步的监管批准。

核动力厂和研究堆最终退役计划应该包括下列内容(参见《核动力厂和研究堆的退役》(IAEA-WS-G-2.1)。

(1) 对该核反应堆、厂址以及能影响退役或受退役影响的周围区域的描述。

(2) 该核反应堆的寿期历史、退役的原因以及计划该核设施和厂址在退役期间和退役后的用途。

(3) 执行退役的法规标准框架描述。

(4) 对指导退役的辐射安全明确要求。

(5) 提出的退役活动描述,包括时间进度表。

(6) 如选出了最佳退役方案,说明其理由。

(7) 安全评价和环境影响评价,包括对工作人员、公众和环境的辐射危害和非辐射危害,还包括提出的退役期间使用的辐射防护规程描述。

(8) 提出的退役期间要执行的环境监测计划描述。

(9) 退役机构的经验、资源、职责和结构描述,包括工作人员的技术资格和技能描述。

(10) 评价所需要的特殊服务、工程和退役技术的可用性,包括对安全完成退役所需要的各种去污技术、拆卸技术和切割技术以及遥控操作设备。

(11) 质量保证大纲的描述。

(12) 对该核反应堆设施中残余放射性物质和有害非放射性物质的数量、类型和位置的评定,包括确定每一种物质总量的计算方法和测量。

(13) 废物管理的描述,包括如下项目:①废物来源、类型和总量的确认和特性描述;②分拣材料的准则;③提出的处理、整备、运输、贮存和处置的方法;④材料重新使用和回收的可能性及相关准则;⑤放射性物质和有害非放射性物质向环境的预期排放。

(14) 其他适用的重要的技术考虑和行政管理考虑,如保障、实体保卫布置和应急准备的细节。

(15) 对监测计划以及验证厂址是否符合解除监管控制所用设备和方法的描述。

(16) 估算退役费用的细节,包括废物管理和执行该工作所需资金来源。

(17) 在退役结束时进行退役终态调查的措施。

退役可以是一个时间段或几个时间段分隔开的操作序列(即分阶段退役)。有些时间段(即各退役阶段)可以是非主动的安全封闭。在多阶段退役的情况下,应该适当考虑早先退役的经验。只要有早先的退役经验可资利用,最终退役计划就应该更新。作为实施单个退役阶段的结果,也许需要对随后各阶段的计划作一些修改。在这样的情况下,可能要求对退役计划的随后部分进行更新和审查。此外,营运单位应该向监管机构提交下述内容的说明:

(1) 对建筑物、构筑物和安全相关运行系统提出的监视和维护计划。

(2) 使该设施处于适当控制之下所需要的现有的或新的系统或计划,如专设屏障、通风、排水和环境/安全监测。

(3) 为实施暂缓拆卸而安装或更换的系统。

(4) 提出的审查以上各项的频度。

(5) 在任何暂缓时期内所需要的工作人员数量和他们的资格。

有关核燃料循环设施、医学、工业和研究设施的退役,可参照《核燃料循环设施的退役》(IAEA-WS-G-2.4)和《医学、工业和研究设施的退役》(IAEA-WS-G-2.2)中的具体要求。

11.5.4 源项调查

11.5.4.1 源项调查的目的和内容

源项调查的目的是为确定退役策略、制订退役计划、优选退役技术、预估退役费用和受照剂量以及确定废物处理、处置方案等提供依据。

源项调查要求提供:

(1) 放射性盘存量,对污染水平做出估计。

(2) 放射性污染分布,绘制出放射性污染分布图。

(3) 放射性核素的种类和数量。

初始源项调查不可能是十分完善的,随着退役的深入,应得到修正、充实和完善。源项调查除调查放射性核素之外,还包括非放射性危险物质(如石棉、铍、多氯联苯等),有的还要求对设备和建筑物的老化程度做出评价。

11.5.4.2 源项调查方法

源项调查方法主要分为以下几个方面:

(1)文档调查:收集核设施的档案材料、历史记载,包括审批文件、设计建造图纸、检修改造记录、运行日志、监测数据及事故报告等,也包括对当事人的调查等。

(2)计算:这包括物料衡算和通过适当计算机软件作计算。α 放射性难以实际测准,通过物料衡算,可估计设备中易裂变物质的残存量。另外,进入强辐射场中调查很困难,可以通过有限次数的外部测量之后,用计算机软件推算内部的放射性水平。

(3) 现场检测调查:这包括现场直接测量和取样回实验室做分析。在源项调查时需要注意:①场区的可接入性和设备的可接近性;②被监测物体的几何形状和结构的复杂性;③测量物体的表面状况和污染分布的不均匀性;④强辐射场的干扰影响;⑤污染核素的类别和污染程度;⑥α 发射体和低能纯 β 发射体测定的困难性等。

11.5.4.3 源项调查监测仪器

为适合退役要求,需要有适合各种对象的监测仪表,一般来说,它们应该满足:

(1) 有较宽的量程。

(2) 满足要求的灵敏度。

(3) 适当的准确度和精密度。

(4) 符合检测大纲的要求,如标定、比对等。

(5) 监测仪表的可得性和拥有熟悉监测的人员。

此外源项调查还应包括质量保证,记录、报告和保存等方面。

11.5.5 环境整治

核与辐射设施退役后,应进行环境整治,并通过监管部门的退役终态验收。

土壤剩余放射性可接受水平是退役终态验收的主要依据。对于具体的退役设施,应根据退役目标,合理选择照射情景、照射途径以及剂量评价的模式和参数,计算出适用的土壤剩余放射性可接受水平。

(刘新华 编写,康玉峰 审阅)

参 考 文 献

国际原子能机构. 1996. IAEA 安全丛书 No. 111-F. 放射性废物管理

原则

国际原子能机构. 1999. IAEA-WS-G-2. 1. 核动力厂和研究堆的退役

国际原子能机构. 2001. IAEA-WS-G-2. 4. 核燃料循环设施的退役

中华人民共和国国家环境保护局. 1995. 放射性废物的分类. GB9133-1995. 北京:中国标准出版社

中华人民共和国国家质量监督检验检疫总局. 2002. 电离辐射防护与辐射源安全基本标准. GB18871-2002. 北京:中国标准出版社

中华人民共和国国家质量监督检验检疫总局. 2009. 核设施的钢铁、铝、镍和铜再循环、再利用的清洁解控水平. GB/T 17567-2009. 北京:中国标准出版社

中华人民共和国国家质量监督检验检疫总局. 2011. 可免于辐射防护监管的物料中放射性核素活度. GB 27742-2011. 北京:中国标准出版社

International Atomic Energy Agency. 2009. IAEA-GSG-1. Classification of Radioactive Waste

12

放射性物质运输安全

12.1 运输中常用放射性物质的类别和定义(表12.1)

表12.1 运输中常用放射性物质的类别和定义

名称	定义
特殊形式放射性物质	不弥散的固体放射性物质或装有放射性物质的密封件
低弥散放射性物质	一种固体放射性物质,或者一种装在密封件里的固体放射性物质,其弥散性已受到限制且不呈粉末状
低毒性 α 发射体	天然铀、贫化铀、天然钍、铀-235或铀-238、钍-232、矿石中或物理和化学浓缩物中所含的钍-228和钍-230以及半衰期小于10d的 α 发射体
低比活度物质(LSA)	就其性质而言是比活度有限的放射性物质,或估计的平均比活度低于限值的放射性物质。在确定估计的比活度时,不应考虑低比活度物质周围的外屏蔽材料。低比活度物质分三类:Ⅰ类低比活度物质(LSA-Ⅰ),Ⅱ类低比活度物质(LSA-Ⅱ),Ⅲ类低比活度物质(LSA-Ⅲ)
Ⅰ类低比活度物质(LSA-Ⅰ)	(1) 铀矿石、钍矿石及此类矿石的浓缩物,含天然存在的放射性核素并经过加工后可利用这些放射性核素的其他矿石 (2) 未受辐照的固体天然铀或贫化铀或天然钍,或它们的固体或液体的化合物或混合物 (3) A2值不受限制的放射性物质(不包括数量超过GB11806-2004中规定的易裂变物质)

续表

名称	定义
Ⅰ类低比活度物质(LSA-Ⅰ)	(4) 放射性活度遍布于各处且估计的平均比活度不超过豁免活度浓度值(见表12.2和表12.3)30倍的其他放射性物质(不包括数量超过GB11806-2004中规定的易裂变物质)
Ⅱ类低比活度物质(LSA-Ⅱ)	(1) 氚浓度不超过0.8TBq/L的水 (2) 放射性活度遍布于其中且估计的平均比活度不超过下述值的其他物质:对固体和气体不超过$10^{-4}A_2/g$,对液体不超过$10^{-5}A_2/g$
Ⅲ类低比活度物质(LSA-Ⅲ)	下列状态的(但不包括粉末状的)固体(例如固化废物、活化材料): (1) 其所含的放射性物质遍布于一个固体物件或一堆固体物件内,或基本上均匀地分布在密实的固体黏结剂(例如混凝土、沥青、陶瓷材料等)内 (2) 其所含放射性物质是较难溶的,或实质上是被包容在较难溶的基质中,因此,即使货物在失去包装的情况下在水里浸泡7昼夜,每件货包中的放射性物质由于浸出而损失掉的也不会超过$0.1A_2$ (3) 该固体(不包括任何屏蔽材料)的平均比活度(估计值)不超过$2\times10^{-3}A_2/g$
表面污染物体(SCO)	本身不是放射性的,但在其表面分布着放射性物质的固态物体。可分为两类:Ⅰ类表面污染物体(SCO-Ⅰ)和Ⅱ类表面污染物体(SCO-Ⅱ)
Ⅰ类表面污染物体(SCO-Ⅰ)	下述情况下的固体物体: (1) 在可接近表面上以$300cm^2$平均(若表面积小于$300cm^2$,则按该表面积计)的非固定污染,对β和γ发射体及低毒性α发射体,不超过$4Bq/cm^2$,或对其他α发射体,不超过$0.4Bq/cm^2$ (2) 在可接近表面上以$300cm^2$平均(若表面积小于$300cm^2$,则按该表面积计)的固定污染,对β和γ发射体及低毒性α发射体,不超过$4\times10^4Bq/cm^2$,或对其他α发射体,不超过$4\times10^3Bq/cm^2$

续表

名称	定义
Ⅰ类表面污染物体(SCO-Ⅰ)	(3) 在不可接近表面上以 $300cm^2$ 平均(若表面积小于 $300cm^2$,则按该表面积计)的非固定污染加上固定污染,对 β 和 γ 发射体及低毒性 α 发射体,不超过 $4\times10^4Bq/cm^2$,或对其他 α 发射体,不超过 $4\times10^3Bq/cm^2$
Ⅱ类表面污染物体(SCO-Ⅱ)	表面的固定污染或非固定污染超过对 SCO-Ⅰ所规定的限值的固态物体,且: (1) 在可接近表面上以 $300cm^2$ 平均(若表面积小于 $300cm^2$,则按该表面积计)的非固定污染,对 β 和 γ 发射体及低毒性 α 发射体,不超过 $400Bq/cm^2$,或对其他 α 发射体,不超过 $40Bq/cm^2$ (2) 在可接近表面上以 $300cm^2$ 平均(若表面积小于 $300cm^2$,则按该表面积计)的固定污染,对 β 和 γ 发射体及低毒性 α 发射体,不超过 $8\times10^5Bq/cm^2$,或对其他 α 发射体,不超过 $8\times10^4Bq/cm^2$ (3) 在不可接近表面上以 $300cm^2$ 平均(若表面积小于 $300cm^2$,则按该表面积计)的非固定污染加上固定污染,对 β 和 γ 发射体及低毒性 α 发射体,不超过 $8\times10^5Bq/cm^2$,或对所有其他 α 发射体,不超过 $8\times10^4Bq/cm^2$
易裂变材料	铀-233、铀-235、钚-239、钚-241 或这些放射性核素的任何组合。此定义不包括: (1) 未受辐照的天然铀或贫化铀 (2) 仅在热中子反应堆内受过辐照的天然铀或贫化铀

资料改编自:GB11806-2004。

12.2 放射性物质的豁免值和放射性物质运输中的 A_1 和 A_2 值

表 12.2 给出了单个放射性核素的基本限值,其中 A_1 是指

特殊形式放射性物质的放射性活度限值，A_2 是指特殊形式放射性物质以外的放射性活度限值。对于放射性核素的混合物，相应限值按下式确定：

$$X_m = \frac{1}{\sum_i f(i)/X(i)}$$

式中：$f(i)$ 为放射性核素 i 的放射性活度或活度浓度在混合物中所占的份额；$X(i)$ 为放射性核素 i 的 A_1 或 A_2 或豁免物质的活度浓度或豁免托运货物的放射性活度限值；X_m 为混合情况下，A_1 或 A_2 的导出值或豁免物质的活度浓度或豁免托运货物的放射性活度限值。

未知放射性核素或混合物的相应限值见表 12.3。

表 12.2　放射性物质的豁免值和放射性物质运输中的 A_1 和 A_2 值

放射性核素	A_1(TBq)	A_2(TBq)	豁免放射性物质的活度浓度(Bq/g)	一件豁免托运货物的放射性活度(Bq)
^{3}H			1 E+06	1 E+09
^{14}C	4 E+01	3 E+00	1 E+04	1 E+07
^{18}F	1 E+00	6 E−01	1 E+01	1 E+06
^{32}P	5 E−01	5 E−01	1 E+03	1 E+05
^{35}S	4 E+01	3 E+00	1 E+05	1 E+08
^{36}Cl	1 E+01	6 E−01	1 E+04	1 E+06
^{51}Cr	3 E+01	3 E+01	1 E+03	1 E+07
^{54}Mn	1 E+00	1 E+00	1 E+01	1 E+06
^{55}Fe	4 E+01	4 E+01	1 E+04	1 E+06
^{59}Fe	9 E−01	9 E−01	1 E+01	1 E+06
^{57}Co	1 E+01	1 E+01	1 E+02	1 E+06
^{58}Co	1 E+00	1 E+00	1 E+01	1 E+06
^{60}Co	4 E−01	4 E−01	1 E+01	1 E+05
^{63}Ni	4 E+01	3 E+01	1 E+05	1 E+08
^{65}Zn	2 E+00	2 E+00	1 E+01	1 E+06

续表

放射性核素	A_1(TBq)	A_2(TBq)	豁免放射性物质的活度浓度(Bq/g)	一件豁免托运货物的放射性活度(Bq)
^{68}Ge	5 E−01	5 E−01	1 E+01	1 E+05
^{75}Se	3 E+00	3 E+00	1 E+02	1 E+06
^{85}Kr	1 E+01	1 E+01	1 E+05	1 E+04
^{89}Sr	6 E−01	6 E−01	1 E+03	1 E+06
^{90a}Sr	3 E−01	3 E−01	1 E+02[b]	1 E+04[b]
^{90}Y	3 E−01	3 E−01	1 E+03	1 E+05
^{91}Y	6 E−01	6 E−01	1 E+03	1 E+06
^{95a}Zr	2 E+00	8 E−01	1 E+01	1 E+06
^{95}Nb	1 E+00	1 E+00	1 E+01	1 E+06
^{99a}Mo	1 E+00	6 E−01	1 E+02	1 E+06
^{99m}Tc	1 E+01	4 E+00	1 E+02	1 E+07
^{103a}Ru	2 E+00	2 E+00	1 E+02	1 E+06
^{106a}Ru	2 E−01	2 E−01	1 E+02[b]	1 E+05[b]
^{103a}Pd	4 E+01	4 E+01	1 E+03	1 E+08
^{110a}Ag	4 E−01	4 E−01	1 E+01	1 E+06
^{109}Cd	3 E+01	2 E+00	1 E+04	1 E+06
^{111}In	3 E+00	3 E+00	1 E+02	1 E+06
^{113m}In	4 E+00	2 E+00	1 E+02	1 E+06
^{124}Sb	6 E−01	6 E−01	1 E+01	1 E+06
^{125}Sb	2 E+00	1 E+00	1 E+02	1 E+06
^{132a}Te	5 E−01	4 E−01	1 E+02	1 E+07
^{125}I	2 E+01	3 E+00	1 E+03	1 E+06
^{131}I	3 E+00	7 E−01	1 E+02	1 E+06
^{133}Ba	3 E+00	3 E+00	1 E+02	1 E+06
^{134}Cs	7 E−01	7 E−01	1 E+01	1 E+04
^{136}Cs	5 E−01	5 E−01	1 E+01	1 E+05
^{137a}Cs	2 E+00	6 E−01	1 E+01[b]	1 E+04[b]

续表

放射性核素	A_1(TBq)	A_2(TBq)	豁免放射性物质的活度浓度(Bq/g)	一件豁免托运货物的放射性活度(Bq)
^{147}Pm	4 E+01	2 E+00	1 E+04	1 E+07
^{141}Ce	2 E+01	6 E-01	1 E+02	1 E+07
^{144}[a] Ce	2 E-01	2 E-01	1 E+02[b]	1 E+05[b]
^{152}Eu	1 E+00	1 E+00	1 E+01	1 E+06
^{154}Eu	9 E-01	6 E-01	1 E+01	1 E+06
^{153}Gd	1 E+01	9 E+00	1 E+02	1 E+07
^{170}Tm	3 E+00	6 E-01	1 E+03	1 E+06
^{169}Yb	4 E+00	1 E+00	1 E+02	1 E+07
^{188}Re	4 E-01	4 E-01	1 E+02	1 E+05
^{192}Ir	1 E+00	6 E-01	1 E+01	1 E+04
^{198}Au	1 E+00	6 E-01	1 E+02	1 E+06
^{203}Hg	5 E+00	1 E+00	1 E+02	1 E+05
^{201}Tl	1 E+01	4 E+00	1 E+02	1 E+06
^{204}Tl	1 E+01	7 E-01	1 E+04	1 E+04
^{210}Po	4 E+01	2 E-02	1 E+01	1 E+04
^{226}[a] Ra	2 E-01	3 E-03	1 E+01[b]	1 E+04[b]
^{230}Th	1 E+01	1 E-03	1 E+00	1 E+04
^{232}Th	不限	不限	1 E+01	1 E+04
U(天然)	不限	不限	1 E+00[b]	1 E+03[b]
U(富集度达到或少于20%)[c]	不限	不限	1 E+00	1 E+03
U(贫化)	不限	不限	1 E+00	1 E+03
^{237}Np	2 E+01	2 E-03	1 E+00[b]	1 E+03[b]
^{238}Pu	1 E+01	1 E-03	1 E+00	1 E+04
^{239}Pu	1 E+01	1 E-03	1 E+00	1 E+04

续表

放射性核素	A_1(TBq)	A_2(TBq)	豁免放射性物质的活度浓度(Bq/g)	一件豁免托运货物的放射性活度(Bq)
^{240}Pu	1 E+01	1 E−03	1 E+00	1 E+03
^{241a}Pu	4 E+01	6 E−02	1 E+02	1 E+05
^{242}Pu	1 E+01	1 E−03	1 E+00	1 E+04
^{241}Am	1 E+01	1 E−03	1 E+00	1 E+04
$^{242m\,a}Am$	1 E+01	1 E−03	1 E+00[b]	1 E+04[b]
^{242}Cm	4 E+01	1 E−02	1 E+02	1 E+05
^{244}Cm	2 E+01	2 E−03	1 E+01	1 E+04
^{252}Cf	1 E−01	3 E−03	1 E+01	1 E+04

a.A_1 和或 A_2 值包括半衰期 10d 的子核素的贡献。

b.母核素和其子体处于长期平衡：^{90}Sr(^{90}Y)，^{97}Zr（^{97}Nb），^{106}Ru（^{106}Rh），^{137}Cs(^{137m}Ba)，^{210}Pb(^{210}Bi，^{210}Po)，^{226}Ra(^{222}Rn，^{218}Po，^{214}Pb，^{214}Bi，^{214}Po，^{210}Pb，^{210}Bi，^{210}Po)，^{228}Ra（^{228}Ac），^{228}Th(^{224}Ra，^{220}Rn，^{216}Po，^{212}Pb，^{212}Bi，^{208}Tl(0.36)，^{212}Po(0.64))，U-天然(^{234}Th，^{234m}Pa，^{234}U，^{230}Th，^{226}Ra，^{222}Rn，^{218}Po，^{214}Pb，^{214}Bi，^{214}Po，^{210}Pb，^{210}Bi，^{210}Po)，^{237}Np(^{233}Pa)。

c.仅适用于未受辐照的铀。

资料改编自：GB11806-2004。

表 12.3　未知放射性核素或混合物的放射性核素的基本限值

放射性内容物	A_1 (TBq)	A_2 (TBq)	豁免放物质的活度浓度(Bq/g)	一件豁免托运货物的放射性活度(Bq)
已知含有仅发射 β 或 γ 的核素	0.1	0.02	1×10^1	1×10^4
已知含有仅发射 α 的核素	0.2	9×10^{-5}	1×10^{-1}	1×10^3
无有关数据可用	0.001	9×10^{-5}	1×10^{-1}	1×10^3

资料来源：GB11806-2004。

12.3 货包的分类和要求(表12.4~表12.7)

表12.4 货包分类及要求

名称	货包内容物限值
例外货包	• 对于天然铀、贫化铀或天然钍制品,只要其外表面具有坚固的非放射性包封,数量可以不限 • 对于非天然铀、贫化铀或天然钍制品的放射性物质。当放射性物质封装在或作为它们的一个组成部分含在仪器或其他制品内时,每种单个物项和单个货包的限值见表12.5的第二和第三栏;当放射性物质未封装或不是仪器或其他制品的一个组成部分时,限值见表12.5的第四栏 • 邮寄时,每个货包的限值不超过表12.5规定值的1/10
1型工业货包(IP-1) 2型工业货包(IP-2) 3型工业货包(IP-3)	• 工业货包通常装运各类低比活度放射性物质和表面污染物体,对应关系详见表12.6 • 距无屏蔽放射性物质或距一个物体或距一批物体3m处的外部辐射水平不超过10mSv/h • 工业货包内的或无包装的LSA物质或SCO的运输,运输工具放射性活度限值见表12.7 • 装有不燃固态Ⅱ类低比活度放射性物质(LSA-Ⅱ)或Ⅲ类低比活度放射性物质(LSA-Ⅲ)的单个货包空运时,不得含有大于$3000A_2$的放射性活度
A型货包	• A型货包内的放射性活度不能超过A_1(特殊形式放射性物质)或A_2(所有其他放射性物质) • 存在多种核素时,各核素活度值分别除以相应的A_1或A_2值的和应小于1
B(U)型货包 B(M)型货包	• 放射性活度超过A_1或A_2值的货包。只须单方批准的货包为B(U)型货包,须多方批准的为B(M)型货包 • 不得含有:①超过货包设计所允许的放射性活度的内容物;②不同于货包设计所允许的放射性核素的内容物;③在形状、物理和化学状态方面不同于货包设计的内容物

续表

名称	货包内容物限值
B(M)型货包	• 空运时还要求放射性活度不得大于:①设计允许值(低弥散放射性物质);②3000A_1 或 100 000A_2 中较小值(特殊形态放射性物质);③3000A_2(所有其他放射性物质)
C 型货包	• 主要用于航空运输,放射性活度超过 A_1 或 A_2 值的货包 • 不得含有:①超过货包设计所允许的放射性活度的内容物;②不同于货包设计所允许的放射性核素的内容物;③在形状、物理和化学状态方面不同于货包设计所允许的内容物
易裂变材料的货包	• 不得装有:①不同于货包设计所允许量的易裂变材料;②不同于货包设计所允许的任何放射性核素或易裂变材料;③在形状、物理和化学状态或空间布置方面不同于货包设计所允许的内容物
六氟化铀的货包	• 在工厂工艺系统接入货包时,当货包处于所规定的最高温度下货包中六氟化铀的装载量不得使货包容积的剩余空腔小于货包总容积的 5% • 在交付运输时,六氟化铀应该呈固态形式,而货包的内压应低于大气压

资料改编自:GB11806-2004。

表 12.5 例外货包的放射性活度限值

内容物的物理状态	仪器或制品		放射性物质
	物项限值	货包限值	货包限值
固态:特殊形式	$10^{-2}A_1$	A_1	$10^{-3}A_1$
其他形式	$10^{-2}A_2$	A_2	$10^{-3}A_2$
液态	$10^{-3}A_2$	$10^{-1}A_2$	$10^{-4}A_2$
气态:氚	$2\times10^{-2}A_2$	$2\times10^{-1}A_2$	$2\times10^{-2}A_2$
特殊形式	$10^{-3}A_1$	$10^{-2}A_1$	$10^{-3}A_1$
其他形式	$10^{-3}A_2$	$10^{-2}A_2$	$10^{-3}A_2$

资料来源:GB11806-2004。

表 12.6 装有 LSA 物质和 SCO 的工业货包的要求

放射性内容物	工业货包类型	
	独家使用	非独家使用
LSA-Ⅰ		
固体	IP-1 型	IP-1 型
液体	IP-1 型	IP-2 型
LSA-Ⅱ		
固体	IP-2 型	IP-2 型
液体和气体	IP-2 型	IP-3 型
LSA-Ⅲ	IP-2 型	IP-3 型
SCO-Ⅰ	IP-1 型	IP-1 型
SCO-Ⅱ	IP-2 型	IP-2 型

资料来源：GB11806-2004。

表 12.7 工业货包内的或无包装的 LSA 物质和 SCO 用的运输工具放射性活度限值

放射性物质的类别	运输工具(内河航道用的运输工具除外)的放射性活度限值	内河船舶的船舱或隔舱的放射性活度限值
LSA-Ⅰ	无限值	无限值
LSA-Ⅱ和 LSA-Ⅲ不可燃固体	无限值	$100A_2$
LSA-Ⅱ和 LSA-Ⅲ可燃固体及各种液体和气体	$100A_2$	$10A_2$
SCO	$100A_2$	$10A_2$

资料来源：GB11806-2004。

12.4 货包和外包装的运输指数、临界安全指数、辐射水平和污染水平控制

运输指数(TI)= 外表面 1m 处的最高剂量率(mSv/h)×100×

放大系数(表 12.8)。

上式计算结果精确到小数点后一位,当 TI 计算结果小于或等于 0.05 时,认为运输指数为零。

每个外包装、货物集装箱或运输工具的运输指数应以所装的全部货物的运输指数(TI)之和来确定。对于钢性外包装也可通过直接测量辐射水平来确定。

表 12.8 货包的放大系数

装载物尺寸[a]	放大系数
装载物尺寸≤1m²	1
1m²<装载物尺寸≤5m²	2
5m²<装载物尺寸≤20m²	3
20m²<装载物尺寸	10

a.装载物所测得的最大截面积。

资料来源:GB11806-2004。

按照运输指数和辐射水平可以对货包和外包装进行分级(表 12.9)。当运输指数满足某一级别,而表面辐射水平又满足另一级别时,应把该货包或外包装划归级别较高的一级。运输时,辐射水平的控制要求见表 12.10。

表 12.9 货包和外包装的运输指数和分级

条件		分级
运输指数(TI)	外表面任一点的最高辐射水平(mSv/h)	
0[a]	$H \leq 0.005$	Ⅰ级(白色)
0<TI≤1	$0.005 < H \leq 0.5$	Ⅱ级(黄色)
1<TI≤10	$0.5 < H \leq 2$	Ⅲ级(黄色)
TI≥10	$2 < H \leq 10$	Ⅲ级(黄色)[b]

a. TI 不大于 0.05,此数值可取为 0。

b.按独家使用方式运输。

资料来源:GB11806-2004。

表 12.10 运输过程中辐射水平控制

非独家使用方式运输		独家使用方式运输		
货包或外包装的外表面任一点的辐射水平	距运输工具外表面2m处的辐射水平	货包或外包装的外表面任一点的辐射水平	车辆外表面任一点的辐射水平	距运输工具外表面2m处的辐射水平
<2mSv/h	<0.1mSv/h	<2mSv/h(通常);<10mSv/h(特定条件下[a])	<2mSv/h	<0.1mSv/h

a.条件:①铁路或公路运输时,车辆应采取实体防护措施防止未经批准的人员在运输的常规条件下接近托运货物;对货包或外包装采取固定措施,在运输的常规条件下它们在车辆内的位置保持不变;运载期间无任何装载或卸载作业。②特殊安排下用船舶或飞机运输的货包或外包装。

资料改编自:GB11806-2004。

应使货包外表面的非固定污染保持在实际可行、尽量低的水平上,货包的表面污染水平要求见表12.11。在运输过程中,当污染程度超过表12.11的要求或污染导致的表面辐射水平超过5μSv/h时所有运输工具、设备或部件都应由有资格的人员尽快去污。如果非固定污染超过表12.11的要求,而且去污后表面的固定污染所引起的辐射水平高于5μSv/h,就不得重新使用。独家运输放射性物质时,内表面的污染水平除外。运输过放射性物质的罐或散装集装箱,若对β和γ发射体以及低毒性α发射体未去污到0.4Bq/cm^2水平以下,或对所有其他α发射体未去污到0.04Bq/cm^2水平以下时,不得用于贮存和运输其他货物。

表 12.11 放射性物质运输表面污染控制水平

发射体	外表面非固定污染[a]
β和γ发射体以及低毒性α发射体	4Bq/cm^2
所有其他α发射体	0.4Bq/cm^2

a.可以在任何300cm^2面积上平均。

资料改编自:GB11806-2004。

装有易裂变材料货包的临界安全指数(CSI)由 50 除以正常运输条件和事故工况下推导的两种货包件数 N 值中的较小者得到(即 CSI = 50/N)。尚若无限多个货包是次临界的(即 N 在这两种情况下实际上是无限大),临界安全指数可以为零。

每件外包装或货物集装箱的临界安全指数应以所装的全部货物的临界安全指数之和来确定。确定一批货物或一件运输工具的临界安全指数时应遵守同样的程序。

任何货包或外包装的临界安全指数应不超过 50,但独家使用方式运输的货物除外。

12.5 标记、标识和标牌

对于每个货包(例外货包除外),应在包装外部标上前面带有“UN”字母的联合国编号和专用货运名称,对例外货包(国际邮运接收的例外货包除外)只要求标明带有“UN”字母的联合国编号。货包还应标明货包类型,比如“IP-1 型”、“B(U)型”等。

在符合 B(U)型、B(M)型或 C 型货包设计的每个货包的最外层容器的外表面上,应该用刻印、压印或其他能防火和防水的方式显示三叶形符号。

按照相关国家标准的要求,在每个货包、外包装和货物集装箱的外侧面上贴相应的分级辐射标志。对于大型货物集装箱和罐来说,应在其侧面挂国标要求尺寸的标牌,可以用放大型的标志替代标牌,不必同时使用标志和标牌。

放射性货物托运时,要申报专用货运名称、联合国分类号“7”、联合国编号、放射性核素名称或符号及其最大活度、物理化学形态、货包级别、运输指数、临界安全指数(易裂变货物)、主管部门批准证书的识别标记、托运货物的放射性总活度(对于 LSA-Ⅱ、LSA-Ⅲ、SCO-Ⅰ和 SCO-Ⅱ)等。在独家使用运输方式时应注明“独家使用装运”,多个货包装在一个外包装或货物集装箱或运输工具内时,应分别说明每个货包的内容物情况。

12.6 对放射性物质、包装和货包的实验要求

放射性物质、包装和货包必须满足国家标准的要求,并按

国标要求的程序进行相应的试验(表12.12)。

表12.12 货包性能实验要求

货包类型	货包性能试验要求		
	例行工况	正常运输工况下试验	事故工况下的试验
例外货包	√		
1型工业货包	√		
2型工业货包	√	√(只做自由下落、堆积)	
3型工业货包	√	√	
A型货包	√	√	
B(U)型货包	√	√	√
B(M)型货包	√	√	√
C型货包	√	√	√(C型货包试验)
装有易裂变材料的货包	√	√	√
装有六氟化铀的货包	√	√	√

资料来源:GB11806-2004。

12.7 放射性物品运输分类

根据放射性物品的特性及其对人体健康和环境的潜在危害程度,将放射性物品分为三类,表12.13和表12.14分别给出分类原则和分类名录。

表12.13 放射性物品的管理分类

类别	分类原则
一类	指Ⅰ类放射源、高水平放射性物质、乏燃料等释放到环境后对人体健康和环境产生重大辐射影响的放射性物品
二类	指Ⅱ类和Ⅲ类放射源、中等水平放射性废物等释放到环境后对人体健康和环境产生一般辐射影响的放射性物品
三类	指Ⅳ类和Ⅴ类放射源、低水平放射性废物、放射性药品等释放到环境后对人体健康和环境产生较小辐射影响的放射性物品

资料改编自:中华人民共和国国务院令第562号,放射性物品运输安全管理条例。

表 12.14　放射性物品分类和名录

分类	放射性物品	放射性物品举例	容器类型	货包(包件)类型	名称和说明	联合国编号
一类	放射性活度大于 A_1 或 A_2 值的放射性物品	如反应堆乏燃料、高水平放射性废物	B(U)	B(U)货包	放射性物品 B(U)型货包,非易裂变的或例外易裂变的	2916
			B(U)F		放射性物品 B(U)型货包，易裂变的	3328
			B(M)	B(M)货包	放射性物品 B(M)型货包,非易裂变的或例外易裂变的	2917
			B(M)F		放射性物品 B(M)型货包，易裂变的	3329
			C	C 型货包	放射性物品 C 型货包,非易裂变的或例外易裂变的	3323
			CF		放射性物品 C 型货包，易裂变的	3330
	等于或大于 0.1kg 的六氟化铀		H(U) H(M)	六氟化铀货包	放射性物质六氟化铀,非易裂变的或例外易裂变的	2978
			H(U)F H(M)F		放射性物质六氟化铀，易裂变的	2977

续表

分类	放射性物品	放射性物品举例	容器类型	货包(包件)类型	名称和说明	联合国编号
一类	需特殊安排运输的放射性物品		T	特殊安排运输	特殊安排下运输的放射性物品，非易裂变的或例外易裂变的	2919
			X		特殊安排下运输的放射性物品，易裂变的	3331
	放射性活度不大于 A_1 或 A_2 值的易裂变放射性物品	反应堆新燃料	AF	A 型货包	放射性物品 A 型货包，易裂变的，非特殊形式的	3327
					放射性物品 A 型货包，特殊形式的，易裂变的	3333
	易裂变Ⅲ类低比活度放射性物品(LSA-III)		IF-2 IF-3	工业Ⅱ型货包 工业Ⅲ型货包	Ⅲ类低比活度放射性物品(LSA-Ⅲ)，易裂变的	3325
	易裂变Ⅱ类低比活度的放射性物品(LSA-Ⅱ)		IF-2 IF-3	工业Ⅱ型货包 工业Ⅲ型货包	Ⅱ类低比活度放射性物品(LSA-Ⅱ)，易裂变的	3324
	易裂变的放射性表面污染物体(SCO-I 或 SCO-Ⅱ)		IF	工业型货包	放射性表面污染物体(SCO-I 或 SCO-Ⅱ)，易裂变的	3326

续表

分类	放射性物品	放射性物品举例	容器类型	货包(包件)类型	名称和说明	联合国编号
一类	Ⅰ类放射源	医用强钴源、工业辐照强钴源、锎-252中子源原料等	B(U)	B(U)货包	放射性物品B(U)型货包,非易裂变的或例外易裂变的	2916
			B(M)	B(M)货包	放射性物品B(M)型货包,非易裂变的或例外易裂变的	2917
二类	非特殊形式的非易裂变或例外易裂变,放射性活度不大于A_2值的放射性物品	钼-锝发生器	A	A型货包	放射性物品A型货包,非特殊形式的非易裂变的或非特殊形式的例外易裂变的	2915
	特殊形式的非易裂变或例外易裂变,放射性活度不大于A_1值的放射性物品		A	A型货包	放射性物品A型货包,特殊形式的非易裂变的或特殊形式的例外易裂变的	3332
	非易裂变或例外易裂变的Ⅲ类低比活度放射性物品(LSA-Ⅲ)(非独家使用)		IP-3	工业Ⅲ型货包	Ⅲ类低比活度放射性物品(LSA-Ⅲ),非易裂变的或例外易裂变的	3322

续表

分类	放射性物品	放射性物品举例	容器类型	货包(包件)类型	名称和说明	联合国编号
二类	非易裂变或例外易裂变的Ⅱ类低比活度放射性物品(LSA-Ⅱ)(液体非独家使用)		IP-3	工业Ⅲ型货包	Ⅱ类低比活度放射性物品(LSA-Ⅱ),非易裂变的或例外易裂变的	3321
	Ⅱ类和Ⅲ类放射源	铯-137 等密封放射源	B(U)	B(U)货包	放射性物品 B(U)型货包,非易裂变的或例外易裂变的	2916
			B(M)	B(M)货包	放射性物品 B(M)型货包,非易裂变的或例外易裂变的	2917
			A	A 型货包	放射性物品 A 型货包,非特殊形式的非易裂变的或非特殊形式的例外易裂变的	2915
					放射性物品 A 型货包,特殊形式的非易裂变的或特殊形式的例外易裂变的	3332

续表

分类	放射性物品	放射性物品举例	容器类型	货包(包件)类型	名称和说明	联合国编号
三类	有限量的放射性物品	放射性活度小于 7×10^{7}Bq 的碘-131 溶液		例外货包	放射性物品例外货包——有限量的放射性物品	2910
	含有放射性物质的仪器或制品	骨密度测量仪		例外货包	放射性物品例外货包——含有放射性物质的仪器或制品	2911
	天然铀或贫化铀或天然钍的制品			例外货包	放射性物品例外货包——天然铀或贫化铀或天然钍的制品	2909
	运输放射性物品的空包装			例外货包	放射性物品例外货包——运输放射性物品的空包装	2908
	非易裂变或例外易裂变的Ⅲ类低比活度放射性物品(LSA-Ⅲ)		IP-2	工业Ⅱ型货包	Ⅲ类低比活度放射性物品(LSA-Ⅲ),非易裂变的或例外易裂变的	3322
	非易裂变或例外易裂变的Ⅱ类低比活度放射性物品(LSA-Ⅱ)	含氚浓度小于 0.8TBq/L 的水	IP-2	工业Ⅱ型货包	Ⅱ类低比活度放射性物品(LSA-Ⅱ),非易裂变的或例外易裂变的	3321
	非易裂变或例外易裂变的Ⅰ类低比活度放射性物品(LSA-Ⅰ)	黄饼	IP-2	工业Ⅰ型货包 工业Ⅱ型货包	Ⅰ类低比活度放射性物品(LSA-Ⅰ),非易裂变的或例外易裂变的	2912

续表

分类	放射性物品	放射性物品举例	容器类型	货包(包件)类型	名称和说明	联合国编号
三类	非易裂变或例外易裂变Ⅰ、Ⅱ类放射性表面污染体(SCO-Ⅰ、SCO-Ⅱ)	污染构件	IP-1 IP-2	工业Ⅰ型货包 工业Ⅱ型货包	放射性表面污染物体(SCO-Ⅰ或SCO-Ⅱ),非易裂变的或例外易裂变的	2913
	Ⅵ类和Ⅴ类放射源	铯-137(0.5mCi)子母源罐	A	A型货包	放射性物品A型货包,非特殊形式的非易裂变的或非特殊形式的例外易裂变的	2915
					放射性物品A型货包,特殊形式的非易裂变的或特殊形式的例外易裂变的	3332
				例外货包	放射性物品例外货包—有限量的放射性物品	2910

资料来源:环境保护部. 放射性物品分类和名录(试行). 2010。

(杨俊武　张建岗　编写,康玉峰　审阅)

参 考 文 献

国务院第 252 号令. 2009. 放射性物质安全运输条例. 北京:中国法制出版社

中华人民共和国国家质量监督检验检验总局. 2004. 放射性物质安全运输规程. GB 11806-2004. 北京:中国标准出版社

13 放射源应用和分类

13.1 放射源的分类

放射源分类原则和分类分别见表 13.1 和表 13.2。V 类源的下限是豁免水平。

表 13.1 放射源分类原则

类别	名称	原则
Ⅰ类源	极高危险源	没有防护情况下,接触这类源几分钟到 1h 就可致人死亡
Ⅱ类源	高危险源	没有防护情况下,接触这类源几小时至几天可致人死亡
Ⅲ类源	危险源	没有防护情况下,接触这类源几小时就可对人造成永久性损伤,接触几天至几周也可致人死亡
Ⅳ类源	低危险源	基本不会对人造成永久性损伤,但对长时间、近距离接触这些放射源的人可能造成可恢复的临时性损伤
Ⅴ类源	极低危险源	不会对人造成永久性损伤

资料改编自:国家环保总局公告 2005 年第 62 号附件放射源分类办法。

表 13.2 放射源分类表 (单位:Bq)

核素名称	Ⅰ类源	Ⅱ类源	Ⅲ类源	Ⅳ类源	Ⅴ类源
^{241}Am	$\geqslant 6\times10^{13}$	$\geqslant 6\times10^{11}$	$\geqslant 6\times10^{10}$	$\geqslant 6\times10^{8}$	$\geqslant 1\times10^{4}$
^{241}Am/Be	$\geqslant 6\times10^{13}$	$\geqslant 6\times10^{11}$	$\geqslant 6\times10^{10}$	$\geqslant 6\times10^{8}$	$\geqslant 1\times10^{4}$

续表

核素名称	Ⅰ类源	Ⅱ类源	Ⅲ类源	Ⅳ类源	Ⅴ类源
^{198}Au	$\geqslant 2\times10^{14}$	$\geqslant 2\times10^{12}$	$\geqslant 2\times10^{11}$	$\geqslant 2\times10^{9}$	$\geqslant 1\times10^{6}$
^{133}Ba	$\geqslant 2\times10^{14}$	$\geqslant 2\times10^{12}$	$\geqslant 2\times10^{11}$	$\geqslant 2\times10^{9}$	$\geqslant 1\times10^{6}$
^{14}C	$\geqslant 5\times10^{16}$	$\geqslant 5\times10^{14}$	$\geqslant 5\times10^{13}$	$\geqslant 5\times10^{11}$	$\geqslant 1\times10^{7}$
^{109}Cd	$\geqslant 2\times10^{16}$	$\geqslant 2\times10^{14}$	$\geqslant 2\times10^{13}$	$\geqslant 2\times10^{11}$	$\geqslant 1\times10^{6}$
^{141}Ce	$\geqslant 1\times10^{15}$	$\geqslant 1\times10^{13}$	$\geqslant 1\times10^{12}$	$\geqslant 1\times10^{10}$	$\geqslant 1\times10^{7}$
^{144}Ce	$\geqslant 9\times10^{14}$	$\geqslant 9\times10^{12}$	$\geqslant 9\times10^{11}$	$\geqslant 9\times10^{9}$	$\geqslant 1\times10^{5}$
^{252}Cf	$\geqslant 2\times10^{13}$	$\geqslant 2\times10^{11}$	$\geqslant 2\times10^{10}$	$\geqslant 2\times10^{8}$	$\geqslant 1\times10^{4}$
^{36}Cl	$\geqslant 2\times10^{16}$	$\geqslant 2\times10^{14}$	$\geqslant 2\times10^{13}$	$\geqslant 2\times10^{11}$	$\geqslant 1\times10^{6}$
^{242}Cm	$\geqslant 4\times10^{13}$	$\geqslant 4\times10^{11}$	$\geqslant 4\times10^{10}$	$\geqslant 4\times10^{8}$	$\geqslant 1\times10^{5}$
^{244}Cm	$\geqslant 5\times10^{13}$	$\geqslant 5\times10^{11}$	$\geqslant 5\times10^{10}$	$\geqslant 5\times10^{8}$	$\geqslant 1\times10^{4}$
^{57}Co	$\geqslant 7\times10^{14}$	$\geqslant 7\times10^{12}$	$\geqslant 7\times10^{11}$	$\geqslant 7\times10^{9}$	$\geqslant 1\times10^{6}$
^{60}Co	$\geqslant 3\times10^{13}$	$\geqslant 3\times10^{11}$	$\geqslant 3\times10^{10}$	$\geqslant 3\times10^{8}$	$\geqslant 1\times10^{5}$
^{51}Cr	$\geqslant 2\times10^{15}$	$\geqslant 2\times10^{13}$	$\geqslant 2\times10^{12}$	$\geqslant 2\times10^{10}$	$\geqslant 1\times10^{7}$
^{134}Cs	$\geqslant 4\times10^{13}$	$\geqslant 4\times10^{11}$	$\geqslant 4\times10^{10}$	$\geqslant 4\times10^{8}$	$\geqslant 1\times10^{4}$
^{137}Cs	$\geqslant 1\times10^{14}$	$\geqslant 1\times10^{12}$	$\geqslant 1\times10^{11}$	$\geqslant 1\times10^{9}$	$\geqslant 1\times10^{4}$
^{152}Eu	$\geqslant 6\times10^{13}$	$\geqslant 6\times10^{11}$	$\geqslant 6\times10^{10}$	$\geqslant 6\times10^{8}$	$\geqslant 1\times10^{6}$
^{154}Eu	$\geqslant 6\times10^{13}$	$\geqslant 6\times10^{11}$	$\geqslant 6\times10^{10}$	$\geqslant 6\times10^{8}$	$\geqslant 1\times10^{6}$
^{55}Fe	$\geqslant 8\times10^{17}$	$\geqslant 8\times10^{15}$	$\geqslant 8\times10^{14}$	$\geqslant 8\times10^{12}$	$\geqslant 1\times10^{6}$
^{153}Gd	$\geqslant 1\times10^{15}$	$\geqslant 1\times10^{13}$	$\geqslant 1\times10^{12}$	$\geqslant 1\times10^{10}$	$\geqslant 1\times10^{7}$
^{68}Ge	$\geqslant 7\times10^{14}$	$\geqslant 7\times10^{12}$	$\geqslant 7\times10^{11}$	$\geqslant 7\times10^{9}$	$\geqslant 1\times10^{5}$
^{3}H	$\geqslant 2\times10^{18}$	$\geqslant 2\times10^{16}$	$\geqslant 2\times10^{15}$	$\geqslant 2\times10^{13}$	$\geqslant 1\times10^{9}$
^{203}Hg	$\geqslant 3\times10^{14}$	$\geqslant 3\times10^{12}$	$\geqslant 3\times10^{11}$	$\geqslant 3\times10^{9}$	$\geqslant 1\times10^{5}$
^{125}I	$\geqslant 2\times10^{14}$	$\geqslant 2\times10^{12}$	$\geqslant 2\times10^{11}$	$\geqslant 2\times10^{9}$	$\geqslant 1\times10^{6}$
^{131}I	$\geqslant 2\times10^{14}$	$\geqslant 2\times10^{12}$	$\geqslant 2\times10^{11}$	$\geqslant 2\times10^{9}$	$\geqslant 1\times10^{6}$
^{192}Ir	$\geqslant 8\times10^{13}$	$\geqslant 8\times10^{11}$	$\geqslant 8\times10^{10}$	$\geqslant 8\times10^{8}$	$\geqslant 1\times10^{4}$

续表

核素名称	Ⅰ类源	Ⅱ类源	Ⅲ类源	Ⅳ类源	Ⅴ类源
^{85}Kr	$\geqslant 3\times10^{16}$	$\geqslant 3\times10^{14}$	$\geqslant 3\times10^{13}$	$\geqslant 3\times10^{11}$	$\geqslant 1\times10^{4}$
^{99}Mo	$\geqslant 3\times10^{14}$	$\geqslant 3\times10^{12}$	$\geqslant 3\times10^{11}$	$\geqslant 3\times10^{9}$	$\geqslant 1\times10^{6}$
^{95}Nb	$\geqslant 9\times10^{13}$	$\geqslant 9\times10^{11}$	$\geqslant 9\times10^{10}$	$\geqslant 9\times10^{8}$	$\geqslant 1\times10^{6}$
^{63}Ni	$\geqslant 6\times10^{16}$	$\geqslant 6\times10^{14}$	$\geqslant 6\times10^{13}$	$\geqslant 6\times10^{11}$	$\geqslant 1\times10^{8}$
^{237}Np (^{233}Pa)	$\geqslant 7\times10^{13}$	$\geqslant 7\times10^{11}$	$\geqslant 7\times10^{10}$	$\geqslant 7\times10^{8}$	$\geqslant 1\times10^{3}$
^{32}P	$\geqslant 1\times10^{16}$	$\geqslant 1\times10^{14}$	$\geqslant 1\times10^{13}$	$\geqslant 1\times10^{11}$	$\geqslant 1\times10^{5}$
^{103}Pd	$\geqslant 9\times10^{16}$	$\geqslant 9\times10^{14}$	$\geqslant 9\times10^{13}$	$\geqslant 9\times10^{11}$	$\geqslant 1\times10^{8}$
^{147}Pm	$\geqslant 4\times10^{16}$	$\geqslant 4\times10^{14}$	$\geqslant 4\times10^{13}$	$\geqslant 4\times10^{11}$	$\geqslant 1\times10^{7}$
^{210}Po	$\geqslant 6\times10^{13}$	$\geqslant 6\times10^{11}$	$\geqslant 6\times10^{10}$	$\geqslant 6\times10^{8}$	$\geqslant 1\times10^{4}$
^{238}Pu	$\geqslant 6\times10^{13}$	$\geqslant 6\times10^{11}$	$\geqslant 6\times10^{10}$	$\geqslant 6\times10^{8}$	$\geqslant 1\times10^{4}$
^{239}Pu/Be	$\geqslant 6\times10^{13}$	$\geqslant 6\times10^{11}$	$\geqslant 6\times10^{10}$	$\geqslant 6\times10^{8}$	$\geqslant 1\times10^{4}$
^{239}Pu	$\geqslant 6\times10^{13}$	$\geqslant 6\times10^{11}$	$\geqslant 6\times10^{10}$	$\geqslant 6\times10^{8}$	$\geqslant 1\times10^{4}$
^{240}Pu	$\geqslant 6\times10^{13}$	$\geqslant 6\times10^{11}$	$\geqslant 6\times10^{10}$	$\geqslant 6\times10^{8}$	$\geqslant 1\times10^{3}$
^{242}Pu	$\geqslant 7\times10^{13}$	$\geqslant 7\times10^{11}$	$\geqslant 7\times10^{10}$	$\geqslant 7\times10^{8}$	$\geqslant 1\times10^{4}$
^{226}Ra	$\geqslant 4\times10^{13}$	$\geqslant 4\times10^{11}$	$\geqslant 4\times10^{10}$	$\geqslant 4\times10^{8}$	$\geqslant 1\times10^{4}$
^{188}Re	$\geqslant 1\times10^{15}$	$\geqslant 1\times10^{13}$	$\geqslant 1\times10^{12}$	$\geqslant 1\times10^{10}$	$\geqslant 1\times10^{5}$
^{103}Ru (^{103m}Rh)	$\geqslant 1\times10^{14}$	$\geqslant 1\times10^{12}$	$\geqslant 1\times10^{11}$	$\geqslant 1\times10^{9}$	$\geqslant 1\times10^{6}$
^{106}Ru (^{106}Rh)	$\geqslant 3\times10^{14}$	$\geqslant 3\times10^{12}$	$\geqslant 3\times10^{11}$	$\geqslant 3\times10^{9}$	$\geqslant 1\times10^{5}$
^{35}S	$\geqslant 6\times10^{16}$	$\geqslant 6\times10^{14}$	$\geqslant 6\times10^{13}$	$\geqslant 6\times10^{11}$	$\geqslant 1\times10^{8}$
^{75}Se	$\geqslant 2\times10^{14}$	$\geqslant 2\times10^{12}$	$\geqslant 2\times10^{11}$	$\geqslant 2\times10^{9}$	$\geqslant 1\times10^{6}$
^{89}Sr	$\geqslant 2\times10^{16}$	$\geqslant 2\times10^{14}$	$\geqslant 2\times10^{13}$	$\geqslant 2\times10^{11}$	$\geqslant 1\times10^{6}$
^{90}Sr (^{90}Y)	$\geqslant 1\times10^{15}$	$\geqslant 1\times10^{13}$	$\geqslant 1\times10^{12}$	$\geqslant 1\times10^{10}$	$\geqslant 1\times10^{4}$

续表

核素名称	Ⅰ类源	Ⅱ类源	Ⅲ类源	Ⅳ类源	Ⅴ类源
^{99m}Tc	$\geqslant 7\times10^{14}$	$\geqslant 7\times10^{12}$	$\geqslant 7\times10^{11}$	$\geqslant 7\times10^{9}$	$\geqslant 1\times10^{7}$
^{132}Te (^{132}I)	$\geqslant 3\times10^{13}$	$\geqslant 3\times10^{11}$	$\geqslant 3\times10^{10}$	$\geqslant 3\times10^{8}$	$\geqslant 1\times10^{7}$
^{230}Th	$\geqslant 7\times10^{13}$	$\geqslant 7\times10^{11}$	$\geqslant 7\times10^{10}$	$\geqslant 7\times10^{8}$	$\geqslant 1\times10^{4}$
^{204}Tl	$\geqslant 2\times10^{16}$	$\geqslant 2\times10^{14}$	$\geqslant 2\times10^{13}$	$\geqslant 2\times10^{11}$	$\geqslant 1\times10^{4}$
^{170}Tm	$\geqslant 2\times10^{16}$	$\geqslant 2\times10^{14}$	$\geqslant 2\times10^{13}$	$\geqslant 2\times10^{11}$	$\geqslant 1\times10^{6}$
^{90}Y	$\geqslant 5\times10^{15}$	$\geqslant 5\times10^{13}$	$\geqslant 5\times10^{12}$	$\geqslant 5\times10^{10}$	$\geqslant 1\times10^{5}$
^{91}Y	$\geqslant 8\times10^{15}$	$\geqslant 8\times10^{13}$	$\geqslant 8\times10^{12}$	$\geqslant 8\times10^{10}$	$\geqslant 1\times10^{6}$
^{169}Yb	$\geqslant 3\times10^{14}$	$\geqslant 3\times10^{12}$	$\geqslant 3\times10^{11}$	$\geqslant 3\times10^{9}$	$\geqslant 1\times10^{7}$
^{65}Zn	$\geqslant 1\times10^{14}$	$\geqslant 1\times10^{12}$	$\geqslant 1\times10^{11}$	$\geqslant 1\times10^{9}$	$\geqslant 1\times10^{6}$
^{95}Zr	$\geqslant 4\times10^{13}$	$\geqslant 4\times10^{11}$	$\geqslant 4\times10^{10}$	$\geqslant 4\times10^{8}$	$\geqslant 1\times10^{6}$

注:(1) ^{241}Am 用于固定式烟雾报警器时的豁免值为 1×10^{5}Bq。

(2)核素份额不明的混合源,按其危险度最大的核素分类,其总活度视为该核素的活度。

资料来源:国家环保总局公告 2005 年第 62 号附件放射源分类办法。

13.2 常用放射源的应用领域、活度范围和分类

表 13.3 列出了常用放射源的应用领域、活度范围和分类。

表 13.3　常用放射源的应用领域、活度范围和分类

源	放射性核素	源强范围和典型源强(TBq)		源强范围和典型源强(Ci)		类别
放射性核素热电发生器(RGT)	^{238}Pu	1.0E+00~1.0E+01	典型：1.0E+01	2.8E+01~2.8E+02	典型：2.8E+02	Ⅰ[a]
用于灭菌和食物保鲜的辐照装置	^{60}Co	1.9E+02~5.6E+05	典型:1.5E+05	5.0E+03~1.5E+07	典型:4.0E+06	Ⅰ
	^{137}Cs	1.9E+02~1.9E+05	典型：1.1E+05	5.0E+03~5.0E+06	典型：3.0E+06	Ⅰ
自屏蔽辐照装置	^{137}Cs	9.3E+01~1.6E+03	典型：5.6E+02	2.5E+03~4.2E+04	典型：1.5E+04	Ⅰ
	^{60}Co	5.6E+01~1.9E+03	典型：9.3E+02	1.5E+03~5.0E+04	典型：2.5E+04	Ⅰ
血液/组织辐照器	^{137}Cs	3.7E+01~4.4E+02	典型：2.6E+02	1.0E+03~1.2E+04	典型：7.0E+03	Ⅰ
	^{60}Co	5.6E+01~1.1E+02	典型：8.9E+01	1.5E+03~3.0E+03	典型：2.4E+03	Ⅰ
多束远距离放射治疗(γ刀)源	^{60}Co	1.5E+02~3.7E+02	典型：2.6E+02	4.0E+03~1.0E+04	典型：7.0E+03	Ⅰ
远距离放射治疗源	^{60}Co	3.7E+01~5.6E+02	典型：1.5E+02	1.0E+03~1.5E+04	典型：4.0E+03	Ⅰ
	^{137}Cs	1.9E+01~5.6E+01	典型：1.9E+01	5.0E+02~1.5E+03	典型：5.0E+02	Ⅰ

续表

源	放射性核素	源强范围和典型源强(TBq)		源强范围和典型源强(Ci)		类别
工业射线探伤源	^{60}Co	4. 1E−01～7. 4E+00	典型:2. 2E+00	1. 1E+01～2. 0E+02	典型:6. 0E+01	Ⅱ
	^{192}Ir	1. 9E−01～7. 4E+00	典型:3. 7E+00	5. 0E+00～2. 0E+02	典型:1. 0E+02	Ⅱ
	^{75}Se	3. 0E+00～3. 0E+00	典型:3. 0E+00	8. 0E+01～8. 0E+01	典型:8. 0E+01	Ⅱ
	^{169}Yb	9. 3E−02～3. 7E−01	典型:1. 9E−01	2. 5E+00～1. 0E+01	典型:5. 0E+00	Ⅱ
	^{170}Tm	7. 4E−01～7. 4E+00	典型:5. 6E+00	2. 0E+01～2. 0E+02	典型:1. 5E+02	Ⅱ
近距离治疗源——中/高剂量率	^{60}Co	1. 9E−01～7. 4E−01	典型:3. 7E−01	5. 0E+00～2. 0E+01	典型:1. 0E+01	Ⅱ
	^{137}Cs	1. 1E−01～3. 0E−01	典型:1. 1E−01	3. 0E+00～8. 0E+00	典型:3. 0E+00	Ⅱ
	^{192}Ir	1. 1E−01～4. 4E−01	典型:2. 2E−01	3. 0E+00～1. 2E+01	典型:6. 0E+00	Ⅱ
检定装置(刻度源)	^{60}Co	2. 0E−02～1. 2E+00	典型:7. 4E−01	5. 5E−01～3. 3E+01	典型:2. 0E+01	a
	^{137}Cs	5. 6E−02～1. 1E+02	典型:2. 2E+00	1. 5E+00～3. 0E+03	典型:6. 0E+01	a
液位计	^{137}Cs	3. 7E−02～1. 9E−01	典型:1. 9E−01	1. 0E+00～5. 0E+00	典型:5. 0E+00	Ⅲ
	^{60}Co	3. 7E−03～3. 7E−01	典型:1. 9E−01	1. 0E−01～1. 0E+01	典型:5. 0E+00	Ⅲ
检定装置(刻度源)	^{241}Am	1. 9E−01～7. 4E−01	典型:3. 7E−01	5. 0E+00～2. 0E+01	典型:1. 0E+01	a

续表

源	放射性核素	源强范围和典型源强(TBq)		源强范围和典型源强(Ci)		类别
核子秤	^{137}Cs	1. 1E−04~1. 5E+00	典型:1. 1E−01	3. 0E−03~4. 0E+01	典型:3. 0E+00	Ⅲ
	^{252}Cf	1. 4E−03~1. 4E−03	典型:1. 4E−03	3. 7E−02~3. 7E−02	典型:3. 7E−02	Ⅲ
鼓风炉测量仪	^{60}Co	3. 7E−02~7. 4E−02	典型:3. 7E−02	1. 0E+00~2. 0E+00	典型:1. 0E+00	Ⅲ
挖泥船测量仪	^{60}Co	9. 3E−03~9. 6E−02	典型:2. 8E−02	2. 5E−01~2. 6E+00	典型:7. 5E−01	Ⅲ
	^{137}Cs	7. 4E−03~3. 7E−01	典型:7. 4E−02	2. 0E−01~1. 0E+01	典型:2. 0E+00	Ⅲ
螺旋管道测量计	^{137}Cs	7. 4E−02~1. 9E−01	典型:7. 4E−02	2. 0E+00~5. 0E+00	典型:2. 0E+00	Ⅲ
研究堆启动源	$^{241}Am/Be$	7. 4E−02~1. 9E−01	典型:7. 4E−02	2. 0E+00~5. 0E+00	典型:2. 0E+00	Ⅲ
测井源	$^{241}Am/Be$	1. 9E−02~8. 5E−01	典型:7. 4E−01	5. 0E−01~2. 3E+01	典型:2. 0E+01	Ⅲ
	^{137}Cs	3. 7E−02~7. 4E−02	典型:7. 4E−02	1. 0E+00~2. 0E+00	典型:2. 0E+00	Ⅲ
	^{252}Cf	1. 0E−03~4. 1E−03	典型:1. 1E−03	2. 7E−02~1. 1E−01	典型:3. 0E−02	Ⅲ
检定源(刻度源)	$^{239}Pu/Be$	7. 4E−02~3. 7E−01	典型:1. 1E−01	2. 0E+00~1. 0E+01	典型:3. 0E+00	a
近距离治疗源——低剂量率	^{137}Cs	3. 7E−04~2. 6E−02	典型:1. 9E−02	1. 0E−02~7. 0E−01	典型:5. 0E−01	Ⅳ

续表

源	放射性核素	源强范围和典型源强(TBq)		源强范围和典型源强(Ci)		类别
近距离治疗源——低剂量率	^{125}I	1.5E-03~1.5E-03	典型:1.5E-03	4.0E-02~4.0E-02	典型:4.0E-02	Ⅳ
	^{192}Ir	7.4E-04~2.8E-02	典型:1.9E-02	2.0E-02~7.5E-01	典型:5.0E-01	Ⅳ
	^{198}Au	3.0E-03~3.0E-03	典型:3.0E-03	8.0E-02~8.0E-02	典型:8.0E-02	Ⅳ
	^{252}Cf	3.1E-03~3.1E-03	典型:3.1E-03	8.3E-02~8.3E-02	典型:8.3E-02	Ⅳ
测厚仪	^{85}Kr	1.9E-03~3.7E-02	典型:3.7E-02	5.0E-02~1.0E+00	典型:1.0E+00	Ⅳ
	^{90}Sr	3.7E-04~7.4E-03	典型:3.7E-03	1.0E-02~2.0E-01	典型:1.0E-01	Ⅳ
	^{241}Am	1.1E-02~2.2E-02	典型:2.2E-02	3.0E-01~6.0E-01	典型:6.0E-01	Ⅳ
	^{147}Pm	7.4E-05~1.9E-03	典型:1.9E-03	2.0E-03~5.0E-02	典型:5.0E-02	Ⅳ
	^{244}Cm	7.4E-03~3.7E-02	典型:1.5E-02	2.0E-01~1.0E+00	典型:4.0E-01	Ⅳ
料位计	^{241}Am	4.4E-04~4.4E-03	典型:2.2E-03	1.2E-02~1.2E-01	典型:6.0E-02	Ⅳ
	^{137}Cs	1.9E-03~2.4E-03	典型:2.2E-03	5.0E-02~6.5E-02	典型:6.0E-02	Ⅳ
	^{60}Co	1.9E-04~1.9E-02	典型:8.7E-04	5.0E-03~5.0E-01	典型:2.4E-02	Ⅳ

续表

源	放射性核素	源强范围和典型源强(TBq)		源强范围和典型源强(Ci)		类别
检定装置(刻度源)	^{90}Sr	7.4E-02~7.4E-02	典型:7.4E-02	2.0E+00~2.0E+00	典型:2.0E+00	a
湿度仪	$^{241}Am/Be$	1.9E-03~3.7E-03	典型:1.9E-03	5.0E-02~1.0E-01	典型:5.0E-02	Ⅳ
密度仪	^{137}Cs	3.0E-04~3.7E-04	典型:3.7E-04	8.0E-03~1.0E-02	典型:1.0E-02	Ⅳ
湿度/密度仪	$^{241}Am/Be$	3.0E-04~3.7E-03	典型:1.9E-03	8.0E-03~1.0E-01	典型:5.0E-02	Ⅳ
	^{137}Cs	3.7E-05~4.1E-04	典型:3.7E-04	1.0E-03~1.1E-02	典型:1.0E-02	Ⅳ
	^{226}Ra	7.4E-05~1.5E-04	典型:7.4E-05	2.0E-03~4.0E-03	典型:2.0E-03	Ⅳ
	^{252}Cf	1.1E-06~2.6E-06	典型:2.2E-06	3.0E-05~7.0E-05	典型:6.0E-05	Ⅳ
骨密度仪	^{109}Cd	7.4E-04~7.4E-04	典型:7.4E-04	2.0E-02~2.0E-02	典型:2.0E-02	Ⅳ
	^{153}Gd	7.4E-04~5.6E-02	典型:3.7E-02	2.0E-02~1.5E+00	典型:1.0E+00	Ⅳ
	^{125}I	1.5E-03~3.0E-02	典型:1.9E-02	4.0E-02~8.0E-01	典型:5.0E-01	Ⅳ
	^{241}Am	1.0E-03~1.0E-02	典型:5.0E-03	2.7E-02~2.7E-01	典型:1.4E-01	Ⅳ
静电消除器	^{241}Am	1.1E-03~4.1E-03	典型:1.1E-03	3.0E-02~1.1E-01	典型:3.0E-02	Ⅳ
	^{210}Po	1.1E-03~4.1E-03	典型:1.1E-03	3.0E-02~1.1E-01	典型:3.0E-02	Ⅳ

续表

源	放射性核素	源强范围和典型源强(TBq)		源强范围和典型源强(Ci)		类别
诊断同位素发生器	^{99}Mo	3.7E-02~3.7E-01	典型:3.7E-02	1.0E+00~1.0E+01	典型:1.0E+00	Ⅳ
医用非密封源	^{131}I	3.7E-03~7.4E-03	典型:3.7E-03	1.0E-01~2.0E-01	典型:1.0E-01	b
X 射线荧光分析仪	^{55}Fe	1.1E-04~5.0E-03	典型:7.4E-04	3.0E-03~1.4E-01	典型:2.0E-02	Ⅴ
	^{109}Cd	1.1E-03~5.6E-03	典型:1.1E-03	3.0E-02~1.5E-01	典型:3.0E-02	Ⅴ
	^{57}Co	5.6E-04~1.5E-03	典型:9.3E-04	1.5E-02~4.0E-02	典型:2.5E-02	Ⅴ
电子俘获探测器	^{63}Ni	1.9E-04~7.4E-04	典型:3.7E-04	5.0E-03~2.0E-02	典型:1.0E-02	Ⅴ
	^{3}H	1.9E-03~1.1E-02	典型:9.3E-03	5.0E-02~3.0E-01	典型:2.5E-01	Ⅴ
避雷器	^{241}Am	4.8E-05~4.8E-04	典型:4.8E-05	1.3E-03~1.3E-02	典型:1.3E-03	Ⅴ
	^{226}Ra	2.6E-07~3.0E-06	典型:1.1E-06	7.0E-06~8.0E-05	典型:3.0E-05	Ⅴ
	^{3}H	7.4E-03~7.4E-03	典型:7.4E-03	2.0E-01~2.0E-01	典型:2.0E-01	Ⅴ
近距离放射治疗源:低剂量率眼部敷贴及永久性植入放射源	^{90}Sr	7.4E-04~1.5E-03	典型:9.3E-04	2.0E-02~4.0E-02	典型:2.5E-02	Ⅴ
	$^{106}Ru/^{106}Rh$	8.1E-06~2.2E-05	典型:2.2E-05	2.2E-04~6.0E-04	典型:6.0E-04	Ⅴ
	^{103}Pd	1.1E-03~1.1E-03	典型:1.1E-03	3.0E-02~3.0E-02	典型:3.0E-02	Ⅴ

续表

源	放射性核素	源强范围和典型源强(TBq)		源强范围和典型源强(Ci)		类别
正电子发射计算机体层显像(PET)检查源	^{68}Ge	3. 7E-05~3. 7E-04	典型:1. 1E-04	1. 0E-03~1. 0E-02	典型:3. 0E-03	V
穆斯保尔谱仪	^{57}Co	1. 9E-04~3. 7E-03	典型:1. 9E-03	5. 0E-03~1. 0E-01	典型:5. 0E-02	V
氚靶	^{3}H	1. 1E-01~1. 1E+00	典型:2. 6E-01	3. 0E+00~3. 0E+01	典型:7. 0E+00	V
医用非密封源	^{32}P	2. 2E-03~2. 2E-02	典型:2. 2E-02	6. 0E-02~6. 0E-01	典型:6. 0E-01	b

a.刻度源可在除Ⅰ类之外的所有类别中找到。应根据表13. 2中对放射性核素和活度的分类将它们分别列入相应的类别。监管机构可以根据特定的因素和环境对源的类别进行修改。

b.医用非密封源通常是Ⅳ类和Ⅴ类源。这种源的非密封性质及其短半衰期要求在分类时对其逐例进行处理。

资料改编自:IAEA 安全导则第 RS-G-1. 9 号,2006 年。

(杨俊武　刘新华　编写,潘自强　审阅)

14

核与辐射应急

14.1　核与辐射事件分级

IAEA 将核与辐射事件分为 7 级,相邻两级之间的严重程度大约相差 10 倍。其中 1~3 级为“事件”,4~7 级为“事故”,在安全上无重要意义的事件被称为“偏差”,定为 0 级或称为低于等级表的事件。表 14.1 给出了国际核与辐射事件分级。

14.2　应急照射情况下的干预

14.2.1　应急干预原则

应急干预应遵守以下原则:

(1) 干预的正当性。在干预情况下,为减少或避免照射,只要采取的防护行动或补救行动是正当的,即获取的利益大于代价,则应采取这类行动。

(2) 干预的最优化。任何防护行动或补救行动的形式、规模和持续时间均应是最优化的,使在通常的社会和经济情况下,从总体上考虑,能获得最大的净利益。

(3) 干预应尽可能防止公众成员因辐射照射而产生严重的确定效应。

14.2.2　干预水平和行动水平

应根据干预水平和行动水平来实施应急照射情况下的干预。应急计划中所确定的干预水平值只应作为实施防护行动的初始准则。应在对事故进行响应的过程中,在考虑当时的主导情况及其可能的演变的基础上对有关干预水平值进行相应的修改。

表 14.1　国际核与辐射事件分级表

级别	人员和环境	设施中放射性屏障和控制	纵深防御
7 特大事故	• 放射性物质大量释放，大范围的健康和环境影响，要求执行已计划的和额外增加的对策		
6 严重事故	• 放射性物质明显释放，可能要求执行已计划的相应对策		
5 大范围后果的事故	• 放射性物质有限释放，可能要求执行部分已计划的相应对策 • 辐射造成几人死亡	• 反应堆堆芯受到严重损坏 • 放射性物质在设施内大量释放，对公众造成显著照射的可能性高，可能由严重的临界事故或火灾引起	
4 局部后果的事故	• 放射性物质少量释放，除了当地食品控制外，一般不大可能需要执行已计划的相应对策 • 辐射导致至少 1 人死亡	• 燃料熔化或燃料损坏导致超过 0.1% 的堆芯放射性核素释放 • 放射性物质在设施内明显释放，造成显著公众照射的可能性高	
3 严重事件	• 受照超过工作人员法定年限值的 10 倍	• 某个操作区域辐射剂量率大于 1Sv/h	• 核电厂安全保护丧失，接近发生事故

续表

级别	人员和环境	设施中放射性屏障和控制	纵深防御
3 严重事件	● 辐射导致非致死型确定健康效应(如烧伤)	● 某个区域发生超出设计要求的严重污染,造成显著公众照射的可能性低	● 高放射性密封源丢失或被盗 ● 高放射性密封源交付错误,现场无适当程序进行处理
2 事件	● 1 名公众成员受照超过 10mSv ● 1 名工作人员受照超过法定年限值	● 某个操作区域辐射水平超过 50mSv/h ● 设施内某个区域发生超出设计要求的明显污染	● 安全措施明显失效,但无实际后果 ● 发现高放射性的密封遗弃源、装置或运输货包,但其安全保护完好 ● 高放射性的密封源包装不当
1 异常			● 1 名公众成员受到超过法定年限值的过量照射 ● 安全设备出现小问题,但仍具备重要的纵深防御功能 ● 低活度放射源、装置或运输货包丢失或被盗
0 偏差	安全上无重要意义		

资料来源:IAEA. 2009. The International Nuclear and Radiological Event Scale,User's Manual。

14.2.3 急性照射的剂量行动水平

器官或组织受到急性照射时,任何情况下预期都应进行干预的剂量行动水平见表 14.2。

表 14.2 急性照射的剂量行动水平 (单位:Gy)

器官或组织	2 天内器官或组织的预期吸收剂量[a]
全身(骨髓)	1
肺	6
皮肤	3
甲状腺	5
眼晶状体	2
性腺	3

a.在考虑紧急防护的实际行动水平的正当性和最优化时,应考虑当胎儿在 2 天时间内受到大于约 0.1Gy 的剂量时产生确定效应的可能性。

资料来源:GB18871-2002。

14.2.4 通用优化干预水平

应急照射的通用优化干预水平见表 14.3。决策部门制定实际的干预水平时可以根据实际情况在此基础上进行适当修改和调整。

表 14.3 应急照射情况下的通用优化干预水平[a]

措施	通用优化干预水平
紧急防护行动	
隐蔽	10mSv(在 2 天内可防止的剂量)
撤离	50mSv(在 1 周内可防止的剂量)
服碘	100mGy(甲状腺的可防止的待积吸收剂量)
较长期防护行动	
开始避迁	30mSv (第 1 个月内可防止的剂量大于或等于该值时, 开始避迁)

续表

措施	通用优化干预水平
终止避迁	10mSv（后续某个月内可防止的剂量低于该值时，终止避迁）
永久再定居	10mSv（预计在1年或2年内，月累积剂量不会降低到该水平以下，则应考虑实施不再返回原来家园的永久再定居）或1Sv（预计终身剂量可能会超过该值时，也应考虑实施永久再定居）

a.表中的剂量值是指对适当选定的人群样本的平均值，而不是指最大受照（关键居民组中）个人所受到的剂量。

资料整理自：GB18871-2002。

14.2.5 食品通用行动水平

食品通用行动水平见表14.4。

表14.4 食品通用行动水平（单位：kBq/kg）

放射性核素	一般消费食品	牛奶、婴儿食品和饮水
^{134}Cs, ^{137}Cs, ^{103}Ru, ^{106}Ru, ^{89}Sr	1	1
^{131}I	1	0.1
^{90}Sr	0.1	0.1
^{241}Am, ^{238}Pu, ^{239}Pu	0.01	0.001

资料来源：GB18871-2002。

14.2.6 操作干预水平（OIL）

为了便于实际操作，在通用优化干预水平的基础上，采用可直接测量的值作为操作干预水平（典型反应堆事故情况下操作干预水平见表14.5）。在事故情景不明了时或事故情况与表14.5中假设的事故释放情景类似时，可使用表14.5中的缺省值。在实际事故过程中，可根据放射性释放的实际情景来计算操作干预水平。

表 14.5　典型反应堆事故情况下操作干预水平缺省值

序号	定义	操作干预水平	推荐防护行动	假设条件
OIL1	烟羽环境剂量率	1mSv/h	撤离或隐蔽	堆芯熔化事故后泄漏的放射性物质导致的吸入剂量是外照射剂量的 10 倍，烟羽照射 4h，该防护行动的可防止剂量为 50mSv
OIL2	烟羽环境剂量率	0.1mSv/h	服用碘片、临时隐蔽	堆芯熔化事故后泄漏的放射性物质导致的吸入甲状腺剂量是外照射剂量的 200 倍，烟羽照射 4h，该防护行动的可防止剂量为 100mSv
OIL3	地面沉积产生的环境剂量率	1mSv/h	撤离或在专设的隐蔽场所隐蔽	辐照时间 1 周，由核素衰减和隐蔽等因素造成剂量减少 75%，防护行动的可防止剂量为 50mSv
OIL4	地面沉积产生的环境剂量率	0.2mSv/h	临时避迁	地面污染核素组成为堆芯熔化混合核素在事故后 4 天的典型值，由衰变和环境因素造成的衰减因子为 50%，30 天防护行动可防止的剂量为 30mSv。该 OIL 适用于停堆后 2~7 天
OIL5	地面沉积产生的环境剂量率	1μSv/h	食品和牛奶的预防性限制	假设由这些高于本地的污染地区生产的食品或牛奶其污染可能会超过通用行动水平
OIL6	地面沉积中的^{131}I 活度	普通食品 10kBq/m^2；牛奶 2kBq/m^2	限制食用食品和牛奶	（1）^{131}I 为主要核素（适用于停堆后 1~2 个月） （2）食品受到直接污染或奶牛直接食用受到污染的牧草 （3）污染食品未经加工处理

续表

序号	定义	操作干预水平		推荐防护行动	假设条件
OIL7	地面沉积中的^{137}Cs活度	$2kBq/m^2$	$10kBq/m^2$	限制食用食品和牛奶	(1) ^{137}Cs为主要核素(适用于停堆2个月后) (2) 食品受到直接污染或奶牛直接食用受到污染的牧草 (3) 污染食品未经加工处理
OIL8	食品、水或牛奶样品中的^{131}I的活度	普通食品 1kBq/kg	牛奶和水 0.1kBq/kg	限制食用食品、牛奶和水	(1) ^{131}I为主要核素(适用于停堆后1~2个月) (2) 污染食品未经加工处理
OIL9	食品、水或牛奶样品中的^{137}Cs的活度	0.2kBq/kg	0.3kBq/kg	限制食用食品、牛奶和水	(1) ^{137}Cs为主要核素(适用于停堆2个月后) (2) 污染食品未经加工处理

资料来源:IAEA-TECDOC-955,1997。

14.3 核与辐射应急准备

14.3.1 应急计划

应根据源的类型、规模和场址特征制订应急计划,将场内、场外应承担的应急干预的准备、实施和管理责任规定清楚并作出相应安排。场内应急计划和场外应急计划应相互衔接和协调。

14.3.2 应急组织

全国核应急工作实行国家、省、运营单位三级管理。

(1) 国家核应急组织:国家核应急协调委负责组织协调全国核事故应急准备和应急处置工作。日常工作由国家核事故应急办公室(以下简称国家核应急办)承担。必要时,成立国家核事故应急指挥部,统一领导、组织、协调全国的核事故应对工作。

国家核应急协调委设立专家委员会,为国家核应急工作重大决策和重要规划以及核事故应对工作提供咨询和建议。国家核应急协调委设立联络员组,由成员单位司、处级和核设施营运单位所属集团公司(院)负责人组成,承担国家核应急协调委交办的事项。

(2) 省(自治区、直辖市)核应急组织:省级人民政府根据有关规定和工作需要成立省(自治区、直辖市)核应急委员会(以下简称省核应急委),由有关职能部门、相关市县、核设施营运单位的负责人组成,负责本行政区域核事故应急准备与应急处置工作,统一指挥本行政区域核事故场外应急响应行动。省核应急委设立专家组,提供决策咨询;设立省核事故应急办公室(以下称省核应急办),承担省核应急委的日常工作。

(3) 核设施营运单位核应急组织:核设施营运单位核应急指挥部负责组织场内核应急准备与应急处置工作,统一指挥本单位的核应急响应行动,配合和协助做好场外核应急准备与响应工作,及时提出进入场外应急状态和采取场外应急防护措施的建议。核设施营运单位所属集团公司(院)负责领导协调核设施营运单位核应急准备工作,事故情况下负责调配其应急资源和力量,支援核设施营运单位的响应行动。

14. 3. 3 应急状态分级

核动力厂的应急状态按照其辐射后果的严重程度,依次划分为应急待命、厂房应急、场区应急和场外应急四个等级(表14. 6),核燃料循环设施、研究堆等其他核设施可根据威胁评估对其应急状态进行分级。各核设施营运单位应在应急计划中制定进入各级应急状态的应急行动水平。

表 14. 6 核动力厂核应急状态分级

级别	说明
应急待命	出现可能危及核设施安全的某些特定工况或事件,表明设施安全水平处于不确定或可能有明显降低,宣布应急待命后,设施有关工作人员处于戒备状态
厂房应急	设施的安全水平有实际的或潜在的大的降低,但事件的后果仅限于厂房或场区的局部区域,不会对场外产生威胁。宣布厂房应急后,营运单位按应急计划要求实施应急响应行动,场外应急响应组织得到通知
场区应急	设施的工程安全设施可能严重失效,安全水平发生重大降低,事故后果扩大到整个场区,但除了场区边界附近,场外放射性照射水平不会超过干预水平或紧急防护行动干预水平。宣布场区应急后,营运单位应迅速采取行动缓解事故后果,保护场区人员;场外应急组织可能采取某些应急响应行动(如开展辐射监测),并视情况做好实施防护行动的准备
场外应急	事故后果超越场区边界,场外某个区域的放射性照射水平大于干预水平或紧急防护行动干预水平。宣布场外应急后,应立即采取行动缓解事故后果,实施场内、场外应急防护行动,保护工作人员和公众

资料整理自:HAD002/01-2010。

14. 3. 4 应急计划区

应急计划区划分为烟羽应急计划区和食入应急计划区。

前者针对放射性烟羽产生的直接外照射、吸入放射性烟羽中放射性核素产生的内照射和沉积在地面的放射性核素产生的外照射；后者则针对摄入被事故释放的放射性核素污染的食物和水而产生的内照射。

核电厂的烟羽应急计划区系以核电力厂为中心、半径 7~10km 划定的需做好撤离、隐蔽和碘防护的区域。这种应急计划区又可分为内、外两区，内区的半径为 3~5km。食入应急计划区系以核电厂为中心、半径 30~50km 划定的区域。

研究堆应当根据事故可能的辐射后果，结合厂址特征确定应急计划区的大小。

核燃料循环设施应根据可能发生的事故及其辐射后果的分析，在其应急计划中明确需要建立的应急计划区类型以及应急计划区的范围。一般说，大多数核燃料循环设施可能只需要在其周围环境建立一个应急计划区，应急计划区的范围可以从仅限于场区内至覆盖场区外某个区域。少数的一些核燃料循环设施，有可能需要在其周围环境建立烟羽应急计划区和食入应急计划区。

对危险源污染事故、放射性物质运输事故、核恐怖袭击事件，要在事故或事件发生地点建立外区和内区 2 个警戒区（或称控制区），外区主要限制公众和媒体进入，内区是污染区，该区域实施人员出入控制（监测、去污、登记等），以保护公众与应急响应人员（IAEA NO. TS-G-1.2 ）。

IAEA 在其《核或放射紧急情况的应急准备与响应》（IAEA-GS-R-2）提出了预防行动区和紧急防护行动规划区的概念。预防行动区是指已作出安排在万一发生核或放射紧急情况时采取紧急防护行动以减少场址外严重确定性健康效应的设施周围区域。在这一区域范围内要根据设施当时的状况在放射性物质释放或发生照射之前或之后不久采取防护行动。紧急防护行动规划区是指设施周围的某个区域，对其已作出安排以便在万一发生核或放射紧急情况时按照国际安全标准采取紧急防护行动以防止场址外剂量。这一区域内的防护行动需要根据环境监测结果或适当根据设施当时的状况加以实施。

14.3.5 应急响应能力的保持

核设施应按应急计划和应急执行程序的要求和规定,做好相应的应急准备工作,并保持应急响应能力。应急响应能力的保持主要包括以下内容:

(1) 应急准备和响应培训,应急响应人员的资格要求和任命。

(2) 应急设施、设备、器材、文件的管理和定期检查,以确保其随时处于可用状态。

(3) 应急计划中要求的程序和其他技术和资源准备及改进。

(4) 按国家要求的演习频率制订演习计划并进行演习/演练,并对其进行评估。

14.4 应急响应

在事故情况下,核设施营运单位和政府的应急组织应根据应急响应程序立即进入应急响应状态,并迅速作出应急响应。

14.4.1 应急响应目标

应急响应的目标是:

(1) 采取一切有效措施缓解事故的后果。

(2) 防止工作人员和公众中出现放射性照射引起的确定效应,并尽可能减少对公众造成的随机效应。

(3) 尽可能限制对工作人员和公众的非放射性(如 UF_6或其他有害物质)危害。

(4) 提供及时救护,处理辐射损伤。

(5) 尽可能保护环境和财产。

(6) 为恢复正常社会秩序和经济活动做准备。

14.4.2 应急响应人员的剂量控制

国家标准(GB18871-2002)对应急照射剂量控制的要求如下:

除下列情况而采取行动以外,从事干预的工作人员所受到的照射不得超过职业照射的最大单一年份剂量限值:

(1) 为抢救生命或避免严重损伤。

(2) 为避免大的集体剂量。

(3) 为防止演变成灾难性情况。

在这些情况下从事干预时,除了抢救生命的行动外,必须尽一切合理的努力,将工作人员所受到的剂量控制在 100mSv 以下。

对于抢救生命的行动,应做出各种努力,将工作人员的受照剂量保持在 500mSv 以下,以防止确定健康效应的发生。

当采取行动的工作人员的受照剂量可能达到或超过 500mSv 时,只有在行动给他人带来的利益明显大于工作人员本人所承受的危险时,才应采取该行动。

采取行动使工作人员所受的剂量可能超过 50mSv 时,采取这些行动的工作人员应是自愿的;应事先将采取行动所要面临的健康危险清楚而全面地通知工作人员,并应在实际可行的范围内,就需要采取的行动对他们进行培训。

IAEA 推荐的应急响应人员的剂量控制水平见表 14.7。

表 14.7 IAEA 推荐的应急响应人员剂量控制水平

<table>
<tr><th>类别</th><th>应急任务</th><th>有效剂量(mSv)[a]</th></tr>
<tr><td rowspan="2">1</td><td>拯救生命行动,如:
• 在生命受到紧急威胁情况下的营救
• 防止或缓解可能导致在Ⅰ类设施中出现场外应急(总体应急)</td><td>>500[b、c]</td></tr>
<tr><td>潜在拯救生命的行动,如:
• 在Ⅰ、Ⅱ、Ⅲ类设施场内执行紧急防护行动[d]
• 防止或缓解潜在威胁生命的情况(如火灾)
• 在应急区内对居民区域进行环境监测,以确定哪些区域需要紧急防护行动
• 在Ⅰ、Ⅱ类设施场外执行紧急防护行动</td><td><500[b]</td></tr>
</table>

续表

类别	应急任务	有效剂量（mSv）[a]
1	防止灾难性条件发生的行动，如防止或缓解在Ⅱ、Ⅲ类设施中可能导致警报或更高级别应急状态的行动，或在Ⅰ类设施可能导致的警报或厂内应急状态的行动	<500[b]
2	防止严重伤害的行动，如： • 对潜在严重伤害的营救 • 严重伤害的紧急处理 • 人员去污 避免大的集体剂量的行动，如： • 对居民区进行环境监测，以确定可能需要采取防护措施或食物限制的区域 • 场外实施防护措施或食物限制的行动	<100
3	其他应急阶段的干预，如： • 对受照或被污染人员的长期处理 • 样品的采集和分析 • 短期恢复行动 • 局部去污 • 随时向公众通报信息	50
4	恢复操作，如： • 非安全相关设备的维修 • 大范围的去污 • 废物处理 • 长期医疗处理	按职业照射控制（单年最高不超过50mSv）

a.指包括内、外照的全部有效剂量。

b.工作人员应当是自愿的。应告知受照后的潜在后果，由工作人员决定。

c.只有在效益大于风险时才允许超过该值，但应采取各种努力使剂量低于该值。工作人员应接受过辐射防护培训，并知道他们所面对的风险。

d. Ⅰ类核设施是指事故时可能导致场外发生严重确定性效应的设施；Ⅱ类核设施是指事故时场外需要采取紧急防护行动，但场外不会发生严重确定性效应的设施；Ⅲ类核设施是指事故时可能导致场内采取紧急防护行动，但场外不需要采取紧急防护行动的设施。

资料来源：IAEA-Updating TECDOC-953，2003。

14.4.3 应急状态的终止

应急状态终止的条件包括:

(1) 事故释放已终止,或事故释放已经被控制在可以接受的限值以内。

(2) 事故或事件(包括保安事件)已得到控制。

(3) 污染区域已得到确认,并且被隔离和保卫。

(4) 现有设施的工艺状态恢复正常,而且不需要采取与防护行动相关的监督控制。

(5) 受污染或受伤害的人员已得到治疗或已送往医院。

若以上条件满足,即可按规定程序报上级批准(已经宣布进入场外应急的需要报国家核应急协调委的批准)。经过批准后可以宣布终止应急状态,进入恢复阶段。

14.5 核与辐射恐怖袭击事件应急

核与辐射恐怖事件可分为:偷盗和直接散布放射性物质,或用含有放射性物质的装置以爆炸的方式散布放射性物质(即所谓的脏弹);偷盗核材料并制造粗糙的核武器,使用和威胁使用该类核武器;袭击核电厂、研究堆、乏燃料或高放废液储存设施等重要核设施。表 14.8 列出了核与辐射恐怖事件应急计划的特点以及与核事故应急计划的关系。

表 14.8 核与辐射恐怖事件应急计划

核与辐射恐怖事件应急计划特点	• 突发性,时间地点很难预料 • 应急响应需要快速反应,快速正确完成状态评估、事件后果评估、防护、控制等 • 通常发生在人口相对集中的地区和城市,对公众影响较大 • 需收集保存证据、追捕和控制罪犯
核与辐射恐怖应急计划与核事故应急计划的关系	• 二者有许多相同之处: ■对环境和公众的危害均来自放射性物质 ■应急计划分类、事件/事故等级的划分原则和方法基本相同

续表

核与辐射恐怖应急计划与核事故应急计划的关系	■应急组织、应急响应类似 ■事件/事故后果评价、公众/环境的防护措施基本相同 ■剂量控制原则、干预原则基本相同，恢复行动基本相同 • 核事故应急计划和响应可以借鉴应用到核与辐射恐怖应急 • 核事故应急的准备和资源也可以用于核与辐射恐怖应急

资料改编自：潘自强等. 2005. 核与辐射恐怖事件管理。

14.6 核与辐射应急的医学处理

14.6.1 核与辐射突发事件医学处理体系

对放射损伤的救治实行(应遵循)三级医疗体制，即现场的医学急救，地区级医院的处理和专业医疗机构的诊断和处理。

现场的医学急救的任务是紧急处理危及生命的损伤，抢救生命。对伤者进行分类和标识，尽快将伤者移离现场、免受进一步伤害，找出那些受到过量外照射而且有症状(如恶心、呕吐)的人员，有放射性核素外沾染的人员，有可能摄入过量放射性核素的人员，并做初步处理后移送二级医疗机构外理。在可能范围内注意收集和移送有利于人员受照剂量估算的资料。

地区级医院原则上应完成对大多数放射损伤人员的处理，完成对过量外照射、但不至于构成急性放射病人员的检查、处理和安抚。基本完成放射性核素外污染人员的去污。对可能摄入过量放射性核素的人员留存相关样品和做初步剂量估算。

专业医疗机构具有派出医学应急救援小分队和指导一、二级医疗机构医学处理工作的职能，有诊断、治疗急性放射病和放射烧伤的能力，有处理放射性核素内污染和内照射放射病的能力。

14.6.2 急性放射病

核和辐射事件或事故时,人体短时间内可能受到较高剂量照射,当受照后出现呕吐,或受照后 48h 淋巴细胞计数降至 1.0×10^9/L 以下时,预示受照剂量可能大于 1.0Gy,有可能发生急性放射病(表 14.9)。更大的受照剂量,将引起更严重的辐射损伤。

表 14.9 急性放射病的初期反应和剂量阈值

分型		初期表现	受照后 1~2 天淋巴细胞绝对数量最低值[a] ($\times10^9$/L)	受照剂量阈值 (Gy)
骨髓型	轻度	乏力,不适,食欲减退	1.2	1.0
	中度	头昏,乏力,食欲减退,恶心,1~2h后呕吐,白细胞数短暂上升后下降	0.9	2.0
	重度	1h 后多次呕吐,可有腹泻,腮腺肿大,白细胞数明显下降	0.6	4.0
	极重度	1h 内多次呕吐和腹泻,休克,腮腺肿大,白细胞数急剧下降	0.3	6.0
肠型		频繁呕吐和腹泻,腹痛,休克,血红蛋白升高	<0.3	10.0
脑型		频繁呕吐和腹泻,休克,共济失调,肌张力增加,震颤,抽搐,昏睡,定向和判断力减退	<0.3	50.0

a.淋巴细胞计数的正常范围:0.8×10^9/L~4.0×10^9/L。

资料来源:GBZ104-2002 外照射急性放射病诊断标准,2001。

14.6.3 过量受照人员的早期剂量估计

对过量外照射人员早期、正确地估算出受照剂量,是指导事故或事件处理的关键。最好能在现场做出初步估计，到二级救治机构进一步落实。早期症状（恶心、呕吐）、周围血液的淋巴细胞计数和淋巴细胞染色体畸变（尤其是双着丝粒体）和染色体超前凝集（PCC）是早期、正确估算出过量外照射人员的有效的生物学手段。表 14. 10 给出了生物剂量估算方法建议。

表 14. 10 选择生物剂量估算方法的建议

剂量范围（Gy）	生物剂量方法	临床表现
0. 1~1	双着丝粒体/染色体超前凝集	无或血细胞轻度下降
1~3. 5	淋巴细胞减少/双着丝粒体/染色体超前凝集	中至重度骨髓损伤
3. 5~7. 5	淋巴细胞减少/染色体超前凝集	粒细胞减少，5~6Gy 时有轻微的胃肠道损伤
7. 5~10	淋巴细胞减少/染色体超前凝集	骨髓和胃肠道损伤
>10	染色体超前凝集	胃肠道、神经系统和心血管系统损伤

资料来源：Military Medical Operation, Armed Forces Radiology Research Institute. 2010. Medical Management of Radiological Casualties. 3rd ed. Bethesda, Maryland。

外周血淋巴细胞染色体非稳定畸变（主要是双着丝粒染色体+环）分析是最有效的生物剂量学方法。照射后要尽早取血，一般不要超过 30d。

应分析的细胞数量与照射剂量有关。剂量小，分析的细胞数量多，比如 0. 1Gy 的照射，准确估计剂量大约需要分析 1000 个细胞。分析 500 个细胞，X 射线剂量估算的下限是 0. 04Gy，γ 射线是 0. 1Gy。事故情况下一般每例分析 200~500 个细胞。利用人类淋巴细胞染色体畸变分析可以确定的外照射剂量范围为 0. 1~5. 0Gy。

双着丝粒染色体的自发率相当低，每 1000 个淋巴细胞中仅有 0. 5~1 个。

全身或大部分身体受到1.0Gy的急性照射,多数人员会出现呕吐的症状,开始发作时间与严重程度与剂量和剂量率有关(表14.11)。

表14.11 根据呕吐开始时间来处理因全身受照引起的放射损伤

临床症状	全身受照剂量(Gy)	建议
无呕吐	<1	门诊观察5周(血液、皮肤)
受照后2~3h开始呕吐	1~2	在普通医院观察,或门诊观察3周后,如需要,住院治疗
受照后1~2h开始呕吐	2~4	在血液科或外科(烧伤)住院治疗
受照后1h内开始呕吐,和(或)有其他严重症状	>4	在有良好设备的血液科或外科住院治疗,或转移到放射病专科中心进行治疗

资料改编自:IAEA Safety Report Series No. 2 Diagnosis and Treatment of Radiation Injury, Vienna, 1998。

14.6.4 体表放射性污染的医学处理

在对众多污染人员分类救治时,体表污染仪的指示2倍于天然本底以上者,应视为放射性核素体表污染人员,应进一步测量和去污处理。体表污染仪的指示10倍于天然本底以上者,或体表γ剂量率>0.5μSv/h者,为严重放射性核素污染人员,要给予特殊关注和快速去污处理。

处理人体体表放射性核素污染的原则和要求:

(1) 存在于人体体表放射性核素的污染,原则上应尽快去除干净。但也不能过度实施去污程序,以免损伤体表,促进放射性核素吸收。

(2) 对放射性污染人员尽可能在现场辐射水平不高的地方就近处理。初步测量将未污染人员筛出,并对污染人员按轻重分类处理。严重污染人员和创伤污染人员经初步处理后转到专业去污室和医疗机构做进一步处理。

(3) 要尽早地开始去污处理,要尽快地用流动水和手边能拿到的肥皂和清洁剂对放射性核素污染部位去污。尽早开始流动水冲洗去污,比晚些时间拿到高效去污剂再开始去污效果要好得多。

(4) 污染创伤的尽早去污更为重要,若怀疑被放射性核素(特别是高毒性的 α 核素和易转移性放射性核素) 污染工具或硬物刺伤,则最好立即开始用清水冲洗,失血不多时,也不要急于止血,继之再做表面污染测量。

(5) 在去污过程中,污染衣物的脱放、去污剂的选取、污染人员的管理等一系列行为要始终贯穿着避免放射性核素进入体内和避免放射性核素播散到他人他处的指导思想。

(6) 禁用可能促进污染放射性核素入体的有机制剂、浓度较大的酸碱溶剂和对皮肤有较强刺激性的溶剂。

(7) β、γ 放射性核素(特别是软 β 核素)和可转移性放射性核素的严重污染,更应尽早去污和进行相应的测量、评估及医学处理。以避免发生急性 β 射线皮肤烧伤和放射性核素内污染。

14.6.5 放射性核素内污染的医学处理

(1) 疑有放射性核素内污染,应尽快收集样品和有关资料,做有关分析和测量,以确定污染放射性核素的种类和数量。

(2) 对放射性核素内污染及时、正确的医学处理是对内照射损伤的有效预防。应尽快清除初始污染部位的污染,阻止入体放射性核素的吸收,加速排出入体的放射性核素,减少其在组织和器官中的沉积。

(3) 对放射性核素入体可能超过 2 倍年摄入量限值(ALI)的人员进行登记。对放射性核素摄入量超过临床决策指导水平(CDG)(NCRP116,2008)的内污染人员考虑做加速排出治疗。加速排出治疗的原则是权衡利弊,既要减少放射性核素的吸收和沉积,以降低辐射效应的发生率;又要防止加速排出措施可能给机体带来的毒副作用。

放射性核素内污染的阻吸收和促排治疗示于表 14.12。稳定性碘(碘化钾)可阻止甲状腺对放射性碘的吸收和蓄积,可有效地降低放射性碘对甲状腺的照射。发放稳定性碘应与其他防护措施(撤离、隐蔽、食品控制、农业防护等)对策结合应用,仅在应急指挥部门专业分析紧急事态后发布明确指示或建议的情况下,才应当服用碘化钾(郑克非等,2013)。

表 14.12 放射性核素内污染的阻吸收和促排治疗

放射性核素	治疗药物	作用机理
阻吸收治疗		
铯、铷、铊	普鲁士蓝	与核素形成难溶性化合物,阻止胃肠道吸收
锶、钡	褐藻酸钠	选择性的与锶、钡离子螯合,形成褐藻酸盐随粪便排出
锶、钡、镭、磷	氢氧化铝凝胶	在胃肠道内壁形成保护膜,并有很强的吸附作用和抗酸作用
磷	磷酸铝	形成胶体保护性薄膜能隔离,并有很强的吸附磷的作用和抗酸作用
促排治疗		
碘	碘化钾	阻止放射性碘在甲状腺内的蓄积,同时促进放射性碘的清除
钚和超铀元素、稀土核素、钴、锌、钪等	DTPA-$CaNa_3$ 注射液 DTPA-$ZnNa_3$ 注射液	与核素形成稳定的可溶性螯合物,迅速经肾由尿排出
钋、钷、铈	二巯基丙磺酸钠	与核素络合,形成不易解离的无毒性络合物由尿排出
	二巯基丁二酸钠(DMS)	同上
锶、钡、镭	酰丙胺膦(S186)	同上
	氯化铵	代谢性酸中毒,促使骨质分解代谢加强,有利于经尿排出
锶	鸡内金(中6)	尚不明确

续表

放射性核素	治疗药物	作用机理
铀	$NaHCO_3$,同时使用利尿剂	碱化尿液,降低急性肾小管坏死的概率
钴	青霉胺	与核素形成稳定的可溶性螯合物,经肾由尿排出
氚	强制饮水或输液,同时使用利尿剂双氢克尿噻	稀释体内^3H,迅速经肾由尿排出
磷	磷酸钠	置换吸收入血的放射性磷,加速其排出

资料改编自:姜恩海等. 2012. 放射性疾病诊疗手册. 北京:中国原子能出版社。

14.7 核设施的实物保护

14.7.1 设计基准威胁

对核设施可能遭受到的各种威胁要素进行分析和归类,整理出设计基准威胁,报呈国家主管部门审批后,可作为设计实物保护系统的依据。

14.7.2 实物保护分级和分区

根据保护目标的重要程度和潜在风险等级,实施核设施的实物保护分级(表 14.13)和分区(表 14.14)。

表 14.13 核设施实物保护分级

一级	二级	三级
(1) 核材料数量达到一级实物保护的设施 (2) 堆芯热功率在100MW(th)以上的反应堆装置	(1) 核材料数量达到二级实物保护的设施 (2) 堆芯热功率在2~100MW(th)的反应堆装置	(1) 核材料数量达到三级实物保护的设施 (2) 堆芯热功率小于2MW(th)的反应堆装置

续表

一级	二级	三级
(3) 包含一部分新近卸堆的燃料,且总量大于 10^{17} Bq ^{137}Cs[相当于3000MW(th)反应堆的堆芯装量]的乏燃料池 (4) 独立存放和处理高放废液的设施 (5) 独立的乏燃料元件处理设施 (6) 上述未包括的其他核设施	(3) 独立存放和处理高放固体废物及中放废液的设施 (4) 含有需主动冷却处理核燃料的乏燃料池 (5) 若发生不受控临界事故,其影响可能波及到周界外超过 0.5km 范围的设施 (6) 上述未包括的其他核设施	(3) 独立存放和处理中放固体废物及低放废液的设施 (4) 若失去屏蔽,直接外照射剂量率在 1m 处超过 100mGy 的设施 (5) 若发生不受控临界事故,其影响可能波及周界外 0.5km 范围内的设施 (6) 上述未包括的其他核设施

资料整理自:HAD501/02. 2008. 核设施实物保护。

表 14.14　核设施实物保护分区

	控制区	保护区	要害区
一级	√	√	√
二级	√	√	
三级	√		

资料整理自:HAD501/02. 2008. 核设施实物保护。

14.7.3　实物保护系统的主要内容

实物保护系统是一个综合诸多因素的系统工程,应保证实现探测、延迟和反应三要素的协调;完善实物保护各类设备的功能,做到人防和技防措施的有机结合,由此建立完整、可靠与有效的实物保护系统。实物保护系统应按设施级别设置多重实体屏障;应配备多层次和不同技术类型的探测报警系统;同一保护区各部分的安全防护水平应基本一致,无明显薄弱环节和隐患。

实物保护系统的主要内容如下:

(1) 警卫和守护。根据核设施实物保护等级配备相应的警卫力量。

(2) 实体屏障。核设施实物保护区域的实体屏障必须完整可靠。

（3）出入口控制。包括人员出入口控制和车辆出入口控制。

（4）技术防范措施。包括入侵警报系统、视频监控系统、照明系统、通信系统、供电系统、巡更系统。

（5）保卫控制中心和或保卫值班室。

（6）突发事件处置。包括处置机构、方案、设备/器材、对外联络、演习等。

14.8 重大核与辐射事故简介

14.8.1 切尔诺贝利核事故

1986 年 4 月 26 日夜间 01:24（当地时间），乌克兰境内的切尔诺贝利核电站 4 号机组事故，4 号机组堆芯严重损坏，部分炸飞抛出，厂房严重受损，石墨燃烧和放射性物质释放持续了 10 天，释放了 6.7t 放射性物质进入外环境及周边地区。事故释放了大约有 1.2×10^{19} Bq 的放射性物质（超过一半是放射性惰性气体，重要的是碘与铯的放射性核素）。

事故使约 600 名消防队员、应急救援人员和参加清理行动的约 20 万人及污染地区的广大居民受到了剂量不等的照射。134 人受到大剂量照射患急性放射病，28 人在 3 个月内死亡（表 14.15）。事故对环境造成了严重的影响。因为牛奶被污染特别是缺乏有效的应急应对措施，导致儿童甲状腺受到大剂量照射。

表 14.15 应急队员中的急性放射病

分度	剂量（Gy）	受照者数量（人）	死亡者数量（人）	死亡时间（d）
轻	0.8~2.1	41	0	-
中	2.2~4.1	50	1	96
重	4.2~6.4	22	7	16~48
极重	6.5~16	21	20	10~91
合计	0.8~16	134	28	10~96

资料来源：Smith J, Nicholas A Beresford. 2005. Chernobyl: Catastrophe and Consequences. Springer, Guskova et al. 1986. Acute radiation effects in exposed persons at the Chernobyl atomic power station accident. Medical Radiology。

尽管人们对切尔诺贝利事故远期健康效应的估计和报道有很大差异,但是,我们引用联合国辐射效应科学委员会(UNSCEAR)于2008年就这一主题写给联合国大会的报告书内容,应该是科学的、正确的。UNSCEAR的主要结论是:

(1) 在134名急性放射病患者中,除事故后3个月死亡的28人外,1987~2006年死亡的19人,其死亡原因多种多样,但与辐射照射无关。

(2) 在几十万应急工作人员和为恢复工作的抢修人员中,受到较高剂量照射人群中观察到白血病和白内障发生率有增加的迹象,没有发现可归因于辐射照射的其他健康效应。

(3) 在白俄罗斯、乌克兰和俄罗斯受污染较严重的4个地区,受照儿童和幼儿的甲状腺癌显著增加。到2006年在受照的儿童和幼儿中观察到6000余例甲状腺癌,其中的大部分与事故污染有关,但到2005年为止,仅有15人死亡。

(4) 对于受照剂量较小和略高于天然本底辐射的居民,委员会不主张用高剂量受照人群算出的危险摸型推算和预估受到低剂量照射居民的健康危险,因为这样做所带来的不确定度是完全不可接受的。

14.8.2 福岛核事故[UNSCEAR,2014]

2011年3月11日当地时间14:46,日本发生东北大地震,震级达9.0级。地震引发了剧烈海啸,造成重大灾害。海啸产生的洪水淹没了500km^{2}的土地,导致超过15 000人死亡。

3月11日地震引起的海啸导致福岛第一核电站安全系统的丧失,核电站6台机组中的3台机组受到严重破坏,在很长一段时期内大量放射性物质释放到了大气和太平洋中。

作为应急措施,日本政府要求核电站周围20km半径范围内约78 000人撤离,20~30km范围内约62 000人在家中进行隐蔽。在2011年4月,由于核电厂东北部地面放射性水平升高,政府要求居住在这一区域的约10 000名居民撤离(商议撤离区)。这些撤离极大地降低了居民所受剂量,大约下降了一个数量级,但也引起了许多社会问题。

表 14.16　较严重辐射事故照射所致人员伤害案例汇总表

部门与应用	序号	事故类型	放射病			皮肤烧伤	
			总人数	其中死亡人数	其中截肢人数	总人数	其中植皮人数
核设施	1	皮肤辐射损伤事故				52 人·次	2
核与辐射技术应用	2	密封源应用中失控，源未破坏	16	6	1		
	3	γ 辐照装置运行	25	4	1		
	4	工业探伤装置运行	1		1		
	5	医技人员受照	6		2		
	6	其他设施和活动	1		1		
	7	核与辐射技术应用领域				16	3
	8	小计	49	10	6	16	3
医疗事故照射	9	1972 年 ^{60}Co 治疗机事故	15	2			
	10	1985 年医用加速器事故	24	13			
	11	除上述事故外的医疗活动				19	3
	12	小 计	39	15		19	3
其他	13	误入放射性沾染区	2				
合计			90	25	6	87	8

资料来源：潘自强等. 2010. 中国辐射水平. 北京：中国原子能出版社。引用时已做简化处理。

表 14.17　世界核与辐射事故引起的死亡和急性效应的统计结果
（不包括恐怖事件和核试验）

事故类型	1945~1965 年		1966~1986 年		1987~2007 年		总计	
	死亡	急性损伤	死亡	急性损伤	死亡	急性损伤	死亡	急性损伤
核设施	13	42	34	123	3	2	50	167
工业应用	0	8	3	61	6	51	9	120
放射源失控	7	5	19	98	16	205	42	308
研究应用	0	2	0	22	0	5	0	29
医学应用	无资料	无资料	4	470	42	153	46	623
合计	20	57	60	774	67	416	147	1247

资料来源：UNSCEAR. 2011. Sources and Effects of Ionizing Radiation, UNSCEAR 2008, Volume Ⅱ, Annex C。

居住在 20km 撤离区和商议撤离区内的公众成员受最高辐射剂量，成人在撤离前和疏散中所受有效剂量小于 10mSv，在 3 月 12 日前撤离的约为 5mSv。对于 1 岁以下的儿童，甲状腺所受剂量约为 50mGy。居住在福岛市的成人，第一年受到的剂量为 4mSv。对 1 岁的儿童，估算剂量为成人的两倍。居住在福岛县其他地区的居民所受剂量更低。

大约 24 500 名参与救援工作人员中绝大多数(99.3%)所受剂量小于 100mSv。167 名工作人员所受有效剂量在 100～680mSv，平均约为 140mSv。其中 12 名工作人员甲状腺的吸收剂量为 2～12Gy，不太可能观察到甲状腺癌的增加。总之，没有发生辐射相关的死亡和急性放射病等确定效应，也不太可能观察到癌症发生率的增加。

14.8.3 主要核与辐射事故统计

我国较严重辐射事故照射所致人员伤害案例汇总见表 14.16。联合国原子辐射效应科学委员会(UNSCEAR)给出了世界核与辐射事故引起的死亡和急性效应统计数据(表 14.17)。

14.9 放射性物质的危险量

如果在事故/事件情况下失去控制放射性物质中放射性核素总量大于 *D* 值，则该失控物质可看作“危险源”。表 14.18 列出了 IAEA 推荐的描述放射性核素危险程度的 *D* 值。

表 14.18 IAEA 推荐的描述放射性核素危险程度的 *D* 值

(单位：TBq)[a,b]

核素	D_1	D_2
^{3}H	无限值	2 E+03
^{14}C	2 E+05	5 E+01
^{32}P	1 E+01	2 E+01
^{35}S	4 E+04	6 E+01
^{36}Cl	3 E+02	2 E+01

续表

核素	D_1	D_2
^{51}Cr	2 E+00	5 E+03
^{55}FE	无限值	8 E+02
^{57}Co	7 E−01	4 E+02
^{60}Co	3 E−02	3 E+01
^{63}Ni	无限值	6 E+01
^{65}Zn	1 E−01	3 E+02
^{68}Ge	7 E−02	2 E+01
^{75}Se	2 E−01	2 E+02
^{85}Kr	3 E+01	2 E+03
^{89}Sr	2 E+01	2 E+01
^{90}Sr (^{90}Y)	4 E+00	1 E+00
^{90}Y	5 E+00	1 E+01
^{91}Y	8 E+00	2 E+01
^{95}Zr(^{95m}Nb/^{95}Nb)	4 E−02	1 E+01
^{95}Nb	9 E−02	6 E+01
^{99}Mo(^{99m}Tc)	3 E−01	2 E+01
^{99m}Tc	7 E−01	7 E+02
^{103}Ru(^{103m}Rh)	1 E−01	3 E+01
^{106}Ru (^{106}Rh)	3 E−01	1 E+01
^{103}Pd (^{103m}Rh)	9 E+01	1 E+02
^{109}Cd	2 E+01	3 E+01
^{132}Te(^{132}I)	3 E−02	8 E−01
^{125}I	1 E+01	2 E−01
^{131}I	2 E−01	2 E−01
^{134}Cs	4 E−02	3 E+01
^{137}Cs(^{137m}Ba)	1 E−01	2 E+01
^{133}Ba	2 E−01	7 E+01

续表

核素	D_1	D_2
^{141}Ce	1 E+00	2 E+01
^{144}Ce(^{144m}Pr，^{144}Pr)	9 E−01	9 E+00
^{147}Pm	8 E+03	4 E+01
^{152}Eu	6 E−02	3 E+01
^{154}Eu	6 E−02	2 E+01
^{153}Gd	1 E+00	8 E+01
^{170}Tm	2 E+01	2 E+01
^{169}Yb	3 E−01	3 E+01
^{188}Re	1 E+00	3 E+01
^{192}Ir	8 E−02	2 E+01
^{198}Au	2 E−01	3 E+01
^{203}Hg	3 E−01	2 E+00
^{204}Tl	7 E+01	2 E+01
^{210}Po	8 E+03	6 E−02
^{226}Ra（子体）	4 E−02	7 E−02
^{230}Th	9 E+02	7 E−02
^{232}Th	无限值	无限值
^{232}U	7 E−02	6 E−02
^{235}U(^{231}Th)	8 E−05	8E−05
^{238}U	无限值	无限值
天然 U	无限值	无限值
贫化 U	无限值	无限值
富集 U>20%	8E−05	8E−05
富集 U>10%	8E−04	8E−04
^{237}Np（^{233}Pa）	3 E−01	7 E−02
^{238}Pu	3 E+02	6 E−02
^{239}Pu	1 E+00	6 E−02

续表

核素	D_1	D_2
$^{239}Pu/Be$	1 E+00	6 E-02
^{240}Pu	4 E+00	6 E-02
$^{241}Pu(^{241}Am)$	2 E+03	3 E+00
^{242}Pu	7 E-02	7 E-02
^{241}Am	8 E+00	6 E-02
$^{241}Am/Be$	1 E+00	6 E-02
^{242}Cm	2 E+03	4 E-02
^{244}Cm	1 E+04	5 E-02
^{252}Cf	2 E-02	1 E-01

a.表中的 D_1 适用于所有材料；D_2 适用于迷散型材料，通常包括粉末、气体、液体、特殊易挥发体（在事故时的温度条件下）、可燃物、水溶性物质、自燃物质等。

b.无限值是指在应急计划中不考虑其放射性后果。

资料来源：IAEA-Updating TECDOC-953，2003。

（杨俊武　白　光　刘新华　孙全富　编写，夏益华　审阅）

参考文献

陈红红. 2012. 放射性核素内污染和内照射放射病//姜恩海，王挂林等主编. 放射性疾病诊疗手册. 北京：中国原子能出版社

国家核安全局. 2008. 核设施实物保护. HAD501/02-2008

国家核安全局. 2010. 核动力厂营运单位的应急准备和应急响应. HAD 002/01-2010

国家质量监督检验检疫总局. 2003. 电离辐射防护与辐射源安全基本标准. GB 18871-2002. 北京：中国标准出版社

潘自强. 2013. 联合国原子辐射影响科学委员会第 60 届会议简介. 辐射防护，33(4)：258

潘自强. 2005. 核与辐射恐怖事件管理. 北京：科学出版社

潘自强，刘森林等. 2010. 中国辐射水平. 北京：中国原子能出版社

郑克非，孙全富. 2013. 稳定性碘预防应用及其对我国核事故卫生应急准备工作启示. 中国职业医学，3：270

IAEA-TECDOC-955. 1997. Generic Assessment Procedures for Determining Protective Actions during a Reactor Accident

IAEA-Updating TECDOC-953. 2003. Method for Developing Arrangements for Response to a Nuclear or Radiological Emergency

Smith J, Nicholas A Beresford. 2005. Chernobyl: Catastrophe and Consequences. New York: Springer

UNSCEAR. 2014. Levels and effects of radiation exposure due to the nuclear accident after the 2011 great east-Japan earthquake and tsunami.

UNSCEAR. 2013. Report to the General Assembly Scientific Aninexes Volume Ⅰ. Scientific Annex A. United Nations, New York

附　　录

附录1　基本物理常数

物理量	符号	数值与单位
真空中的光速	c	$(2.997924580\pm0.000000012)\times10^{8}$ m/s
真空导磁率	μ_0	$12.55637306144\times10^{7}$ H/m
真空中的介电系数	ε_0	$(8.854187818\pm0.000000071)\times10^{12}$ F/m
基本电荷	e	$(1.6021892\pm0.0000046)\times10^{-19}$ C
电子静止质量	m_e	9.1095×10^{-31} kg
电子电荷与质量之比	e/m_e	$(1.7588047\pm0.0000049)\times10^{11}$ C/kg
质子静止质量	m_p	$(1.6726485\pm0.0000086)\times10^{-27}$ kg
原子质量单位	u	$(1.6605655\pm0.0000086)\times10^{-27}$ kg
普朗克常数	h	$(6.626176\pm0.000036)\times10^{-34}$ J · S
阿伏伽德罗常数	$N_A(N_0)$	$(6.022045\pm0.000031)\times10^{23}$/mol
法拉第常数	F	$(9.648456\pm0.000027)\times10^{4}$ C/mol
里德伯常数	R_∞	$(1.097373177\pm0.000000083)\times10^{7}$/m
玻尔半径	a_0	$(502917706\pm0.0000044)\times10^{-11}$ m
经典电子半径	$r_e=at$	$(2.8179380\pm0.0000070)\times10^{-15}$ m
理想气体在标准状态下的摩尔体积	V_m	$(22.41383\pm0.00070)\times10^{-3}$ m^3/mol
摩尔气体常数	R	$(8.31441\pm0.00026)\times$J/(mol · k)
玻尔兹曼常数	k	$(1.380662\pm0.000040)\times10^{-23}$ J/K
万有引力常数	G	$(6.6720\pm0.0041)\times10^{-11}$ m^3/(s^2 · kg)

附录 2 用于构成十进倍数和分数单位的词头

所表示的因数	词头名称	词头符号
10^{18}	艾(可萨)	E
10^{15}	拍(它)	P
10^{12}	太(拉)	T
10^{9}	吉(咖)	G
10^{6}	兆	M
10^{3}	千	k
10^{2}	百	h
10^{1}	十	da
10^{-1}	分	d
10^{-2}	厘	c
10^{-3}	毫	m
10^{-6}	微	μ
10^{-9}	纳(诺)	n
10^{-12}	皮(可)	p
10^{-15}	飞(母托)	f
10^{-18}	阿(托)	a

附录 3　常用放射性核素辐射安全参数

<table>
<tr><td rowspan="9">核素
$^{3}_{1}H$</td><td colspan="2" rowspan="3">半衰期</td><td colspan="2" rowspan="3">比活度
(Bq/g)</td><td colspan="8">豁免水平(Bq/g)</td><td colspan="2" rowspan="3">毒性分组</td></tr>
<tr><td colspan="2">活度浓度</td><td colspan="3">活度(Bq)</td><td colspan="3" rowspan="2">活度浓度
(大量物质)</td></tr>
<tr><td colspan="5">(少量物质)</td></tr>
<tr><td colspan="2">12.32 a</td><td colspan="2">3.58E+14</td><td colspan="2">1.0E+06</td><td colspan="3">1.0E+09</td><td colspan="3">100</td><td colspan="2">低毒组</td></tr>
<tr><td colspan="5">1MBq 点源外照射剂量率水平(mSv/h)</td><td colspan="7">屏蔽厚度(mm)</td><td colspan="2" rowspan="2">ALI
(20mSv)</td></tr>
<tr><td>距离(cm)</td><td colspan="2">β\电子
(皮肤剂量)</td><td colspan="2">γ 或 X
(深部剂量)</td><td colspan="3">β\电子
(全吸收厚度)</td><td colspan="4">γ 或 X 射线</td></tr>
<tr><td rowspan="3">30</td><td colspan="2" rowspan="3">0</td><td colspan="2" rowspan="3">0</td><td colspan="2" rowspan="2">塑料</td><td rowspan="2"><0.1</td><td colspan="2"></td><td>半值层</td><td>1/10 值层</td><td rowspan="2">食入</td><td rowspan="2">4.8E+08Bq</td></tr>
<tr><td colspan="2">铅</td><td>–</td><td>–</td></tr>
<tr><td colspan="2">玻璃</td><td><0.1</td><td colspan="2">钢</td><td>–</td><td>–</td><td>吸入</td><td>4.9E+08Bq</td></tr>
</table>

续表

<table>
<tr><td rowspan="4">核素
$^{14}_{6}C$</td><td rowspan="3">半衰期</td><td rowspan="3">比活度
(Bq/g)</td><td colspan="3">豁免水平(Bq/g)</td><td rowspan="3">毒性分组</td><td colspan="2" rowspan="2">手部污染剂量(mSv/h)</td></tr>
<tr><td>活度浓度</td><td>活度(Bq)</td><td rowspan="2">活度浓度
(大量物质)</td></tr>
<tr><td colspan="2">(少量物质)</td><td>均匀沉积(1kBq/cm²)</td><td>3.24E-01</td></tr>
<tr><td>5700 a</td><td>1.66E-01</td><td>1.0E+04</td><td>1.0E+07</td><td>1</td><td>中毒组</td><td>0.05ml 液滴(1kBq)</td><td>2.70E-03</td></tr>
</table>

<table>
<tr><td rowspan="6">核素
$^{14}_{6}C$</td><td colspan="3">1MBq 点源外照射剂量率水平(mSv/h)</td><td colspan="5">屏蔽厚度(mm)</td><td colspan="2" rowspan="2">ALI
(20mSv)</td></tr>
<tr><td>距离(cm)</td><td>β\电子
(皮肤剂量)</td><td>γ 或 X
(深部剂量)</td><td colspan="2">β\电子
(全吸收厚度)</td><td colspan="3">γ 或 X 射线</td></tr>
<tr><td rowspan="4">30</td><td rowspan="4">0</td><td rowspan="4">0</td><td rowspan="3">塑料</td><td rowspan="3">0.3</td><td></td><td>半值层</td><td>1/10 值层</td><td rowspan="2">食入</td><td rowspan="2">3.4E+07Bq</td></tr>
<tr><td rowspan="2">铅</td><td rowspan="2">-</td><td rowspan="2">-</td></tr>
<tr><td rowspan="2">吸入</td><td rowspan="2">3.4E+07Bq</td></tr>
<tr><td>玻璃</td><td>0.2</td><td>钢</td><td>-</td><td>-</td></tr>
</table>

续表

<table>
<tr><td rowspan="4">核素
$^{18}_{9}F$</td><td rowspan="2">半衰期</td><td rowspan="2">比活度
(Bq/g)</td><td colspan="3">豁免水平(Bq/g)</td><td rowspan="2">毒性分组</td><td colspan="2">手部污染剂量(mSv/h)</td></tr>
<tr><td>活度浓度
(少量物质)</td><td>活度(Bq)
(少量物质)</td><td>活度浓度
(大量物质)</td><td>均匀沉积(1kBq/cm^2)</td><td>1.95E+00</td></tr>
<tr><td>1.83h</td><td>3.52E+18</td><td>1.0E+01</td><td>1.0E+06</td><td>10</td><td>低毒组</td><td>0.05ml 液滴(1kBq)</td><td>7.88E-01</td></tr>
</table>

<table>
<tr><td colspan="3">1MBq 点源外照射剂量率水平(mSv/h)</td><td colspan="5">屏蔽厚度(mm)</td><td colspan="2" rowspan="2">ALI
(20mSv)</td></tr>
<tr><td>距离(cm)</td><td>β\电子
(皮肤剂量)</td><td>γ 或 X
(深部剂量)</td><td colspan="2">β\电子
(全吸收厚度)</td><td colspan="3">γ 或 X 射线</td></tr>
<tr><td rowspan="3">30</td><td rowspan="3">1.20E-01</td><td rowspan="3">1.81E-03</td><td rowspan="2">塑料</td><td rowspan="2">1.7</td><td></td><td>半值层</td><td>1/10 值层</td><td rowspan="2">食入</td><td rowspan="2">4.1E+08Bq</td></tr>
<tr><td>铅</td><td>6</td><td>17</td></tr>
<tr><td>玻璃</td><td>0.9</td><td>钢</td><td>27</td><td>64</td><td>吸入</td><td>2.2E+08Bq</td></tr>
</table>

续表

<table>
<tr><td rowspan="10">核素
$^{32}_{15}P$</td><td rowspan="3">半衰期</td><td rowspan="3">比活度
(Bq/g)</td><td colspan="6">豁免水平(Bq/g)</td><td colspan="2" rowspan="3">毒性分组</td><td colspan="5" rowspan="2">手部污染剂量(mSv/h)</td></tr>
<tr><td colspan="2">活度浓度</td><td colspan="2">活度(Bq)</td><td colspan="2" rowspan="2">活度浓度
(大量物质)</td></tr>
<tr><td colspan="4">(少量物质)</td><td colspan="3">均匀沉积(1kBq/cm^2)</td><td colspan="2">1.89E-00</td></tr>
<tr><td>14.263d</td><td>1.06E+16</td><td colspan="2">1.0E+03</td><td colspan="2">1.0E+05</td><td colspan="2">1000</td><td colspan="2">中毒组</td><td colspan="3">0.05ml 液滴(1kBq)</td><td colspan="2">1.33E-00</td></tr>
<tr><td colspan="5">1MBq 点源外照射剂量率水平(mSv/h)</td><td colspan="8">屏蔽厚度(mm)</td><td colspan="2" rowspan="2">ALI
(20mSv)</td></tr>
<tr><td>距离(cm)</td><td colspan="2">β\电子
(皮肤剂量)</td><td colspan="2">γ 或 X
(深部剂量)</td><td colspan="4">β\电子
(全吸收厚度)</td><td colspan="4">γ 或 X 射线</td></tr>
<tr><td rowspan="4">30</td><td colspan="2" rowspan="4">1.18E-01</td><td colspan="2" rowspan="4">0</td><td colspan="2" rowspan="3">塑料</td><td colspan="2" rowspan="3">6.3</td><td colspan="2"></td><td>半值层</td><td>1/10 值层</td><td rowspan="2">食入</td><td rowspan="2">8.3E+06Bq</td></tr>
<tr><td colspan="2" rowspan="2">铅</td><td rowspan="2">-</td><td rowspan="2">-</td></tr>
<tr><td rowspan="2">吸入</td><td rowspan="2">6.3E+06Bq</td></tr>
<tr><td colspan="2">玻璃</td><td colspan="2">3.4</td><td colspan="2">钢</td><td>-</td><td>-</td></tr>
</table>

续表

<table>
<tr><td rowspan="9">核素
$^{55}_{26}Fe$</td><td rowspan="3">半衰期</td><td rowspan="3">比活度
(Bq/g)</td><td colspan="6">豁免水平(Bq/g)</td><td colspan="2" rowspan="3">毒性分组</td><td colspan="5" rowspan="2">手部污染剂量(mSv/h)</td></tr>
<tr><td colspan="2">活度浓度</td><td colspan="2">活度(Bq)</td><td colspan="2" rowspan="2">活度浓度
(大量物质)</td></tr>
<tr><td colspan="4">(少量物质)</td><td colspan="3">均匀沉积(1kBq/cm^2)</td><td colspan="2">1.62E-02</td></tr>
<tr><td>2.737a</td><td>8.79E+13</td><td colspan="2">1.0E+04</td><td colspan="2">1.0E+06</td><td colspan="2">1000</td><td colspan="2">中毒组</td><td colspan="3">0.05ml 液滴(1kBq)</td><td colspan="2">-</td></tr>
<tr><td colspan="5">1MBq 点源外照射剂量率水平(mSv/h)</td><td colspan="8">屏蔽厚度(mm)</td><td colspan="2" rowspan="2">ALI
(20mSv)</td></tr>
<tr><td>距离(cm)</td><td colspan="2">β\电子
(皮肤剂量)</td><td colspan="2">γ或χ
(深部剂量)</td><td colspan="4">β\电子
(全吸收厚度)</td><td colspan="4">γ或χ射线</td></tr>
<tr><td rowspan="3">30</td><td colspan="2" rowspan="3">0</td><td colspan="2" rowspan="3">0</td><td colspan="2" rowspan="2">塑料</td><td colspan="2" rowspan="2"><1</td><td colspan="2"></td><td>半值层</td><td>1/10 值层</td><td rowspan="2">食入</td><td rowspan="2">6.1E+07Bq</td></tr>
<tr><td colspan="2">铅</td><td><1</td><td><1</td></tr>
<tr><td colspan="2">玻璃</td><td colspan="2"><1</td><td colspan="2">钢</td><td><1</td><td><1</td><td>吸入</td><td>2.2E+07Bq</td></tr>
</table>

续表

<table>
<tr><td rowspan="3">核素 $^{60}_{27}Co$</td><td rowspan="2">半衰期</td><td rowspan="2">比活度 (Bq/g)</td><td colspan="3">豁免水平(Bq/g)</td><td rowspan="2">毒性分组</td><td colspan="2">手部污染剂量(mSv/h)</td></tr>
<tr><td>活度浓度
(少量物质)</td><td>活度(Bq)
(少量物质)</td><td>活度浓度
(大量物质)</td><td>均匀沉积(1kBq/cm^2)</td><td>7.84E-01</td></tr>
<tr><td>5.27</td><td>4.18E+13</td><td>10</td><td>1.0E+05</td><td>0.1</td><td>高毒组</td><td>0.05ml 液滴(1kBq)</td><td>2.22E-01</td></tr>
</table>

<table>
<tr><td rowspan="5">核素 $^{60}_{27}Co$</td><td colspan="3">1MBq 点源外照射剂量率水平(mSv/h)</td><td colspan="5">屏蔽厚度(mm)</td><td colspan="2" rowspan="2">ALI
(20mSv)</td></tr>
<tr><td>距离(cm)</td><td>β\电子
(皮肤剂量)</td><td>γ 或 X
(深部剂量)</td><td colspan="2">β\电子
(全吸收厚度)</td><td colspan="3">γ 或 X 射线</td></tr>
<tr><td rowspan="3">30</td><td rowspan="3">1.26E-02</td><td rowspan="3">3.86E-03</td><td rowspan="2">塑料</td><td rowspan="2">0.7</td><td></td><td>半值层</td><td>1/10 值层</td><td rowspan="2">食入</td><td rowspan="2">5.9E+06Bq</td></tr>
<tr><td>铅</td><td>16</td><td>46</td></tr>
<tr><td>玻璃</td><td>0.4</td><td>钢</td><td>36</td><td>93</td><td>吸入</td><td>6.9E+05Bq</td></tr>
</table>

续表

<table>
<tr><td rowspan="7">核素
$^{63}_{26}Ni$</td><td colspan="2" rowspan="2">半衰期</td><td rowspan="2">比活度
（Bq/g）</td><td colspan="5">豁免水平（Bq/g）</td><td colspan="2" rowspan="2">毒性分组</td></tr>
<tr><td>活度浓度
（少量物质）</td><td colspan="2">活度（Bq）
（少量物质）</td><td colspan="2">活度浓度
（大量物质）</td></tr>
<tr><td colspan="2">100.1a</td><td>2.10E+12</td><td>1.0E+05</td><td colspan="2">1.0E+08</td><td colspan="2">100</td><td colspan="2">中毒组</td></tr>
<tr><td colspan="3">1MBq 点源外照射剂量率水平（mSv/h）</td><td colspan="5">屏蔽厚度（mm）</td><td colspan="2" rowspan="2">ALI
（20mSv）</td></tr>
<tr><td>距离（cm）</td><td>β\电子
（皮肤剂量）</td><td>γ 或 X
（深部剂量）</td><td colspan="2">β\电子
（全吸收厚度）</td><td colspan="3">γ 或 X 射线</td></tr>
<tr><td rowspan="2">30</td><td rowspan="2">0</td><td rowspan="2">0</td><td>塑料</td><td>0.1</td><td>铅</td><td>–（半值层）</td><td>–（1/10 值层）</td><td>食入</td><td>1.3E+08Bq</td></tr>
<tr><td>玻璃</td><td><0.1</td><td>钢</td><td>–</td><td>–</td><td>吸入</td><td>3.8E+07Bq</td></tr>
</table>

续表

<table>
<tr><td rowspan="8">核素
$^{85}_{36}Kr$</td><td rowspan="3">半衰期</td><td rowspan="3">比活度
(Bq/g)</td><td colspan="3">豁免水平(Bq/g)</td><td rowspan="3">毒性分组</td><td colspan="4" rowspan="3">单位累积空气浓度的有效剂量率
[(Sv/d)/(Bq/m^3)]</td></tr>
<tr><td>活度浓度</td><td>活度(Bq)</td><td rowspan="2">活度浓度
(大量物质)</td></tr>
<tr><td colspan="2">(少量物质)</td></tr>
<tr><td>10.756a</td><td>1.45E+13</td><td>1.0E+05</td><td>1.0E+04</td><td>-</td><td>低毒组</td><td colspan="4">2.2E-11</td></tr>
<tr><td colspan="3">1MBq 点源外照射剂量率水平(mSv/h)</td><td colspan="5">屏蔽厚度(mm)</td><td colspan="2" rowspan="2">ALI
(20mSv)</td></tr>
<tr><td>距离(cm)</td><td>β\电子
(皮肤剂量)</td><td>γ 或 X
(深部剂量)</td><td colspan="2">β\电子
(全吸收厚度)</td><td colspan="3">γ 或 X 射线</td></tr>
<tr><td rowspan="2">30</td><td rowspan="2">1.15E-01</td><td rowspan="2">4.09E-06</td><td>塑料</td><td>1.9</td><td></td><td>半值层</td><td>1/10 值层</td><td>食入</td><td>-</td></tr>
<tr><td>玻璃</td><td>1</td><td>铅
钢</td><td>6
27</td><td>17
64</td><td>吸入</td><td>-</td></tr>
</table>

续表

<table>
<tr><td rowspan="9">核素 $^{90}_{38}Sr$</td><td rowspan="3">半衰期</td><td colspan="2" rowspan="3">比活度(Bq/g)</td><td colspan="5">豁免水平(Bq/g)</td><td rowspan="3">毒性分组</td><td colspan="5" rowspan="2">手部污染剂量(mSv/h)</td></tr>
<tr><td colspan="2">活度浓度</td><td>活度(Bq)</td><td colspan="2" rowspan="2">活度浓度(大量物质)</td></tr>
<tr><td colspan="3">(少量物质)</td><td colspan="3">均匀沉积(1kBq/cm²)</td><td colspan="2">3.51E-00</td></tr>
<tr><td>28.79a</td><td colspan="2">5.11E+12</td><td colspan="2">1.0E+02</td><td>1.0E+04</td><td colspan="2">1</td><td>高毒组</td><td colspan="3">0.05ml 液滴(1kBq)</td><td colspan="2">1.96E-00</td></tr>
<tr><td colspan="7">1MBq 点源外照射剂量率水平(mSv/h)</td><td colspan="5">屏蔽厚度(mm)</td><td colspan="2" rowspan="2">ALI (20mSv)</td></tr>
<tr><td colspan="2">距离(cm)</td><td colspan="2">β\电子(皮肤剂量)</td><td colspan="3">γ 或 X(深部剂量)</td><td colspan="2">β\电子(全吸收厚度)</td><td colspan="3">γ 或 X 射线</td></tr>
<tr><td colspan="2" rowspan="3">30</td><td colspan="2" rowspan="3">2.04E-01</td><td colspan="3" rowspan="3">0</td><td rowspan="2">塑料</td><td rowspan="2">9.2</td><td></td><td>半值层</td><td>1/10 值层</td><td rowspan="2">食入</td><td rowspan="2">7.1E+05Bq</td></tr>
<tr><td>铅</td><td>-</td><td>-</td></tr>
<tr><td>玻璃</td><td>4.9</td><td>钢</td><td>-</td><td>-</td><td>吸入</td><td>1.3E+05Bq</td></tr>
</table>

注:本表所列辐射按全数据均指^{90}Sr-^{90}Y 达到平衡态时的值。

续表

<table>
<tr><td rowspan="9">核素
$^{99m}_{43}Tc$</td><td rowspan="3">半衰期</td><td rowspan="3">比活度
(Bq/g)</td><td colspan="3">豁免水平(Bq/g)</td><td rowspan="3">毒性分组</td><td colspan="4" rowspan="2">手部污染剂量(mSv/h)</td></tr>
<tr><td>活度浓度</td><td>活度(Bq)</td><td rowspan="2">活度浓度
(大量物质)</td></tr>
<tr><td colspan="2">(少量物质)</td><td colspan="2">均匀沉积(1kBq/cm^2)</td><td colspan="2">2.46E-01</td></tr>
<tr><td>6.015h</td><td>1.95E+17</td><td>1.0E+02</td><td>1.0E+07</td><td>100</td><td>低毒组</td><td colspan="2">0.05ml 液滴(1kBq)</td><td colspan="2">8.77E-03</td></tr>
<tr><td colspan="3">1MBq 点源外照射剂量率水平(mSv/h)</td><td colspan="5">屏蔽厚度(mm)</td><td colspan="2" rowspan="2">ALI
(20mSv)</td></tr>
<tr><td>距离(cm)</td><td>β\电子
(皮肤剂量)</td><td>γ 或 X
(深部剂量)</td><td colspan="2">β\电子
(全吸收厚度)</td><td colspan="3">γ 或 X 射线</td></tr>
<tr><td rowspan="3">30</td><td rowspan="3">0</td><td rowspan="3">2.61E-04</td><td rowspan="2">塑料</td><td rowspan="2">0.3</td><td></td><td>半值层</td><td>1/10 值层</td><td>食入</td><td>9.1E+08Bq</td></tr>
<tr><td>铅</td><td><1</td><td>1</td><td rowspan="2">吸入</td><td rowspan="2">6.9E+08Bq</td></tr>
<tr><td>玻璃</td><td>0.2</td><td>钢</td><td>1</td><td>19</td></tr>
</table>

续表

<table>
<tr><td rowspan="9">核素
$^{125}_{53}I$</td><td colspan="2" rowspan="3">半衰期</td><td rowspan="3">比活度
(Bq/g)</td><td colspan="5">豁免水平(Bq/g)</td><td rowspan="3">毒性分组</td><td colspan="5" rowspan="2">手部污染剂量(mSv/h)</td></tr>
<tr><td colspan="2">活度浓度</td><td>活度(Bq)</td><td colspan="2" rowspan="2">活度浓度
(大量物质)</td></tr>
<tr><td colspan="3">(少量物质)</td><td colspan="3">均匀沉积(1kBq/cm^2)</td><td colspan="2">2.11E-02</td></tr>
<tr><td colspan="2">59.4d</td><td>6.51E+14</td><td colspan="2">1.0E+03</td><td>1.0E+06</td><td colspan="2">100</td><td>中毒组</td><td colspan="3">0.05ml 液滴(1kBq)</td><td colspan="2">6.3E-03</td></tr>
<tr><td colspan="7">1MBq 点源外照射剂量率水平(mSv/h)</td><td colspan="5">屏蔽厚度(mm)</td><td colspan="2" rowspan="2">ALI
(20mSv)</td></tr>
<tr><td colspan="2">距离(cm)</td><td colspan="2">β\电子
(皮肤剂量)</td><td colspan="3">γ 或 χ
(深部剂量)</td><td colspan="2">β\电子
(全吸收厚度)</td><td colspan="3">γ 或 χ 射线</td></tr>
<tr><td colspan="2" rowspan="3">30</td><td colspan="2" rowspan="3">0</td><td colspan="3" rowspan="3">3.9E-04</td><td rowspan="2">塑料</td><td rowspan="2"><0.1</td><td></td><td>半值层</td><td>1/10 值层</td><td rowspan="2">食入</td><td rowspan="2">1.3E+06Bq</td></tr>
<tr><td>铅</td><td><1</td><td>1</td></tr>
<tr><td>玻璃</td><td><0.1</td><td>钢</td><td><1</td><td><1</td><td>吸入</td><td>2.7E+06Bq</td></tr>
</table>

续表

<table>
<tr><td rowspan="9">核素
$^{131}_{53}I$</td><td rowspan="3">半衰期</td><td rowspan="3">比活度
(Bq/g)</td><td colspan="3">豁免水平(Bq/g)</td><td rowspan="3">毒性分组</td><td colspan="4" rowspan="2">手部污染剂量(mSv/h)</td></tr>
<tr><td>活度浓度</td><td>活度(Bq)</td><td rowspan="2">活度浓度
(大量物质)</td></tr>
<tr><td colspan="2">(少量物质)</td><td colspan="2">均匀沉积(1kBq/cm^2)</td><td colspan="2">1.62E-00</td></tr>
<tr><td>8.0207d</td><td>4.60E+15</td><td>1.0E+02</td><td>1.0E+06</td><td>10</td><td>中毒组</td><td colspan="2">0.05ml 液滴(1kBq)</td><td colspan="2">5.72E-01</td></tr>
<tr><td colspan="3">1MBq 点源外照射剂量率水平(mSv/h)</td><td colspan="5">屏蔽厚度(mm)</td><td colspan="2" rowspan="2">ALI
(20mSv)</td></tr>
<tr><td>距离(cm)</td><td>β\电子
(皮肤剂量)</td><td>γ或X
(深部剂量)</td><td colspan="2">β\电子
(全吸收厚度)</td><td colspan="3">γ或X射线</td></tr>
<tr><td rowspan="3">30</td><td rowspan="3">8.62E-02</td><td rowspan="3">7.29E-04</td><td rowspan="2">塑料</td><td rowspan="2">1.6</td><td></td><td>半值层</td><td>1/10 值层</td><td>食入</td><td>9.1E+05Bq</td></tr>
<tr><td>铅</td><td>3</td><td>11</td><td rowspan="2">吸入</td><td rowspan="2">1.8E+06Bq</td></tr>
<tr><td>玻璃</td><td>0.9</td><td>钢</td><td>23</td><td>56</td></tr>
</table>

续表

<table>
<tr><td rowspan="9">核素
$^{137}_{55}Cs$</td><td rowspan="3">半衰期</td><td rowspan="3">比活度
(Bq/g)</td><td colspan="3">豁免水平(Bq/g)</td><td rowspan="3">毒性分组</td><td colspan="4" rowspan="2">手部污染剂量(mSv/h)</td></tr>
<tr><td>活度浓度</td><td>活度(Bq)</td><td rowspan="2">活度浓度
(大量物质)</td></tr>
<tr><td colspan="2">(少量物质)</td><td colspan="2">均匀沉积(1kBq/cm^2)</td><td colspan="2">1.57E-00</td></tr>
<tr><td>30.1671a</td><td>3.20E+12</td><td>1.0E+01</td><td>1.0E+04</td><td>0.1</td><td>中毒组</td><td colspan="2">0.05ml 液滴(1kBq)</td><td colspan="2">7.08E-01</td></tr>
<tr><td colspan="3">1MBq 点源外照射剂量率水平(mSv/h)</td><td colspan="5">屏蔽厚度(mm)</td><td colspan="2" rowspan="2">ALI
(20mSv)</td></tr>
<tr><td>距离(cm)</td><td>β\电子
(皮肤剂量)</td><td>γ 或 X
(深部剂量)</td><td colspan="2">β\电子
(全吸收厚度)</td><td colspan="3">γ 或 X 射线</td></tr>
<tr><td rowspan="3">30</td><td rowspan="3">2.13E-01</td><td rowspan="3">1.07E-03</td><td rowspan="2">塑料</td><td rowspan="2">3.8</td><td></td><td>半值层</td><td>1/10 值层</td><td rowspan="2">食入</td><td rowspan="2">1.5E+06Bq</td></tr>
<tr><td>铅</td><td>8</td><td>24</td></tr>
<tr><td>玻璃</td><td>2.1</td><td>钢</td><td>29</td><td>72</td><td>吸入</td><td>3.0E+06Bq</td></tr>
</table>

注:本表所列辐射安全数据均指^{137}Cs-^{137m}Ba 达到平衡态时的值。

续表

<table>
<tr><td rowspan="3">核素
$^{147}_{61}Pm$</td><td rowspan="2">半衰期</td><td rowspan="2">比活度
(Bq/g)</td><td colspan="3">豁免水平(Bq/g)</td><td rowspan="2">毒性分组</td><td colspan="2">手部污染剂量(mSv/h)</td></tr>
<tr><td>活度浓度
(少量物质)</td><td>活度(Bq)
(少量物质)</td><td>活度浓度
(大量物质)</td><td>均匀沉积(1kBq/cm^2)</td><td>5.95E−01</td></tr>
<tr><td>2.6234a</td><td>3.43E+13</td><td>1.0E+04</td><td>1.0E+07</td><td>1000</td><td>中毒组</td><td>0.05ml 液滴(1kBq)</td><td>3.97E−02</td></tr>
</table>

<table>
<tr><td colspan="3">1MBq 点源外照射剂量率水平(mSv/h)</td><td colspan="5">屏蔽厚度(mm)</td><td colspan="2" rowspan="2">ALI
(20mSv)</td></tr>
<tr><td>距离(cm)</td><td>β\电子
(皮肤剂量)</td><td>γ 或 X
(深部剂量)</td><td colspan="2">β\电子
(全吸收厚度)</td><td colspan="3">γ 或 X 射线</td></tr>
<tr><td rowspan="3">30</td><td rowspan="3">0</td><td rowspan="3">6.76E−09</td><td rowspan="2">塑料</td><td rowspan="2">0.5</td><td></td><td>半值层</td><td>1/10 值层</td><td rowspan="2">食入</td><td rowspan="2">7.7E+07Bq</td></tr>
<tr><td>铅</td><td><1</td><td>1</td></tr>
<tr><td>玻璃</td><td>0.3</td><td>钢</td><td>6</td><td>16</td><td>吸入</td><td>3.3E+06Bq</td></tr>
</table>

续表

<table>
<tr><td rowspan="10">核素
$^{192}_{77}Ir$</td><td rowspan="3">半衰期</td><td colspan="2" rowspan="3">比活度
(Bq/g)</td><td colspan="5">豁免水平(Bq/g)</td><td rowspan="3">毒性分组</td><td colspan="5" rowspan="2">手部污染剂量(mSv/h)</td></tr>
<tr><td colspan="2">活度浓度</td><td>活度(Bq)</td><td colspan="2" rowspan="2">活度浓度
(大量物质)</td></tr>
<tr><td colspan="3">(少量物质)</td><td colspan="3">均匀沉积(1kBq/cm^2)</td><td colspan="2">1.86E-00</td></tr>
<tr><td>73.827d</td><td colspan="2">3.41E+14</td><td colspan="2">1.0E+01</td><td>1.0E+04</td><td colspan="2">1</td><td>中毒组</td><td colspan="3">0.05ml 液滴(1kBq)</td><td colspan="2">6.50E-01</td></tr>
<tr><td colspan="7">1MBq 点源外照射剂量率水平(mSv/h)</td><td colspan="5">屏蔽厚度(mm)</td><td colspan="2" rowspan="2">ALI
(20mSv)</td></tr>
<tr><td colspan="2">距离(cm)</td><td colspan="2">β\电子
(皮肤剂量)</td><td colspan="3">γ 或 χ
(深部剂量)</td><td colspan="2">β\电子
(全吸收厚度)</td><td colspan="3">γ 或 χ 射线</td></tr>
<tr><td colspan="2" rowspan="4">30</td><td colspan="2" rowspan="4">8.35E-02</td><td colspan="3" rowspan="4">1.54E-03</td><td rowspan="3">塑料</td><td rowspan="3">1.9</td><td></td><td>半值层</td><td>1/10 值层</td><td rowspan="2">食入</td><td rowspan="2">1.4E+07Bq</td></tr>
<tr><td rowspan="2">铅</td><td rowspan="2">3</td><td rowspan="2">12</td></tr>
<tr><td rowspan="2">吸入</td><td rowspan="2">3.2E+06Bq</td></tr>
<tr><td>玻璃</td><td>1</td><td>钢</td><td>23</td><td>56</td></tr>
</table>

续表

<table>
<tr><td rowspan="9">核素
$^{210}_{84}Po$</td><td rowspan="3">半衰期</td><td rowspan="3" colspan="2">比活度
(Bq/g)</td><td colspan="5">豁免水平(Bq/g)</td><td rowspan="3">毒性分组</td><td colspan="5" rowspan="2">手部污染剂量(mSv/h)</td></tr>
<tr><td colspan="2">活度浓度</td><td>活度(Bq)</td><td colspan="2" rowspan="2">活度浓度
(大量物质)</td></tr>
<tr><td colspan="3">(少量物质)</td><td colspan="3">均匀沉积(1kBq/cm^2)</td><td colspan="2">6.90E−07</td></tr>
<tr><td>138.376d</td><td colspan="2">1.66E+14</td><td colspan="2">10</td><td>1.0E+04</td><td colspan="2">1</td><td>极毒组</td><td colspan="3">0.05ml 液滴(1kBq)</td><td colspan="2">0</td></tr>
<tr><td colspan="7">1MBq 点源外照射剂量率水平(mSv/h)</td><td colspan="5">屏蔽厚度(mm)</td><td colspan="2" rowspan="2">ALI
(20mSv)</td></tr>
<tr><td colspan="2">距离(cm)</td><td colspan="3">β\电子
(皮肤剂量)</td><td colspan="2">γ 或 X
(深部剂量)</td><td colspan="2">β\电子
(全吸收厚度)</td><td colspan="3">γ 或 X 射线</td></tr>
<tr><td colspan="2" rowspan="3">30</td><td colspan="3" rowspan="3">−</td><td colspan="2" rowspan="3">1.51E−08</td><td rowspan="2">塑料</td><td rowspan="2">−</td><td></td><td>半值层</td><td>1/10 值层</td><td rowspan="2">食入</td><td rowspan="2">8.3E+04Bq</td></tr>
<tr><td>铅</td><td>11</td><td>31</td></tr>
<tr><td>玻璃</td><td>−</td><td>钢</td><td>31</td><td>78</td><td>吸入</td><td>6.7E+03Bq</td></tr>
</table>

续表

<table>
<tr><td rowspan="10">核素
$^{226}_{88}Ra$</td><td rowspan="3">半衰期</td><td colspan="2" rowspan="3">比活度
(Bq/g)</td><td colspan="5">豁免水平(Bq/g)</td><td rowspan="3">毒性分组</td><td colspan="5" rowspan="2">手部污染剂量(mSv/h)</td></tr>
<tr><td colspan="2">活度浓度</td><td>活度(Bq)</td><td colspan="2" rowspan="2">活度浓度
(大量物质)</td></tr>
<tr><td colspan="3">(少量物质)</td><td colspan="3">均匀沉积(1kBq/cm^2)</td><td colspan="2">4.80E-02</td></tr>
<tr><td>1600a</td><td colspan="2">3.66E+10</td><td colspan="2">10</td><td>1.0E+04</td><td colspan="2">1</td><td>极毒组</td><td colspan="3">0.05ml 液滴(1kBq)</td><td colspan="2">8.8E-03</td></tr>
<tr><td colspan="7">1MBq 点源外照射剂量率水平(mSv/h)</td><td colspan="5">屏蔽厚度(mm)</td><td colspan="2" rowspan="2">ALI
(20mSv)</td></tr>
<tr><td colspan="2">距离(cm)</td><td colspan="2">β\电子
(皮肤剂量)</td><td colspan="3">γ 或 X
(深部剂量)</td><td colspan="2">β\电子
(全吸收厚度)</td><td colspan="3">γ 或 X 射线</td></tr>
<tr><td colspan="2" rowspan="4">30</td><td colspan="2" rowspan="4">6.3E-05</td><td colspan="3" rowspan="4">1.3E-05</td><td rowspan="3">塑料</td><td rowspan="3"><0.1</td><td></td><td>半值层</td><td>1/10 值层</td><td rowspan="2">食入</td><td rowspan="2">7.1E+04Bq</td></tr>
<tr><td rowspan="2">铅</td><td rowspan="2"><1</td><td rowspan="2">2</td></tr>
<tr><td rowspan="2">吸入</td><td rowspan="2">6.3E+03Bq</td></tr>
<tr><td>玻璃</td><td><0.1</td><td>钢</td><td>11</td><td>30</td></tr>
</table>

续表

<table>
<tr><td rowspan="9">核素
$^{238}_{94}\mathrm{Pu}$</td><td rowspan="3">半衰期</td><td rowspan="3">比活度
(Bq/g)</td><td colspan="5">豁免水平(Bq/g)</td><td colspan="2" rowspan="3">毒性分组</td><td colspan="5" rowspan="2">手部污染剂量(mSv/h)</td></tr>
<tr><td colspan="2">活度浓度</td><td>活度(Bq)</td><td colspan="2" rowspan="2">活度浓度
(大量物质)</td></tr>
<tr><td colspan="3">(少量物质)</td><td colspan="3">均匀沉积(1kBq/cm^2)</td><td colspan="2">3.70E-03</td></tr>
<tr><td>8.77E+01a</td><td>6.34E+11</td><td colspan="2">1</td><td>1.0E+04</td><td colspan="2">0.1</td><td colspan="2">极毒组</td><td colspan="3">0.05ml 液滴(1kBq)</td><td colspan="2">0</td></tr>
<tr><td colspan="5">1MBq 点源外照射剂量率水平(mSv/h)</td><td colspan="7">屏蔽厚度(mm)</td><td colspan="2" rowspan="2">ALI
(20mSv)</td></tr>
<tr><td>距离(cm)</td><td colspan="2">β\电子
(皮肤剂量)</td><td colspan="2">γ 或 X
(深部剂量)</td><td colspan="3">β\电子
(全吸收厚度)</td><td colspan="4">γ 或 X 射线</td></tr>
<tr><td rowspan="3">30</td><td colspan="2" rowspan="3">-</td><td colspan="2" rowspan="3">2.4E-05</td><td rowspan="2">塑料</td><td colspan="2" rowspan="2">-</td><td colspan="2"></td><td>半值层</td><td>1/10 值层</td><td rowspan="2">食入</td><td rowspan="2">8.7E+04Bq</td></tr>
<tr><td colspan="2">铅</td><td><1</td><td></td></tr>
<tr><td>玻璃</td><td colspan="2">-</td><td colspan="2">钢</td><td><1</td><td>2</td><td>吸入</td><td>4.7E+02Bq</td></tr>
</table>

续表

<table>
<tr><td rowspan="9">核素 $^{239}_{94}Pu$</td><td rowspan="3">半衰期</td><td rowspan="3">比活度（Bq/g）</td><td colspan="5">豁免水平(Bq/g)</td><td rowspan="3">毒性分组</td><td colspan="6" rowspan="2">手部污染剂量(mSv/h)</td></tr>
<tr><td colspan="2">活度浓度</td><td>活度(Bq)</td><td colspan="2" rowspan="2">活度浓度（大量物质）</td></tr>
<tr><td colspan="3">（少量物质）</td><td colspan="4">均匀沉积(1kBq/cm^2)</td><td colspan="2">1.43E-03</td></tr>
<tr><td>2.411E+04a</td><td>2.30E+09</td><td colspan="2">1</td><td>1.0E+04</td><td colspan="2">0.1</td><td>极毒组</td><td colspan="4">0.05ml 液滴(1kBq)</td><td colspan="2">9.19E-04</td></tr>
<tr><td colspan="5">1MBq 点源外照射剂量率水平(mSv/h)</td><td colspan="7">屏蔽厚度(mm)</td><td colspan="2" rowspan="2">ALI（20mSv）</td></tr>
<tr><td>距离(cm)</td><td colspan="2">β\电子（皮肤剂量）</td><td colspan="2">γ或X（深部剂量）</td><td colspan="3">β\电子（全吸收厚度）</td><td colspan="4">γ或X射线</td></tr>
<tr><td rowspan="3">30</td><td colspan="2" rowspan="3">-</td><td colspan="2" rowspan="3">7.87E-06</td><td rowspan="2">塑料</td><td colspan="2" rowspan="2">-</td><td colspan="2"></td><td>半值层</td><td>1/10 值层</td><td rowspan="2">食入</td><td rowspan="2">8.0E+04Bq</td></tr>
<tr><td colspan="2">铅</td><td><1</td><td><1</td></tr>
<tr><td>玻璃</td><td colspan="2">-</td><td colspan="2">钢</td><td><1</td><td><1</td><td>吸入</td><td>4.3E+02Bq</td></tr>
</table>

续表

<table>
<tr><td rowspan="9">核素
$^{241}_{95}Am$</td><td rowspan="3">半衰期</td><td rowspan="3">比活度
(Bq/g)</td><td colspan="5">豁免水平(Bq/g)</td><td colspan="2" rowspan="3">毒性分组</td><td colspan="5" rowspan="2">手部污染剂量(mSv/h)</td></tr>
<tr><td colspan="2">活度浓度</td><td>活度(Bq)</td><td colspan="2" rowspan="2">活度浓度
(大量物质)</td></tr>
<tr><td colspan="3">(少量物质)</td><td colspan="3">均匀沉积(1kBq/cm^2)</td><td colspan="2">1.95E-02</td></tr>
<tr><td>432.2a</td><td>1.27E+11</td><td colspan="2">1</td><td>1.0E+04</td><td colspan="2">0.1</td><td colspan="2">极毒组</td><td colspan="3">0.05ml 液滴(1kBq)</td><td colspan="2">6.05E-03</td></tr>
<tr><td colspan="5">1MBq 点源外照射剂量率水平(mSv/h)</td><td colspan="7">屏蔽厚度(mm)</td><td colspan="2" rowspan="2">ALI
(20mSv)</td></tr>
<tr><td>距离(cm)</td><td colspan="2">β\电子
(皮肤剂量)</td><td colspan="2">γ 或 X
(深部剂量)</td><td colspan="3">β\电子
(全吸收厚度)</td><td colspan="4">γ 或 X 射线</td></tr>
<tr><td rowspan="3">30</td><td colspan="2" rowspan="3">-</td><td colspan="2" rowspan="3">1.49E-04</td><td rowspan="2">塑料</td><td colspan="2" rowspan="2">-</td><td colspan="2"></td><td>半值层</td><td>1/10 值层</td><td rowspan="2">食入</td><td rowspan="2">1.0E+05Bq</td></tr>
<tr><td colspan="2">铅</td><td><1</td><td><1</td></tr>
<tr><td>玻璃</td><td colspan="2">-</td><td colspan="2">钢</td><td>1</td><td>3</td><td>吸入</td><td>5.1E+02Bq</td></tr>
</table>

续表

<table>
<tr><td rowspan="10">核素
$^{252}_{98}Cf$</td><td rowspan="3">半衰期</td><td rowspan="3">比活度
(Bq/g)</td><td colspan="5">豁免水平(Bq/g)</td><td rowspan="3" colspan="2">毒性分组</td><td rowspan="2" colspan="5">手部污染剂量(mSv/h)</td></tr>
<tr><td colspan="2">活度浓度</td><td>活度(Bq)</td><td rowspan="2" colspan="2">活度浓度
(大量物质)</td></tr>
<tr><td colspan="3">(少量物质)</td><td colspan="3">均匀沉积(1kBq/cm^2)</td><td colspan="2">3.24E-03</td></tr>
<tr><td>2.645a</td><td>1.99E+13</td><td colspan="2">1</td><td>1.0E+04</td><td colspan="2">0.1</td><td colspan="2">极毒组</td><td colspan="3">0.05ml 液滴(1kBq)</td><td colspan="2">7.08E-04</td></tr>
<tr><td colspan="5">1MBq 点源外照射剂量率水平(mSv/h)</td><td colspan="7">屏蔽厚度(mm)</td><td rowspan="2" colspan="2">ALI
(20mSv)</td></tr>
<tr><td>距离(cm)</td><td colspan="2">β\电子
(皮肤剂量)</td><td colspan="2">γ或X
(深部剂量)</td><td colspan="3">β\电子
(全吸收厚度)</td><td colspan="4">γ或X射线</td></tr>
<tr><td rowspan="4">30</td><td rowspan="4" colspan="2">1.5E-02</td><td rowspan="4" colspan="2">1.88E-05</td><td rowspan="3">塑料</td><td rowspan="3" colspan="2">-</td><td colspan="2"></td><td>半值层</td><td>1/10 值层</td><td rowspan="2">食入</td><td rowspan="2">2.2E+05Bq</td></tr>
<tr><td rowspan="2" colspan="2">铅</td><td rowspan="2"><1</td><td rowspan="2"><1</td></tr>
<tr><td rowspan="2">吸入</td><td rowspan="2">1.1E+03Bq</td></tr>
<tr><td>玻璃</td><td colspan="2">-</td><td colspan="2">钢</td><td>2</td><td>5</td></tr>
</table>

注:本表给出了常用放射性核素基本物理信息和辐射安全参数。其中半衰期取自 ICRP Publication 107,少量物质的豁免水平、毒性分组、工作人员内照射转换因子取自 GB18871-2002,大量物质的豁免水平取自 GB27742-2011,运输限值取自 GB11806-2004,其余数据取自 Radionuclide and Radiation Protection Data Handbook. 2002。

(廖运璇　编写,白　光　审阅)

索　引